ENCYCLOPÉDIE DE CHIMIE INDUSTRIELLE

Directeur : C. MATIGNON

Professeur au Collège de France, Membre de l'Institut

LES PARFUMS

CHIMIE ET INDUSTRIE

PAR

PAUL JEANCARD

Ingénieur des Arts et Manufactures

Batteries d'Extracteurs a parfums — Usine des Etablissements A. Chiris, Grasse

J. MÉRO & BOYVEAU

A **GRASSE** (Alpes-Maritimes)
ET **MOUGINS** (Alpes-Maritimes)

UN DES DISTILLATOIRS DE L'USINE DE GRASSE

Toutes Huiles essentielles :

Lavande, Aspic, Romarin, Géraniums, Menthes, Néroly, Girofle, Vétivert, Patchouly, Iris, etc...

Toutes Concrètes florales :

Jasmin, Rose, Mimosa, Oranger, etc...

Toutes Résines odorantes :

Labdanum, Mousse de Chêne, etc...

Pour Parfumeurs, Savonniers,
Biscuitiers, Confiseurs, etc...

P. Robertet & Cie

GRASSE

TOUS PRODUITS
AROMATIQUES
ESSENCES DE FLEURS
SOLIDES. ABSOLUES
ET DÉCOLORÉES
RÉSINOINES

GRANDES ENCYCLOPÉDIES INDUSTRIELLES J.-B. BAILLIÈRE

Publiées sous le patronage de

LA SOCIÉTÉ DES INGÉNIEURS CIVILS DE FRANCE
ET DE LA SOCIÉTÉ D'ENCOURAGEMENT POUR L'INDUSTRIE NATIONALE

LES PARFUMS

CHIMIE ET INDUSTRIE

JEANCARD — Parfums

ENCYCLOPÉDIE DE CHIMIE INDUSTRIELLE

PUBLIÉE SOUS LA DIRECTION DE

M. MATIGNON

Professeur au Collège de France

Membre de l'Institut

Secrétaire : M. NICOLARDOT, Répétiteur à l'École Polytechnique

LES PARFUMS

CHIMIE ET INDUSTRIE

PAR

PAUL JEANCARD

INGÉNIEUR DES ARTS ET MANUFACTURES

Avec le Patronage de l'Union des Industries Chimiques de France
et de la Société de Chimie Industrielle

PARIS

LIBRAIRIE J.-B. BAILLIÈRE ET FILS

19, RUE HAUTEFEUILLE

1927

IMPRIMERIE F. ROBAUDY
SOCIÉTÉ ANONYME

24, RUE HOCHE. 24
CANNES

TABLE DES MATIÈRES

Chapitre V

CONSTITUANTS

Chapitre VI

ESSENCES

CHAPITRE VII

PRÉFACE

Le livre que vient d'écrire M. Paul Jeancard se distingue tout particulièrement par son orientation à la fois scientifique et industrielle.

L'industrie des parfums, aussi bien naturels qu'artificiels, permet cette heureuse alliance des résultats scientifiques et des préoccupations techniques ; mais faut-il encore que les auteurs traitant ces questions puissent allier les qualités voulues et en parlent en toute connaissance de cause.

C'est là la caractéristique du travail présenté aujourd'hui aux spécialistes. A chaque page, qu'il s'agisse des parfums naturels et des délicates méthodes qui président à leur obtention, des moyens de contrôle des essences et de leurs constituants, on trouvera, dans tous les chapitres, une empreinte personnelle du praticien et d'un écrivain à la forte armature scientifique.

Est-il enfin nécessaire de faire noter l'importance économique de cette industrie, dans laquelle la France joue un rôle de tout premier plan ?

Est-il utile de rappeler que certains de nos savants sont fort heureusement intervenus dans l'évolution de cette industrie, dans ses progrès les plus récents ?

Le livre de M. Paul Jeancard, qui se présente souvent sous une forme volontairement condensée, est appelé à rendre de signalés services.

C'est un livre bien français.

LÉON GUILLET,
Directeur de l'Ecole Centrale
des Arts et Manufactures.
Membre de l'Institut.

AVANT-PROPOS

M. Conrad Satie et moi avons publié en 1904 dans l'Encyclopédie Scientifique Léauté, un aide-mémoire sur « LA CHIMIE DES PARFUMS ».

Cet ouvrage dont le plan a été établi pour le travail du laboratoire, s'est montré à l'usage d'une consultation rapide, facile et pratique. J'en conserverai la forme, en en développant le texte, en le mettant au courant des dernières publications et des travaux qui ont été portés à ma connaissance ou qui ont été effectués dans les laboratoires de la Maison JEANCARD FILS & Cie, *sous la direction de M. Conrad Satie.*

Afin d'abréger le texte, il ne sera pas mentionné de sources ; les principales ont été les publications parues dans les Revues techniques françaises, allemandes et anglaises, ainsi que les ouvrages publiés par Ernest J. Parry (THE CHEMISTRY OF ESSENTIAL OILS AND ARTIFICIAL PERFUMES), *E. Gildemeister* (LES HUILES ESSENTIELLES) *et* LA PARFUMERIE MODERNE.

On ne décrira que les Huiles essentielles faisant l'objet d'une exploitation industrielle.

L'ouvrage est divisé en sept parties :

Chapitre I. — DES PARFUMS NATURELS.
— II. — MODES D'OBTENTION DES PARFUMS NATURELS.
— III. — CLASSIFICATION DES PARFUMS.
— IV. — MÉTHODES GÉNÉRALES D'ANALYSE ET DE DOSAGE DES ESSENCES.
— V. — CONSTITUANTS DES ESSENCES.
— VI. — ORIGINE, INDUSTRIE, PROPRIÉTÉS DES ESSENCES.
— VII. — PRINCIPES GÉNÉRAUX DE LA COMPOSITION DES PARFUMS.

Fig. 1. — Usine de Parfumerie Jeancard Fils & Cie à Cannes (Actuellement Parfumerie Rallet).

CHAPITRE PREMIER

DES PARFUMS NATURELS

ORIGINE DES PARFUMS. — Les conditions dans lesquelles se rencontrent les parfums dans la nature, sont des plus variées.

De nombreux animaux terrestres secrètent des odeurs ; il n'est pas de mammifère, y compris l'homme, qui n'ait la sienne propre, variable souvent avec son état de santé.

Quelques-unes d'entre elles, seulement, ont été utilisées dans l'industrie ; ce sont les muscs, qui proviennent de divers bouquetins des hauts plateaux asiatiques ; le castoréum, produit par le castor du nord Amérique ; la civette, qui vient de l'animal de ce nom, répandu dans l'Afrique équatoriale.

Ces parfums, mélangés à des graisses, à des substances organiques insolubles, sont emmagasinés dans des poches, situées à la partie postérieure de l'animal.

Les deux premiers, le musc et le castoréum, ne peuvent être obtenus qu'en abattant leur détenteur ; le dernier, la civette, est recueilli en Abyssinie, sur des civettes domestiques.

L'antilope dorcas, gazelle qui vit dans l'Afrique du Nord, l'Arabie et la Syrie, possède à l'aîne, des poches qui secrètent une matière à odeur violente ; les Arabes apprécient le parfum des crottes de ce gracieux animal. [1]

D'autres mammifères produisent aussi des secrétions plus ou moins aromatiques qui ne sont pas employées. La plupart, comme la belette, le putois, le blaireau, la moufette, etc., ont une odeur parfaitement désagréable. Le rat musqué et le bœuf musqué pourraient peut-être avoir une utilisation.

---

(1) *Parfumerie Moderne, N° 12.* — Les odeurs et les parfums d'origine animale. Dr. ROUX. 1921.

Certains animaux marins sont odorants. Il existe de nombreux céphalopodes à odeur musquée ; le poulpe musqué, appelé « pourpresso » en Provence, était desséché par les Romains et employé comme parfum ; j'ai fait quelques essais pour en extraire l'odeur musquée, mais ne suis parvenu qu'imparfaitement à supprimer les relents putrides qui l'accompagnaient.

C'est probablement l'ingestion de céphalopodes de ce genre, qui provoque la formation de l'*ambre* dans l'intestin du cachalot. L'*ambre*, que l'on recueille en morceaux, dont le poids dépasse parfois 100 kilos, sur le rivage ou dans le corps du cachalot, contient en effet, en très grand nombre, des becs de calmars, semblables à ceux du perroquet. L'ambre a été utilisée en parfumerie dès la plus haute antiquité.

L'*onyx*, qui était un des parfums employés par les peuples d'Orient dans les cérémonies sacrées, est extrait des opercules de certains coquillages gastéropodes de l'Océan Indien et de la Mer Rouge. On l'emploie encore aujourd'hui à Madagascar.

De nombreux insectes sont odorants ; les fourmis secrètent de l'acide formique, leurs nymphes ont une odeur de muscade.

Chez les coléoptères, un longicorne, l'aromia moschata ou capricorne musqué, qui vit sur les saules, exhale une forte odeur de musc. Les carabes ont un parfum caractéristique, butyreux chez le carabe doré, et qui, dans d'autres espèces, rappelle de loin le castoréum ; le calosoma maderae (Maroc), à une odeur agréable.

Certains staphylins possèdent des glandes qui secrètent un liquide à odeur citronnée.

Un scarabée, la trichie ermite, répand une odeur analogue au cuir de Russie.

Parmi les reptiles, le crocodile a une odeur musquée, qui provient de glandes anales. Certaines tortues possèdent la même propriété. Le musc du crocodile a été employé dans l'antiquité.

Enfin, dans les micro-organismes, on rencontre des protozoaires et des microbes générateurs de corps odorants.

Entr'autres, la bacille pyocyanique, qui occasionne le pus bleu, a une odeur de troène assez agréable. L'indol et le scatol sont des produits de fermentation microbienne et se rencontrent dans les matières fécales. Bien des éléments des parfums de plantes sont formés sous l'action de phénomènes du même genre. Le champ des recherches est très vaste, dans cet ordre d'idées, et la fermentation des plantes et des fleurs avant l'extraction, qui arrête brusquement toute production de parfum, sera peut-être la méthode de l'avenir, pour obtenir des odeurs parfois modifiées, mais avec des rendements plus élevés que ceux que l'on connaît à ce jour.

C'est surtout le règne végétal qui fournit le plus grand nombre de parfums à l'industrie.

A peu près toutes les catégories de plantes comptent des types odorants ; on en trouve dans les mousses et les lichens, comme la mousse de chêne, les algues marines, les champignons. Ces derniers offrent des odeurs curieuses, qui n'ont jamais été utilisées en parfumerie. On a observé[1] des parfums tels que la fleur d'oranger, la lavande, l'abricot, l'anis, la flouve odorante, la noisette, le melon, divers fruits, le jasmin, l'immortelle, l'amande amère, le mélilot, la pomme reinette, la pomme cuite, le caramel, la truffe, le vin, la farine fraîche.

L'huile essentielle est rencontrée dans toutes les parties de la plante : la racine, les tubercules, les rhizomes, le tronc, la tige, l'écorce, les branches, les feuilles, les fleurs, les fruits, l'écorce des fruits, la graine.

L'essence est parfois formée dans la partie de la plante d'où on l'extrait ; d'autres fois, dans des organes différents d'où elle émigre en subissant des modifications. Le nom de CHARABOT est plus particulièrement lié à ces recherches.

Des expériences ont été amorcées pour étudier l'influence du sol, des engrais et des conditions atmosphériques, lumière, humidité, tension électrique, sur la nature des essences, leur rendement et leur richesse en certains constituants. Ces recherches, longues et coûteuses, dont l'influence sur le développement de l'industrie des parfums

---

(1) Henri COUPIN, *Parfumerie Moderne*, N° 10. 1922.

naturels peut être considérable, exigent un personnel de spécialités diverses, des champs d'expérience, des laboratoires, et, comme conséquence, un budget élevé, que seuls peuvent alimenter les syndicats corporatifs de producteurs et d'industriels.

Le parfum est généralement un produit normal de la plante, dont le rôle physiologique n'a pas été encore clairement établi. Mais il advient parfois que sa formation est d'ordre pathologique, provoquée par une maladie, un accident. Dans des monographies parues dans la *Parfumerie Moderne* (2), j'ai exposé le cas de certains baumes qui se forment dans des plantes souvent inodores à la suite de traumatismes.

L'industrie des hommes a utilisé ce phénomène pour obtenir des parfums. C'est le cas des baumes du Pérou et de Tolu, du Benjoin, du Styrax, des essences de Linaloé, de Pé-mou, de l'huile de pin, etc. Il semble dans ces divers cas, que la secrétion odorante est une réaction de défense de l'organisme attaqué.

DÉFINITION DE L'ESSENCE. — La qualité propre d'un parfum est de s'évaporer aux températures habituelles. Sa plus ou moins grande volatilité aura pour conséquence d'affecter les organes olfactifs, plus ou moins fort ou plus ou moins longtemps.

Les matières odorantes, obtenues de premier jet, sont souvent mélangées d'éléments non volatils, et parfois insolubles dans l'alcool et les autres supports employés par le parfumeur. Il est avantageux de se débarrasser de ces charges inutiles, et c'est la raison pour laquelle on a de plus en plus tendance à n'employer que des *essences*, qui sont la partie volatile et soluble des matières premières odorantes ; les essences répondent de plus à des conditions bien définies de pureté, qui en facilitent le commerce et l'emploi.

On peut donc définir une essence ou huile essentielle, la partie volatile et soluble dans l'alcool, extraite d'une matière première odorante.

---

(1) Avril et Juin 1925.

CHAPITRE II

MODES D'OBTENTION DES PARFUMS NATURELS

Les matières premières odorantes que fournit la nature ne peuvent être employées tel que. On cherchera à éliminer les éléments inodores et insolubles qu'elles renferment, de façon à réduire leur volume et à épurer leur qualité.

Suivant les cas, on emploiera les procédés suivants :

1º Entrainement a la vapeur d'eau.
2º Enfleurage.
3º Extraction par un dissolvant.
4º Expression.
5º Exsudation.

1º Entrainement a la vapeur d'eau. — Les matières végétales à traiter proviennent des diverses parties de la plante. Ce sont : les racines, le tronc, les branche, l'écorce, préalablement déchiquetés ou réduits en sciures, les feuilles, les herbes, les fleurs et les graines quelquefois broyées. Rarement on fait subir un séchage, une fermentation et une préparation mécanique aux matières à distiller. Celles-ci sont chargées dans un alambic avec ou sans eau. Dans le premier cas, la proportion d'eau varie de 2 à 6 fois le poids de la substance à traiter ; l'appareil est alors chauffé à feu nu, ou à la vapeur. La vapeur peut être introduite directement dans la partie inférieure de l'alambic par un barboteur qui la divise, ou passer à travers un serpentin ou un double-fond. Ce sont les chauffes à *vapeur directe* ou *indirecte*.

L'ébullition produite dans l'alambic provoque un départ de vapeur d'eau qui entraîne l'huile essentielle.

Dans quelques cas particuliers, celui des essences de montagne, par exemple, lavande, aspic, thym, romarin, etc., on ne charge pas d'eau dans l'appareil, qui reçoit la vapeur directe de la chaudière, par *barbotage.*

Le mélange de vapeur d'eau et d'essence se rend à un condenseur par un tuyau appelé *col de cygne.* Ce tuyau est quelquefois remplacé par une *colonne* (Ylang) ou un long tube incliné à reflux vers l'alambic et dénommé *réfrigérant aérien* (iris).

Les vapeurs sont condensées dans le condenseur, qui est formé de surfaces, généralement tubulaires, refroidies extérieurement par un courant d'eau froide. Le plus souvent le condenseur est formé d'un tube de cuivre ou d'étain, bons conducteurs, en spirale, que l'on appelle *serpentin* ; les serpentins sont enfermés dans une bache pleine d'eau froide, que l'on renouvelle constamment, l'eau froide arrivant au bas et l'eau chaude se déversant par le haut.

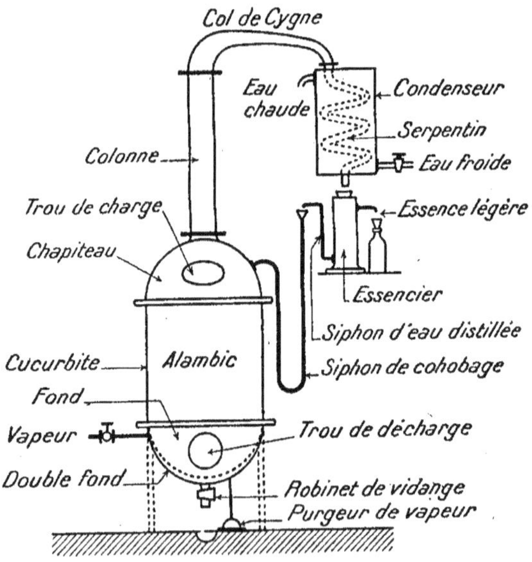

Fig. 2. — Alambic pour la distillation des plantes à parfum.

Au sortir du serpentin, le mélange d'eau et d'essence coule dans un séparateur appelé *essencier* ; c'est un récipient en verre ou en métal, parfois muni de glaces, où les deux liquides se séparent par densité. On aura donc deux sortes d'essenciers, les uns pour les essences légères, dans lesquels l'eau décantée s'échappera de la partie inférieure, par un siphon, les autres pour les essences lourdes. Dans ces derniers, l'essence s'accumule au bas de l'essencier, tandis que l'eau s'écoule par une tubulure à la partie supérieure. On peut retirer l'essence périodiquement au moyen d'un robinet, ou d'une façon continue, au moyen d'un siphon.

Les eaux condensées entraînent une certaine proportion d'essence, par solubilité et mécaniquement. Elles sont de plus distillées et ne contiennent plus de sels susceptibles de saponifier les éthers délicats. Il y a donc intérêt à les remettre en travail quand on n'en a pas la vente : les eaux parfumées de fleurs d'oranger, de brout (petit grain), de roses et de quelques autres eaux médicinales : laurier, tilleul, etc... sont recueillies pour la consommation.

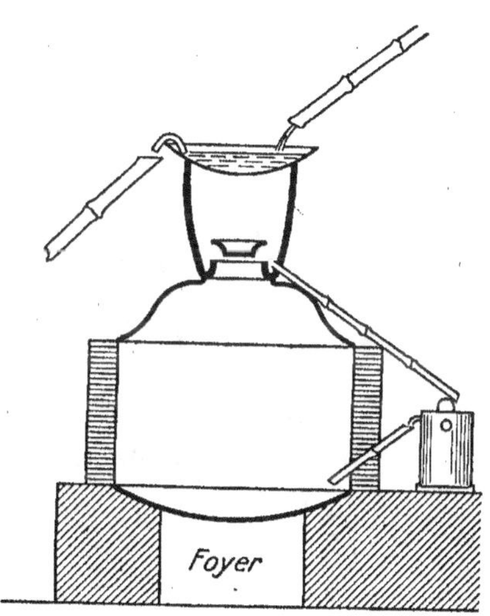

Fig. 3. — Alambic chinois pour la badiane.

On peut réintroduire ces eaux dans l'alambic en cours de distillation au moyen d'un siphon ; c'est le *cohobage*.

Il faut alors que l'essencier soit en charge sur l'alambic. Ou bien, on peut accumuler les eaux dans une bache et, s'en servir pour la distillation suivante, en les renvoyant à l'alambic par gravité ou, au moyen d'un injecteur ou d'une pompe.

L'alambic est muni d'un trou de charge et d'un trou de décharge pour l'entrée et la sortie de la matière à distiller.

Quand on distille des herbes telles que : menthe, géranium, lavande, aspic, thym, romarin, citronelle, lemongrass, on évite de perdre les eaux chaudes qui restent dans l'alambic à la fin de la distillation, et on économise du temps et de la main-d'œuvre, en employant des alambics à chapeau mobile et des paniers dont un en réserve.

Le joint de la cucurbite et du chapiteau, est fermé au moyen de boulons à oreilles et à rabattement, ou est hydraulique.

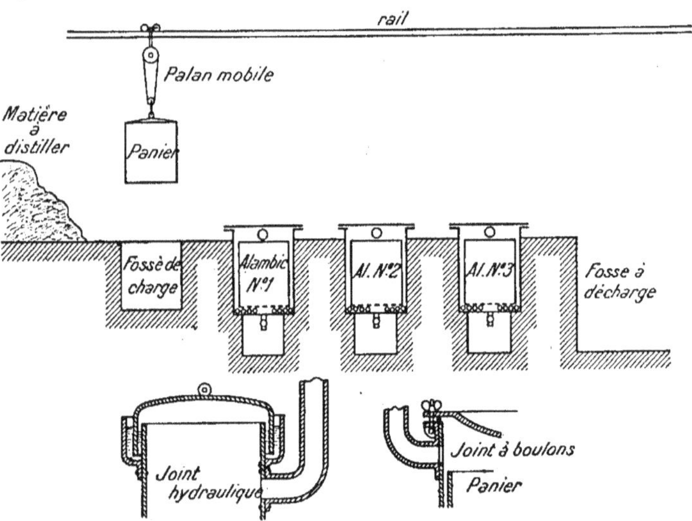

Fig. 4. — Batterie d'alambics pour la distillation des herbes.

BATTERIE D'ALAMBICS POUR LA DISTILLATION DE FEUILLES OU D'HERBES A CHARGE ET DÉCHARGE RAPIDE. — Un panier est toujours tenu plein d'herbe dans la fosse de

Fig. 5. — Distilloir Lautier fils, à Grasse.

chargement, placée à côté du tas de matière à traiter. Les manœuvres des couvercles et des paniers se font au moyen d'un palan mobile sur un rail aérien. Les paniers de matière distillée sont transportés à la décharge, à l'autre extrémité du rail. Ils sont basculés autour de deux tourillons, ou ont un fond mobile facile à déclaveter.

CONDITIONS GÉNÉRALES DE LA DISTILLATION. — La durée de la distillation varie suivant la nature de la matière, de deux heures, (aspic, lavande, bois de rose, menthe, géranium, etc.), à quarante et cinquante heures (santal, iris, etc.). Dans le premier cas, il y a intérêt à avoir des alambics à charge, à décharge et chauffe rapides. Dans le deuxième cas, on recherchera l'économie du combustible en calorifugeant les appareils et en n'employant que la quantité de vapeur strictement nécessaire à l'entraînement de l'essence.

Le calcul indiquera la pression optima à laquelle on aura intérêt à opérer, (vide ou pression).

On sait qu'une distillation de deux ou de plusieurs liquides non solubles les uns dans les autres (distillation hétérogène) obéit aux lois suivantes :

1° La pression du mélange de vapeurs est égale à la somme des tensions de vapeur des divers corps à la température de la distillation.

Dans le cas de deux corps A et B, pour une pression de distillation égale à H, la température de l'ébullition sera telle que la somme des tensions de vapeur des deux corps à cette température soit égale à H ; soit Ta et Tb ces tensions respectives, on aura l'égalité :

$$Ta + Tb = H.$$

La température d'ébullition sera donc inférieure à celle du corps qui bout le plus bas.

Dans le cas où l'un des liquides est l'eau et que la distillation se fasse à la pression atmosphérique, la température d'ébullition du mélange s'effectuera au-dessous de 100 degrés, pour une pression barométrique de 760 $\frac{m}{m}$.

2° Le rapport des quantités de produits distillant en même temps est une fonction des tensions de vapeur et des densités de vapeur à la température de la distillation.

Soient Pa et Pb les poids,

Da et Db les densités de vapeur,

on a :

$$\frac{Pa}{Pb} = \frac{Ta \times Da}{Tb \times Db}$$

En remplaçant les densités par les poids moléculaires, qui leur sont proportionnels, on a :

$$\frac{Pa}{Pb} = \frac{Ta \times Ma}{Tb \times Mb}$$

Ma et Mb étant les poids moléculaires de A et de B.

Les tensions de la vapeur d'eau sont données par les tables des formulaires ; il n'en est pas de même de celles des composés des essences.

Il est possible de déterminer avec une approximation suffisante pour le calcul d'un appareil la courbe des tensions de vapeur d'un corps en le distillant sous un vide ou une pression variable. Pour le vide, ce qui est le cas le plus utile, on fait varier la dépression en cours de distillation en manœuvrant un robinet de rentrée d'air ; on détermine ainsi quelques points de la courbe, que l'on termine par interpollation.

Dans le cas de la distillation d'une essence à la vapeur d'eau, on fera les calculs pour les constituants principaux.

On se rend ainsi compte du gaspillage de vapeur qu'entraîne la distillation de certaines essences, par la différence entre la quantité de vapeur théorique nécessaire pour entraîner l'essence et celle qu'il faut en pratique.

Il semble rationnel de remplacer le travail coûteux de la vapeur par une préparation mécanique de la matière et de n'employer que le minimum de calories pour entraîner l'essence.

Le brassage mécanique est plus économique que l'agitation des matières au moyen de la vapeur vive.

Dans une distillation à vapeur directe, il est préférable d'employer de la vapeur sèche ou surchauffée, de manière à ne pas augmenter le volume de l'eau dans l'alambic, et provoquer des *emballements*. La chaudière sera munie d'un surchauffeur.

CALCUL DES DIVERS ÉLÉMENTS D'UN ALAMBIC. — On connaît, ou l'on détermine par des mesures, le rapport des poids et des volumes de l'eau et de la matière à distiller. Il faut donc mesurer le volume spécifique de cette dernière, en tenant compte de l'influence de l'imbibition.

Si l'on cohobe, la proportion d'eau doit être suffisante pour bien baigner la matière. Sinon, l'appareil devra en recevoir un excédent, égal au débit horaire multiplié par le nombre d'heures de la distillation. Dans le cas du géranium, dont la distillation dure environ deux heures, si l'on coule au débit de 100 litres à l'heure, ce qui convient pour un alambic de 1.000 à 1.500 litres de capacité utile, le volume d'eau doit être de 200 litres supérieur à celui nécessaire pour baigner les plantes.

Quand on distille des herbes, on peut en remplir l'alambic jusqu'au niveau inférieur du chapiteau, en tassant la matière, puis ajouter de l'eau jusqu'à ce niveau. Le chapiteau forme la chambre de vapeur. Il doit donc avoir un volume suffisant ; on lui donne le plus souvent une forme hémisphérique. Avec les poudres légères, la chambre de vapeurs doit être plus spacieuse, car la matière mousse et s'emballe. Dans le cas de sciures, on remplit le tiers ou la moitié de l'alambic, l'eau ajoutée ensuite relève le niveau aux 2/3 de la capacité totale de l'alambic.

On appelle *volume utile*, celui qui est occupé par l'eau et la matière à distiller.

La chauffe avant ébullition prend un temps que l'on doit réduire autant que possible, en ayant une canalisation de vapeur et une vanne de section appropriées. On ferme ensuite partiellement la vanne quand l'ébullition commence. Si l'on alimente l'alambic avec de l'eau chaude, la durée de la mise en marche sera raccourcie et l'utilisation de l'appareil meilleure.

Il est bon de calculer les canalisations de vapeur pour une vitesse maximum de 20 mètres à la seconde, et de les tenir plutôt au-dessus des chiffres trouvés. Le défaut de la plupart des appareils de chimie industrielle est d'avoir des orifices et des canalisations de section insuffisante.

Avec les éléments que je viens d'indiquer, on pourra calculer le nombre et la capacité des alambics en fonction de la quantité de matière à distiller ; on connaît bien entendu la durée de la distillation, qui est pour une part fonction du débit-horaire. La capacité utile totale de la batterie d'alambics, doit correspondre à la pointe de la récolte.

Avec des cols de cygne proportionnés, calculés sur la base d'une vitesse de 20 mètres à la seconde pour la vapeur sortant de l'alambic, le condenseur n'étant pas étranglé, mais ayant des sections correspondantes, établies suivant le même principe, on peut faire débiter 100 à 150, voire même 200 litres à l'heure à un alambic de 1.500 litres utiles, muni avant le col de cygne d'une *tête de mort* ou large colonne, pour éviter les entraînements de matière et la coloration de l'essence.

La capacité d'un alambic n'a pas de limite pour les liquides et les matières lourdes difficilement entraînables. Dans le Sud des Etats-Unis, on charge 16 tonnes de bois de pin déchiqueté dans des appareils de 60 mètres cubes. Si la matière se tasse et se feutre sous une certaine épaisseur, ce qui est le cas de la rose, la dimension de l'alambic, tout au moins en hauteur, se trouve limitée.

SURFACE DE CHAUFFE. — Elle est calculée pour la mise en marche qui consomme plus de vapeur que la distillation. On fixe la durée de la chauffe, soit 15 à 20 minutes. Le nombre de calories à fournir dans cet espace de temps est :

1° Chaleur nécessaire pour échauffer N litres d'eau de θ à 100° — θ étant la température de l'eau d'alimentation. Faire le calcul sur la valeur de θ en hiver, si l'on alimente à l'eau froide.

2° Chaleur absorbée par la matière à distiller pour élever sa température de θ à 100°.

C étant la chaleur spécifique de la matière, on a l'équation suivante pour le nombre de calories totales nécessaires :

$$N\ (100 - \theta) + P.\ C.\ (100 - \theta) = M$$

La chaleur spécifique de la matière à distiller est d'autant plus élevée qu'elle est plus chargée d'eau ; elle varie entre 0,4 et 0,8.

Fig. 6. — Alambics, Etablissements Jeancard Fils et Cie, à Cannes.

Pour fournir la quantité M de calories dans le temps H que l'on s'est fixé, il faut une surface de chauffe que l'on calcule de la façon suivante :

La formule de DULONG et PETIT est pour H = 1 :

$$M = K\ S\ (T - \theta)^{1.233}$$

K^l = Quantité de chaleur transmise en une heure, pour 1 mètre carré et pour 1° de différence de température.

T = Température de la vapeur. (Consulter les tables donnant la température en fonction de la pression).

θ = Température de l'eau à chauffer.

S = Surface de chauffe.

K est égal à 371 pour l'eau non bouillante, et à 2.000 ou 2.500 pour l'eau en ébullition. Ces chiffres sont variables avec le plus ou moins d'activité de la circulation, et le fait qu'elle est méthodique ou non.

Pratiquement, les coefficients suivants m'ont donné des résultats satisfaisants un peu au-dessous de la réalité pour des appareils neufs.

VALEURS DU COEFFICIENT K :

	SANS ÉBULLITION	EBULLITION
Double-fond	200	370
Serpentin.............................	1.200	2.000

On en déduit :

$$\frac{S}{H} = \frac{(N + P\,C)(100 - \theta)}{K\,(T - \theta)^{1.288}}$$

On voit que, à surfaces égales, l'action du serpentin est plus efficace que celle du double-fond dans le rapport de 6 à 1 environ.

Quant au rapport des surfaces de chauffe d'un alambic, je les donne ci-dessous pour un alambic cylindrique de 1 mètre de diamètre, en envisageant les deux cas de chauffe par double fond et serpentin.

	SURFACE DE CHAUFFE	
	FOND PLAT (flèche 10 %)	FOND HÉMISPHÉRIQUE
Double fond...........................	0mq, 78	1mq, 57
Serpentin (diamètre : 20 $\frac{m}{m}$)........	1mq, 10	1mq, 50
» (diamètre : 30 $\frac{m}{m}$)........	1mq, 18	1mq, 50

Le serpentin étant construit avec un intervalle entre les spires égal au diamètre du tuyau.

Dans un alambic à fond hémisphérique, la surface du serpentin recouvrant ce fond aura donc une efficacité 6 fois plus grande que celle du double-fond.

Pour un fond plat (légèrement bombé), la supériorité du serpentin est de 8,5 environ.

En calorifugeant les alambics on en améliore le fonctionnement en réduisant la consommation de vapeur.

CONDENSEURS. — Dans un condenseur tubulaire à circulation méthodique, la surface nécessaire est ainsi calculée :

Pour un kilo de vapeur à condenser et à refroidir à $t°$, le nombre de calories à absorber est :

$$\lambda = 606,5 + 0.305 \quad T - t$$

$T = 100°$ pour une distillation à la pression atmosphérique.

On prend généralement t égal à 20°.

$$\lambda = 620 \text{ calories.}$$

soit Q le poids de vapeur à condenser à l'heure ; en appliquant la formule de DULONG et PETIT, la surface du condenseur est :

$$S = \frac{Q. \ 620}{K \ (T - t)^{\ 1,333}}$$

$$K = 370 \ T - t = 60°.$$

$$T = 100.$$

$$t = 40° \ \text{Température moyenne de} \atop \text{l'eau du condenseur.}$$

La surface du condenseur sera en décimètres carrés :

$$S = 0,01. \ \ Q$$

Il faut donc un mètre carré de surface de refroidissement pour condenser 100 kilos de vapeur à l'heure. Pratiquement, pour tenir compte de la mauvaise circulation et de l'entartrage des tubes, on prendra deux mètres ; dans certaines conditions très mauvaises, il en faut même trois.

QUANTITÉ D'EAU DE REFROIDISSEMENT. — Avec une bonne circulation méthodique que l'on obtient dans un condenseur à doubles tubes, l'eau de réfrigération peut être évacuée au voisinage de 50 à 60°.

Nous avons vu qu'un kilo de vapeur pour être condensé et amené à 20° abandonnera 620 calories. Si l'eau de réfrigération est admise à 20° et évacuée à 80°, soit un écart de 60°, il en faudra $\frac{620}{60} = 10$ lit., 3 pour un kilo de vapeur.

Dans le cas du condenseur à bache, la différence de température, de l'entrée à la sortie, n'étant que de 50 − 20 = 30, la quantité d'eau pour un kilo de vapeur sera de : $\frac{620}{30} = 20$ lit., 3.

Dans la pratique, on doit être en mesure d'en débiter 25 à 30 fois le poids de vapeur condensée à l'heure.

2º ENFLEURAGE. — Le procédé par *enfleurage* est appliqué aux fleurs dont l'activité fonctionnelle n'est pas arrêtée après la cueillette et qui continuent à produire du parfum tant que leur vitalité persiste. Ces fleurs sont : le jasmin, la tubéreuse, la jonquille et le réséda. Pour les deux premières seules, la démonstration a été faite de la différence de rendement en essence en faveur du procédé de l'enfleurage (HESSE). Les fleurs sont placées, soit sur de la graisse étendue sur des châssis vitrés dont les cadres superposés forment une série de chambres closes, soit sur des pièces de coton imprégnées d'huile d'olive ou d'huile minérale, et supportées elles-mêmes par des châssis à grillage métallique. L'essence produite par la fleur est véhiculée par l'air et transportée au dissolvant gras qui l'emmagasine. La fleur est renouvelées tous les deux ou trois jours.

Ce procédé, outre qu'il donne en quantité, de 6 à 12 fois plus de rendement que les autres, ménage la grande délicatesse de parfum des fleurs. On l'a appliqué récemment à la rose et à l'oranger.

Les graisses de porc et de bœuf employées dans ce procédé sont préalablement épurées et préparées, de façon à n'avoir aucune mauvaise odeur, et à se conserver plusieurs années sans rancir. Les *pommades* ainsi obtenues sont, soit employées telles que, dans la fabrication des cosmétiques, soit épuisées par l'alcool, ce qui donne les *extraits aux fleurs*.

Ces extraits, dont la concentration est désignée par un numéro, Nº 12, 30, 36, 72, 240, entrent dans la composition des parfums de consommation et eaux de toilette, après un glaçage et un filtrage dont le but est de séparer la graisse dissoute.

La concentration de ces extraits donne, après purification, une huile essentielle.

Un perfectionnement au procédé de l'enfleurage est appliqué par la Maison LAUTIER FILS ; il réduirait de 50 à 60 % les frais de main-d'œuvre. Il consiste en une « machine à défleurir » sur laquelle le chassis, les fleurs en dessous, se déplace horizontalement, tandis qu'un peigne à dents aiguës, tournant à grande vitesse, fait tomber les fleurs.

Fig. 7. — Enfleurage du jasmin à la Maison Lautier Fils, Grasse.

On achève le nettoyage de la graisse au moyen de petits aspirateurs à vide, manœuvrés à la main.

3° EPUISEMENT PAR UN DISSOLVANT. — Le procédé d'extraction par *épuisement* se divise en deux catégories, suivant le dissolvant employé :

a) Epuisement par un dissolvant fixe.

b) Epuisement par un dissolvant volatil.

INFUSION. — *a*) *Le procédé d'épuisement par un dissolvant fixe*, est généralement désigné sous le nom d'INFUSION. Les graisses de bœuf et de porc fondues, les huiles végétales et minérales, sont les dissolvants fixes employés. Les fleurs sont mises à infuser dans le liquide chauffé à 60-70°, essorées, puis passées à la presse hydraulique, qui enlève les dernières portions de dissolvant gras.

La Maison LAUTIER a rendu ce procédé tout à fait industriel en réduisant les frais de main-d'œuvre. Le matériel employé se compose d'un appareil de 2.000 litres environ, ayant la forme d'un alambic, construit en aluminium, muni d'un double fond et d'un agitateur. Les fleurs sont chargées par une ouverture supérieure, tandis que la graisse, préalablement fondue au bain-marie, est aspirée par le vide. On chauffe et l'on malaxe la masse au moyen de l'agitateur ; après un contact suffisant, on vidange dans une essoreuse par une large ouverture située dans le fond du malaxeur. On essore, la graisse fondue séparée de la fleur est remise en travail sur de la fleur nouvelle, jusqu'à ce que l'on ait atteint la proportion voulue.

La perte en graisse ne serait pas supérieure à celle du procédé de la presse hydraulique et l'économie de main-d'œuvre est considérable.

Les principales fleurs traitées par le procédé de l'infusion sont : la violette, la rose, la fleur d'oranger, la cassie, etc...

Les pommades préparées ont les mêmes emplois que celles obtenues par enfleurage.

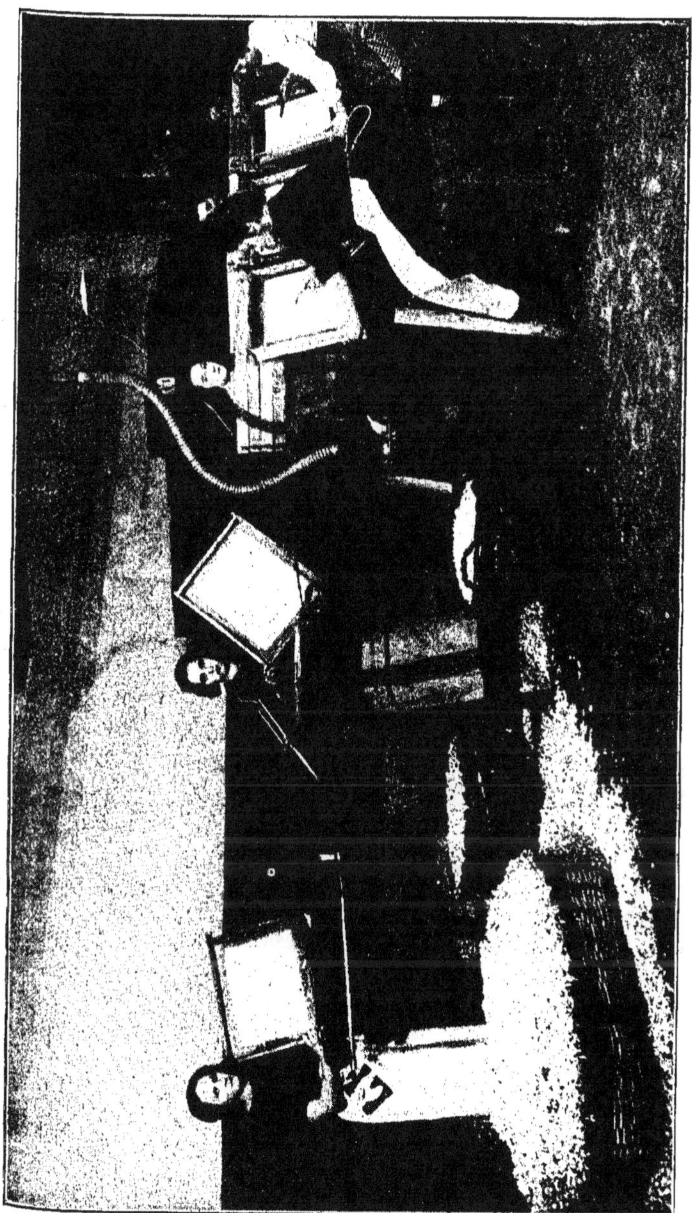

Fig. 8. — Défleurage du jasmin à la machine — Lautier Fils, Grasse.

EXTRACTION. — *b*) Dans *le procédé d'épuisement par un dissolvant volatil* généralement appelé EXTRACTION, on emploie presque exclusivement l'éther de pétrole bouillant avant 100°. Les fleurs sont épuisées méthodiquement, à la température ordinaire, par lixiviation, dans des *extracteurs* hermétiquement clos. Après séparation de la fleur, le dissolvant chargé de parfum est évaporé, et laisse, comme résidu de concentration, des cires parfumées, incomplètement solubles dans l'alcool.

Ces produits purifiés constituent les *parfums concrets* du commerce, dont l'épuisement par l'alcool donne des extraits aux fleurs.

En traitant les parfums concrets par l'alcool et en évaporant la solution préalablement glacée et filtrée, on obtient les *quintessences* ou *parfums absolus* qui renferment tout le parfum des fleurs sous un volume réduit, et sous la forme commode d'un liquide soluble dans l'alcool.

TEINTURES RÉSINOIDES-RÉSINAROMES. — L'épuisement par l'alcool de certains produits végétaux ou animaux (gousses de vanille, racines d'iris, musc, civette, etc.) donne les *teintures*[1] ; par distillation de l'alcool on obtient des essences généralement concrètes.

Le traitement de ces mêmes produits par l'éther de pétrole donne des résines et cires qui, reprises par l'alcool, se vendent sous le nom de résinaromes, résinoïdes, etc...

ESSENCES DÉTERPENÉES. — Dans la fabrication des extraits et surtout des eaux de toilette, à bas degré d'alcool, il est bon de n'employer que des essences très solubles. On les obtient en dissolvant les essences dans de l'alcool dilué, filtrant et évaporant ensuite la solution.

On emploie quelquefois le procédé de la distillation dans le vide, avec fractionnement.

On enrichit ainsi l'essence en constituants oxygénés, d'un parfum plus puissant et caractéristique, en même temps qu'on la débarrasse des hydrocarbures, terpènes et sesqui-

---

(1) Appelées quelquefois *infusions*.

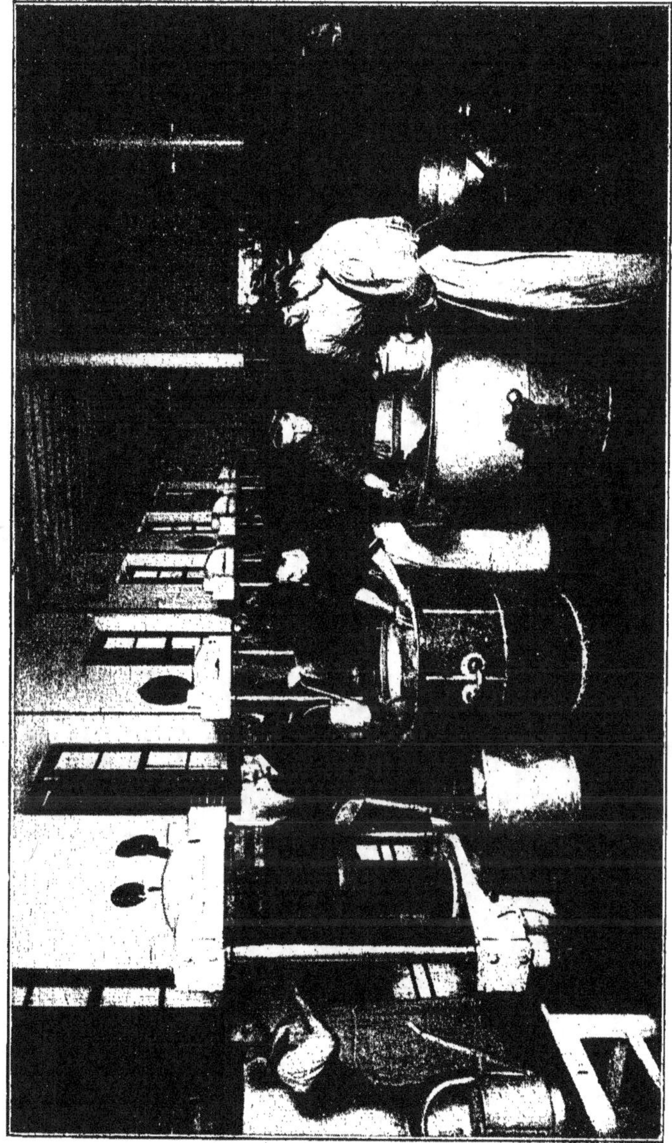

Fig. 9. — Infusion de la pommade à la rose — Etablissements Jeancard Fils et Cte, Cannes.

terpènes, moins solubles et d'une valeur inférieure au point de vue odeur.

Fig. 10. — Infusion des pommades (Procédé Lautier Fils, Grasse)

APPAREILS D'EXTRACTION. — Les appareils employés pour l'extraction sont plus ou moins complexes.

Les plus simples sont dérivés des soxhlets. Ils ont l'avan-

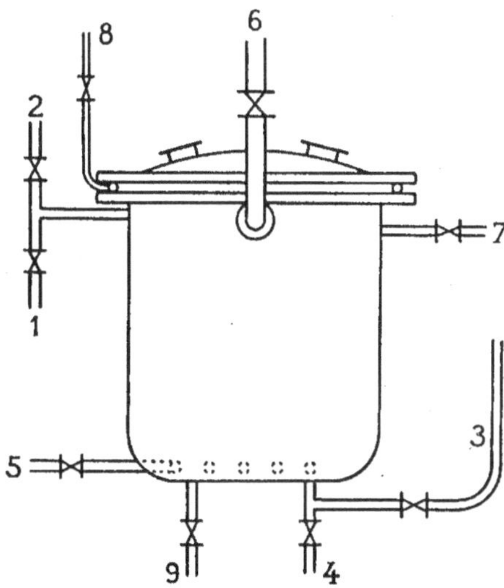

Fig. 11.

Extracteur Massignon.

1.— Arrivée du dissolvant de l'extracteur précédent.
2.— Arrivée du dissolvant neuf.
3.— Départ du dissolvant chargé de parfums pour l'extracteur suivant.
4.— Départ du dissolvant saturé pour la concentration.
5.— Vapeur.
6.— Départ des vapeurs de purge.
7.— Air comprimé pour la manœuvre du dissolvant.
8.— Eau sous-pression pour le joint tubulaire.
9.— Purge des eaux de condensation et de lavage.

Fig. 12. — Extraction (Charabot et Cie, Grasse).

tage d'épuiser à chaud, et l'inconvénient de ne pas opérer méthodiquement.

Dans les industries importantes du Midi de la France, on les a remplacées par des appareils se rattachant à deux types principaux :

1° *Appareils fixes*, du type NAUDIN et MASSIGNON.

Les fleurs sont chargées sur des plateaux dans plusieurs *extracteurs* formant une *batterie*. Le dissolvant déplacé par gravité, par l'air comprimé ou par une pompe, circule méthodiquement à travers les appareils, de manière que les fleurs déjà épuisées reçoivent du dissolvant neuf, et les fleurs fraîches, du dissolvant chargé de parfum dans les extracteurs précédents.

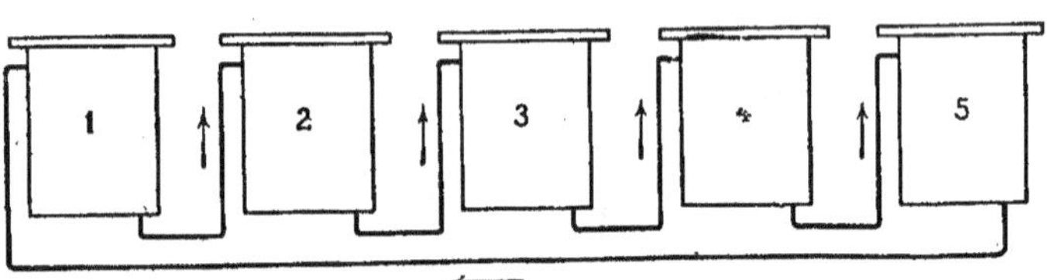

Fig. 13. — Batterie d'extraction Massignon.

Chaque extracteur devient successivement le premier de la série, et est chargé de fleurs fraîches, après que le dissolvant saturé de parfum qu'il contenait, ait été envoyé à la concentration et les fleurs épuisées vidangées. Au préalable, les dernières portions de dissolvant sont chassées par un courant de vapeur.

Ce procédé présente l'inconvénient d'exiger un volume de dissolvant beaucoup plus considérable que le suivant, du fait que la fleur est disposée sur des paniers et baigne entièrement dans le liquide. De plus, le coût d'installation est beaucoup plus élevé, à cause de la complexité des canalisations que montre le schéma d'un extracteur.

Fig. 14. — Extraction (Roure Bertrand Fils, Grasse).

2° *Appareils mobiles*. — Ils sont de deux types :

Appareil Garnier. — L'extracteur est un grand tambour métallique fixe, traversé par un axe, portant des croisillons à l'extrémité desquels sont disposés des logements cylindriques pour paniers de même forme.

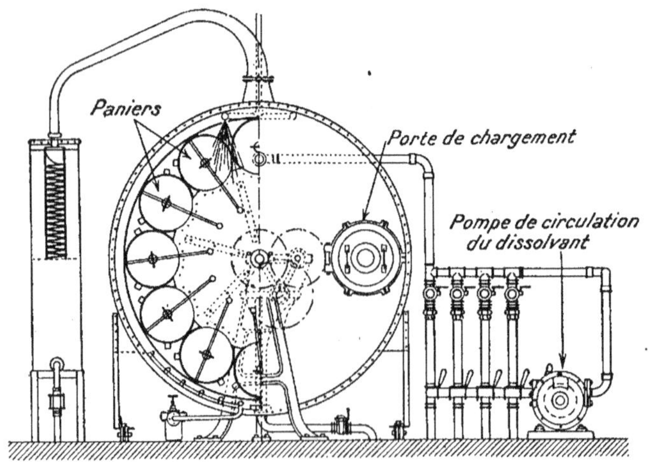

Fig. 15. — Extracteur Garnier

Ces paniers en tôle perforée ont un fond mobile, pour permettre le chargement de la fleur. On les introduit dans l'extracteur et dans leur logement par un trou d'homme latéral. Quand tous les paniers chargés de fleurs sont en place, on ferme le trou d'homme, et l'on introduit le dissolvant qui occupe le tiers de l'appareil. L'axe est mis en mouvement et les paniers plongent successivement dans le liquide.

Après 20 à 20 minutes d'épuisement, on soutire le dissolvant et on en envoie un deuxième, puis un troisième ; on procède méthodiquement, en employant pour le premier lavage, un dissolvant chargé de parfum, tandis que l'on envoie du liquide neuf sur la fleur épuisé .

Appareil P. Jeancard. — Dans ce dispositif, le tambour cylindrique est mobile autour d'un axe horizontal, par lequel se font toutes les circulations, y compris le départ des vapeurs au moment de la purge.

La matière à épuiser, fleurs, plantes, sciures, etc., est chargée par le trou d'homme et remplit complètement l'appareil dont le volume est entièrement utilisé. Après fermeture du tampon de charge, on introduit le dissolvant, en opérant méthodiquement, comme précédemment et l'on donne au tambour un mouvement de rotation lent. Des cloisons perforées permettent d'entraîner la matière. La circulation du liquide se fait à la pompe.

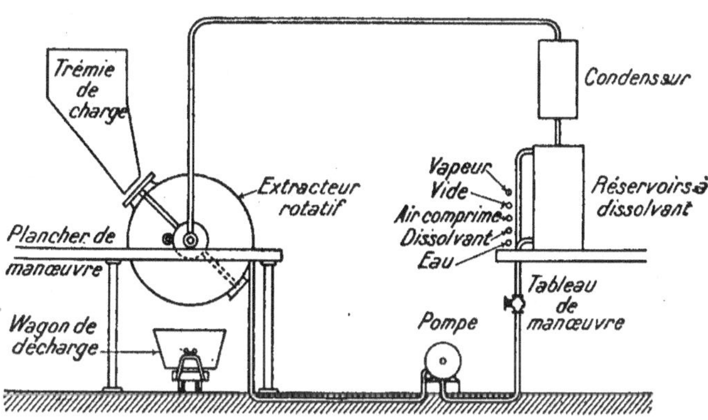

Fig. 16. — Extracteur P. Jeancard.

Après le dernier épuisement, on donne à l'extracteur un mouvement pendulaire et on fait le vide dans l'appareil pour enlever le dissolvant, dont on balaie les dernières traces par un courant de vapeur. La circulation de l'air en circuit fermé, en sens inverse du dissolvant, réduit les pertes de celui-ci au minimum. En pratique, elles se sont montrées inférieures à 10 % de ce qu'elles sont avec les autres procédés. Cet appareil permet de traiter toutes sortes de matières.

Après filtration, le dissolvant chargé de parfum est évaporé dans un alambic à double fond ou un évaporateur continu, et abandonne les cires odorantes qui retiennent des traces de dissolvant.

On les purifie par un balayage dans le vide. Quand on veut préparer les parfums liquides solubles, quintessences, parfums absolus, etc., on reprend les cires par de l'alcool dilué ou non, on sépare les insolubles, et l'évaporation de l'alcool dans le vide donne le résultat recherché.

Dans ces derniers temps on a essayé les charbons actifs pour arrêter les vapeurs des dissolvants.

4º EXPRESSION. — Les essences de fruits du genre Citrus, tels que : orange, bergamote, citron, etc., sont obtenues par expression. Ce procédé est appliqué à froid, la chaleur étant particulièrement nuisible à ces essences délicates. Le fruits est coupé en deux ou en quatre et la peau vigoureusement frottée avec une éponge qui se charge d'essence et qu'on exprime. On emploie pour la bergamote, dont le fruit est rond, un appareil à main appelé la «Machina», qui déchire l'épicarpe et le presse contre les éponges.

L'essence obtenue est filtrée car elle contient de l'eau, des mucillages et des poussières.

On a étudié divers appareils mécaniques pour économiser la main-d'œuvre, mais leur emploi ne s'est pas généralisé.

5º EXSUDATION. — Des baumes et des résines sont obtenus par ce processus. Ceux qui proviennent des plantes, tels que le labdanum, la myrrhe, l'encens, l'opoponax, etc., sont généralement préparés en faisant bouillir les plantes avec de l'eau. La résine se sépare et surnage, on la recueille à l'écuelle.

Les arbres qui secrètent des baumes, sont entaillés le long du tronc, par un procédé analogue à celui que l'on applique aux pins et aux caoutchoucs. Le produit liquide est simplement débarrassé de l'eau qui lui est mélangée ; quant aux portions contenant des débris végétaux, on les purifie par ébullition et filtration sur une toile grossière, comme précédemment.

Les différents procédés d'extraction sont résumés dans le tableau suivant, qui indique les produits obtenus en regard de chaque méthode.

Fig. 17. — Extraction (Etablissements Jeancard Fils et Cte, Cannes).

PROCÉDÉS D'EXTRACTION DES PARFUMS

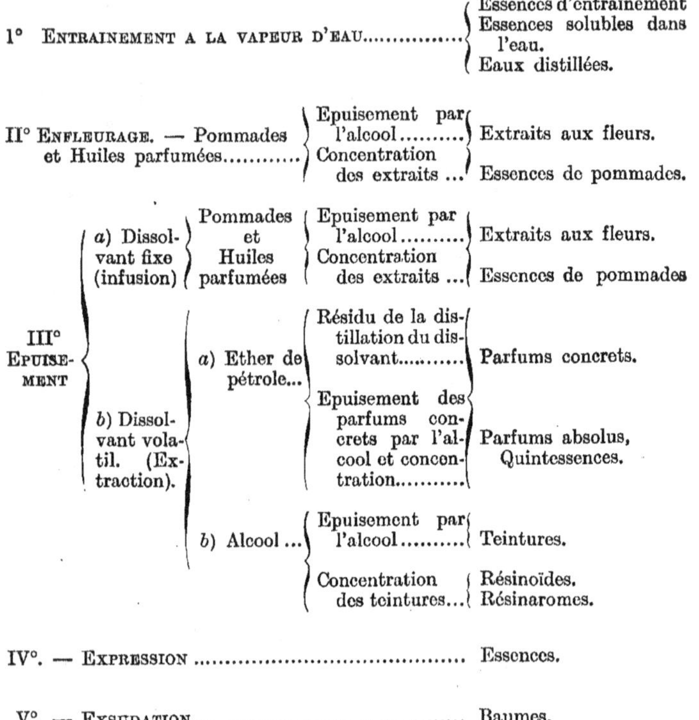

IV°. — Expression .... Essences.

V°. — Exsudation.. Baumes.

Etude d'un appareil de chimie industrielle. — Dans l'étude d'un appareil de chimie industrielle, dont la complexité est souvent très grande, il est bon d'avoir un guide méthodique, qui rappelle les divers éléments et accessoires dont l'appareil peut être pourvu. On évite ainsi d'avoir à réparer des omissions fâcheuses, par des dispositions improvisés qui rendent plus difficile et plus coûteux le service de la fabrication.

Voici le tableau qui m'a guidé dans la conception et l'exécution de matériels d'usages très variés.

DESCRIPTION METHODIQUE
D'UN APPAREIL DE CHIMIE INDUSTRIELLE

I. — DESCRIPTION GÉNÉRALE

Type et nom.
Usage.
Matière.
Pression - Vide.
Capacité totale.
Puissance de production (horaire, journalière, mensuelle, annuelle).
Provenance - Constructeur.
Prix (Appareils, accessoires, montages).

II. — DESCRIPTION DÉTAILLÉE

a)   Principe - Théorie - Calculs.
Dessins - Dimensions - Capacité totale, utile.
Graduation.

b)   DISPOSITIFS MÉCANIQUES :
Agitateur - Mélangeur - Broyeur - Décanteur - Filtrage - Charge - Décharge - Manutention de la matière - Manœuvre des portes et des vannes - Basculement - Balancement - Rotation - Déplacement.
Puissance correspondante - Commande - Moteurs.

c)   DISPOSITIFS D'ALIMENTATION (Froide, chaude, intermittente, continue) :
Gazeuse : Vapeur d'eau, vapeurs ou gaz, air, air comprimé, vide.
Liquide : Eau, liquide, liquide condensé (cohobage), entonnoirs, siphons, lanternes en verre.
Solide : Trou d'homme - Trémies - Vis.

d)   DISPOSITIFS DE CHAUFFAGE :
Direct : Charbon, gaz, pétrole, huile (mazout), électricité.
Indirect : Vapeur, haute et basse pression, surchauffée ou non.
Air chaud - Eau chaude (bain-marie) - Bain d'huile - Bain de sable, de limaille, etc...
Double fond - Serpentins - Calorifugation.

e)   DISPOSITIFS DE REFROIDISSEMENT. — Par double enveloppe ou tuyautages.
Air froid - Eau - Liquides ou saumures refroidis - Glace.

f)   DISPOSITIFS DE SURVEILLANCE, MESURE ET SURETÉ :
Thermomètres, densimètres, aéromètres, viscosimètres, manomètres, thermomanomètres, vacuomètres, pyromètres, niveaux de liquide, jaugeurs, régulateurs de niveau, soupapes, reniflards, flotteurs, sifflets, purgeurs d'air, d'eau, de gaz - Glaces, regards et lunettes - Indicateurs chimiques - Transmission des indications à distance - Régulateurs de pression - Détendeurs, purgeurs, compteurs divers - Enregistreurs.

g)   DISPOSITIFS DE VIDANGE :
Liquide - Solide - Robinets et vannes - Portes trous d'homme - Renversement - Décantation - Lanternes en verre.

h) **DISPOSITIFS ANNEXES :**

Réservoirs de charge, gradués ou non - Jaugeurs - Peseurs - Réchauffeurs - Colonnes - Analyseurs - Col de cygne - Réfrigérants à air, à eau, à liquide refroidi - Reflux - Cohobage - Siphon - Séparateurs - Appareils florentins - Essenciers lourds, légers - Récipients de vidange, gradués ou non, fixes ou mobiles - Purgeurs automatiques - Dispositifs de prise d'échantillon - Détendeurs - Gazomètres - Laveurs - Filtres - Séparateurs - Essoreuse - Centrifuges - Filtres-presses - Presses - Cristallisoirs - Séchoirs - Décanteurs - Broyeuses.

i) **TUYAUTERIE ET ROBINETTERIE :**

Métal ou matière - Nature, type, dimensions - Joints - Garnitures de joints - Brides - Raccords.
Dispositifs de dilatation : Branchements - supports - isolants - calorifuges.
Robinets - Vannes - Tableaux de manœuvre, facilement accessibles, groupés si possible avec les cadrans des appareils de mesure et de contrôle.
Canalisations diverses : Vapeur, haute, basse pression, surchauffée - Eau ordinaire, glacée, filtrée, distillée, chaude - Liquides divers, acides, solutions - Vide de manœuvre - Vide de travail - Air comprimé - Gaz de chauffage - Gaz et vapeurs quelconques, acide carbonique, etc... Saumures refroidies.
Pompes : A eau, à liquides quelconques, acides - A vide sec - A vide humide. - Compresseurs - Pompes à piston - Centrifuges - Rotatives.

j) **DISPOSITIFS EN VUE DES MONTAGES, ENTRETIEN, RÉPARATIONS ET ARRÊTS :**

Tous les organes doivent être facilement accessibles et démontables. Dispositifs standardisés. Pièces interchangeables. Uniformisation, autant que possible, des sections et des types, pour réduire le stock de pièces de rechange et faciliter leur remplacement.
Circulation facile autour des appareils.

III. — DISPOSITIFS EN DEHORS DE L'APPAREIL

a) **SERVICE - NETTOYAGE - ENTRETIEN :**

Prise d'eau froide, chaude, de vapeur - Lance pour l'arrosage.
Sol étanche, lisse ,incliné pour l'écoulement automatique des lavages, caniveaux, égouts.
Tous les *accessoires*, autant que possible, suspendus, chacun à une place déterminée, pour laisser le plancher toujours propre et nu.

b) **AÉRATION - ECLAIRAGE - CHAUFFAGE :**

Etudiés en vue de la commodité du travail - Eclairage des cadrans et graduation des appareils de mesure et de contrôle - Eclairage solaire et artificiel.
Ventilation par aspiration des vapeurs nocives - Chauffage des locaux pendant l'hiver - Chauffage des corps cristallisables à maintenir à l'état liquide.

c) **CHARGEMENTS :**

Liquides : par réservoirs et canalisations.
Solides : par transporteurs aériens, wagonnets sur roues, avec ou sans rails - Trémies.

d) VIDANGES :

Ecoulement automatique, rapide et complet - Possibilité de chasses volumineuses.

Enlèvement des matières solides par courroies, transporteurs, courants d'eau, wagonnets, voies ferrées ou non.

e) EVACUATIONS GAZEUSES :

Larges, complètes, sans possibilité de retours insalubres ou nuisibles.

Evacuation au dehors ou dans des appareils de condensation.

Tirage naturel ou artificiel.

f) DISPOSITIFS CONTRE L'INCENDIE :

Eau sous pression - Manches et lances - Sprinklers - Sceaux d'eau - Bouteilles à acide carbonique, portatives - Appareils extincteurs sur roues (carbonate de soude et acide sulfurique avec émulsion) - Caisses à sable sur roues avec pelles.

Dans le cas des produits organiques et dissolvants volatils, l'eau est inefficace. Le sable et l'acide carbonique, avec émulsions, sont seuls efficace.

Bonne assurance - Précautions - Interdiction de fumer - Bon isolement électrique.

g) OUTILLAGE - MEUBLES ACCESSOIRES :

Instruments de *mesure*, balances, densimètres, thermomètres, etc... *levage, transport, vidange, nettoyage, propreté.*

Petit outillage, clefs de serrage.

Meubles, table, chaises, bureau-pupître, accessoires pour tenir la comptabilité des opérations et en noter les incidents.

Bons de réception et de *livraison,* des matières premières et des produits fabriqués. *Feuilles de travail - Répartition de la main-d'œuvre, de la force, de la vapeur,* etc...

CHAPITRE III

CLASSIFICATION DES PARFUMS

On peut diviser les parfums en quatre classes :
1º Les parfums naturels ;
2º Les parfums synthétiques ;
3º Les parfums organiques ;
4º Les parfums artificiels.

1º *Les parfums naturels* sont ceux que l'on extrait directement des plantes. La qualité de parfum et la composition chimique dépendent du procédé d'extraction employé pour obtenir le produit. Aussi convient-il que les chimistes qui publient des travaux sur les essences indiquent quel a été le procédé d'extraction employé ; il importe même de s'assurer que le procédé a été bien employé. D'après leur mode d'extraction, les parfums naturels sont désignés sous les noms suivants :

1º Essences ;
2º Pommades et huiles parfumées ;
3º Essences concrètes ;
4º Quintessences, parfums absolus ;
5º Extraits ;
6º Teintures ; Infusions ;
7º Résinaromes, résinoïdes ;
8º Eaux distillées.

2º Les *parfums synthétiques* comprennent :

1º Les constituants reproduits directement par les méthodes chimiques, exemple : l'acétate de benzyle, constituant du jasmin.

2º Les essences reproduites synthétiquement par le mélange de leurs constituants, exemple : l'essence, de jasmin.

3º Les *parfums organiques* sont obtenus des essences par des opérations chimiques plus ou moins complexes. Dans cette classe, on aura les constituants extraits des essences par les procédés de la chimie, comme le citral, le géraniol ; et les corps n'existant pas dans la constitution des essences : l'ionone, l'aldéhyde anisique, l'héliotropine, produits obtenus au moyen des essences de lemon-grass, d'anis, de sassafras. Un parfum organique est donc un corps préparé en prenant une essence comme matière première.

4º Les *parfums artificiels* sont des produits chimiques dont l'odeur se rapproche de certaines odeurs naturelles, par exemple : les différents muscs artificiels.

Il importe de distinguer un parfum naturel d'un parfum organique et d'un parfum artificiel. L'acétate de benzyle est un produit synthétique puisqu'il est la base du jasmin et qu'on le prépare au moyen de l'alcool benzylique et de l'acide acétique. L'ionone est un produit organique : elle est obtenue en partant de l'essence de lemon-grass ; de même, le citronnellol, constituant des essences de rose et de géranium, qui est extrait des essences de géranium ou préparé par réduction du citronnellal, constituant de l'essence de citronnelle.

Le trinitrobutyltoluène est un produit artificiel, puisqu'on le fabrique en partant de produits chimiques et qu'il n'existe dans aucun produit naturel.

On peut résumer dans le tableau suivant la classification des parfums :

CLASSIFICATION DES PARFUMS :

1º **PARFUMS** **NATURELS**	*Essences d'entraînement* (Néroli, Géranium, Lavande). *Essences d'expression* (Bergamote, Citron, Orange). *Essences solubles* (Néroli des eaux distillées). *Essences concrètes* (Rose, Jasmin, Oranger). *Quintessences :* Parfums absolus (Rose, Jasmin, Oranger). *Extraits alcooliques.* *Teintures* (Benjoin, Styrax, Civette, Mousse de chêne). *Résinaromes, Résinoïdes* (Benjoin, Styrax, Civette, Mousse de chêne). *Eaux distillées* (de Rose, de Fleurs d'Oranger, de Tilleul). *Baumes* (Baumes de Tolu, du Pérou, Benjoin, Styrax).

<table>
<tr><td rowspan="2" align="center">2°
PARFUMS
SYNTHÉTIQUES</td><td>{</td><td>Constituants............</td><td>}</td><td>Acétate de Benzyle.</td></tr>
<tr><td></td><td>Essences ....</td><td></td><td>Essence synthétique de Jasmin.</td></tr>
<tr><td rowspan="2" align="center">3°
PARFUMS
ORGANIQUES</td><td>{</td><td>Constituants...........</td><td>{</td><td>Citral.</td></tr>
<tr><td></td><td>Non constituants .....</td><td></td><td>Aldéhyde anisique.</td></tr>
<tr><td align="center">4°
PARFUMS
ARTIFICIELS</td><td>}</td><td></td><td>}</td><td>Musc artificiel.</td></tr>
</table>

CHAPITRE IV

MÉTHODES D'ANALYSE ET DE DOSAGE DES ESSENCES ET DES CONSTITUANTS

L'état de pureté et la valeur intrinsèque et, par suite commerciale des essences, sont déterminés par une analyse qui doit toujours être complétée par un examen olfactif.

Toutefois, plusieurs des procédés employés ne donnent que des résultats approchés qui varient avec la méthode et les conditions de son application. Aussi, est-il désirable qu'un accord soit établi entre les intéressés pour la fixation des méthodes à employer dans chaque cas particulier, et, est-il nécessaire de spécifier dans un contrat de garantie entre vendeur et acheteur, les procédés d'analyse et de dosage que l'on appliquera.

C'est non seulement sur les méthodes que doit porter cet accord, mais également sur les limites des caractéristiques des essences pures. M. SATIE et moi avons publié en 1910 une série d'études critiques sur les pharmacopées et démontré que leurs données correspondaient assez fréquemment à des essences falsifiées ou mal préparées. Avec le progrès de la technique, il est de l'intérêt de tous les acheteurs et des producteurs sérieux de délimiter très exactement les conditions de réception d'une matière première de parfumerie. Il ne pourra en résulter qu'une moralisation de l'industrie et du marché, et une amélioration de certains procédés de fabrication dont la pittoresque couleur locale ne rachète cependant pas la barbarie.

Une condition avantageuse de certains essais, même approchés, est leur simplicité et leur rapidité. Malgré leur exactitude insuffisante pour un marché, ils pourront cependant, appliqués dans des conditions toujours semblables, donner des renseignements utiles pour la conduite et le contrôle d'un fabrication.

Je décris ci-après les méthodes les plus généralement employées, en donnant leurs limites d'exactitude.

1° Essai olfactif. — De l'avis de tous les parfumeurs, l'essai olfactif doit précéder toute analyse ; car si le parfum n'est pas satisfaisant, peu importe que les constantes soient exactes, le produit est à rejeter.

Cet essai olfactif, en comparaison avec un type certain, est d'autant plus utile, qu'avec les progrès de la chimie des parfums l'on est arrivé à donner à une essence falsifiée les caractères physiques et chimiques d'une essence pure. Aussi doit-on conduire cet essai avec toute la méthode d'une mesure scientifique.

J'ai publié en 1911, sous le titre de *L'Art de sentir,* une note sur la meilleure façon d'effectuer cet essai organoleptique. Il m'a paru que le mieux était de la reproduire telle que :

L'Art de sentir. — Il y a quelques lustres à peine, le parfumeur ne connaissait que l'examen olfactif comme méthode de contrôle de la qualité des parfums. On trouvait alors des nez célèbres dont la réputation s'étendait au loin et grâce auxquels se sont édifiées des fortunes.

Toutefois, cette pauvreté de moyens d'investigation présentait quelques inconvénients : elle subordonnait les affaires à la présence indispensable du nez arbitre et les interrompait en cas d'absence ou d'indisponibilité.

Le parfumeur, comme nos ténors fameux, devait se mettre en garde contre le moindre coryza. C'était peu conciliable avec les exigences actuelles des affaires et les conditions sanitaires du milieu.

Les grands progrès réalisés par la Chimie des Parfums, l'étude des constituants des essences et la détermination de leurs constantes, ont donné aux parfumeurs des armes précieuses pour combattre la fraude et contrôler les appréciations autrefois définitives de leurs nerfs olfactifs.

Certains négligent encore ces précieuses garanties ; d'autres en exagèrent la valeur et n'attribuent à l'odorat qu'une importance secondaire.

Fig. 18. — Laboratoire d'Analyse (Jeancard Fils & Cie, Cannes).

A la vérité, les deux procédés se complètent, mais l'examen organoleptique du parfum n'aura toute sa valeur que s'il est conduit avec méthode, ce qui est loin d'être toujours appliqué.

Quelques parfumeurs, sans affectation et en toute simplicité, mettent sous leur nez, le bouchon ou l'ouverture du flacon ; c'est un procédé san^ prétentions, mais on ne recueille ainsi qu'une odeur de tête généralement faussée par celle du bouchon, de la cire, du parchemin, de l'essence desséchée et résinifiée sur les bords du goulot.

D'autres versent quelques gouttes du produit à sentir sur le dos de la main et en provoquent l'évaporation par une friction vigoureuse. Ce procédé anti-hygiénique est encore plus condamnable, car pour peu que le parfumeur ait un certain nombre de produits à sentir, il sera bientôt à court de support cutané, sans compter qu'il est bien rare de trouver une peau inodore, même chez un fanatique d'hydrothérapie.

Un grand nombre de parfumeurs trempent un morceau de papier-buvard dans le parfum à examiner, le sentent un instant et rendent séance tenante un jugement sans appel.

Le précieux papier, qui avait encore dans cette affaire des dessous intéressants à révéler, s'est vu refuser la parole par le juge inexorable.

Des consciencieux inscrivent le nom du parfum sur le papier qu'ils viennent de sentir et le déposent ensuite dans un coin consacré à cet usage, parmi les amas des essais précédents.

Le malheureux papier, dans cette promiscuité finit par mal tourner, et lorsque le parfumeur le reprend pour lui faire subir un nouvel interrogatoire, il ne trouve plus qu'un faux témoin de moralité et d'arôme douteux.

Des raffinés suspendent et isolent ces papiers au moyen de petites pinces ; ceux-là sont près de la perfection ; nous ne leur reprochons qu'une chose, c'est d'employer du papier-buvard. Ce papier présente, en effet, l'inconvénient d'absorber une trop grande quantité de parfum et, par

Pour certaines essences ne présentant pas le phénomène de la surfusion, comme l'essence de rose, le point de congélation est la température à laquelle apparaissent les premiers cristaux.

La détermination du point de fusion s'applique à l'essence d'iris concrète et aux produits cristallisés tels que muscs, coumarine, héliotropine, vanilline, naphtolates, etc...

Le point de congélation est une donnée utile pour les essences de rose, badiane, anis, fenouil, rue, gayac, etc...

b) *Poids spécifique.* — La balance de WESTPHAL est l'appareil le plus commode pour prendre rapidement un poids spécifique avec une approximation suffisante. Elle donne des chiffre précis jusqu'à la troisième décimale. La

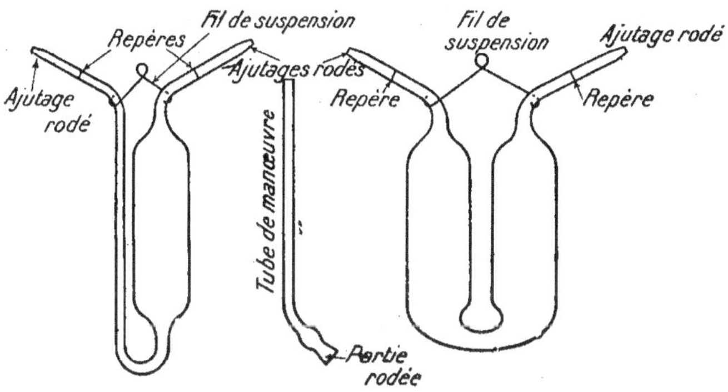

Fig. 20. — Picnomètres

viscosité des essences, en gênant le libre mouvement du flotteur, empêche d'avoir une plus grande approximation.

Les poids spécifiques étant fournis pour la température de 15° centigrades, il y a intérêt à opérer à cette température ou dans son voisinage immédiat. La correction, dans les limites de 0° à 30°, est sensiblement de 0,0008 par degré, la loi de variation du poids spécifique étant représentée graphiquement par une droite.

Il y aura intérêt, avec les essences très visqueuses, à faire la mesure à une température plus élevée et à ramener le poids spécifique à 15° par une correction.

Dans une recherche très exacte, il est préférable d'employer le *picnomètre*, dont l'usage est également à recommander dans le cas des essences visqueuses. On le choisira de forme simple, d'une fragilité minimum et d'un nettoyage facile. Les deux formes données en croquis sont les plus pratiques.

On doit, au préalable, tarer le picnomètre, c'est-à-dire, mesurer son poids vide et sec et le poids de l'eau disti.lée qu'il contient, entre les repères, à 15° degrés centigrades.

La première mesure se fait sur une balance de précision après avoir séché le picnomètre à l'étuve, dans une atmosphère dont toute humidité a été absorbée par de l'acide sulfurique ; on balaiera l'intérieur de l'appareil avec un courant d'air sec. On a ainsi le poids P_1 du picnomètre sec.

La « valeur d'eau » est ainsi mesurée. On remplit le picnomètre d'eau distillée et on le chauffe dans un bain-marie d'eau distillée également, à la température de $+15°$ centigrades. On ajoute ou on enlève de l'eau au picnomètre, pour la maintenir entre les deux repères. Quand la température du picnomètre est égale à celle du bain, ce qui demande 15 à 20 minutes, on pèse le picnomètre plein d'eau jusqu'aux repères, après l'avoir séché extérieurement. On obtient le poids P_2 du Picnomètre plein d'eau.

$P_2 - P_1$ représente la valeur d'eau V.

En pesant le picnomètre rempli d'essence jusqu'aux repères, à la température de 15°, on trouve un poids P_3. Le poids spécifique Ps de l'essence est donné par la formule :

$$Ps = \frac{P_3 - P_1}{V}$$

Le remplissage et la vidange de l'appareil se font au moyen d'un petit tube dont l'extrémité rodée conique, vient s'ajuster sur celle du tube du picnomètre ; en aspirant ou soufflant par ce tube, on introduit ou l'on chasse le liquide. Dans le cas des essences visqueuses, on ne devra pas prendre de picnomètre avec des tubes trop fins.

c) *Pouvoir rotatoire.* — On le mesure au moyen du polarimètre à pénombre et avec le tube de 100 $\frac{m}{m}$. Si par suite de la coloration ou du manque de substance on emploie le tube de 50 ou de 20 $\frac{m}{m}$, on ramène le résultat trouvé à 100 $\frac{m}{m}$ en le multipliant par 2 ou par 5. On doit avoir soin d'indiquer le tube dont on s'est servi, l'erreur étant multipliée par le même coéfficient que l'angle.

L'influence de la température, au voisinage de 15° à 20°, est d'un ordre négligeable, sauf pour les essences d'agrumes (citron, orange portugal et bigarade). On doit, pour ces essences, prendre le pouvoir rotatoire à la température de 20°, ou l'y ramener par le calcul.

Dans le cas des produits solides, on doit au préalable les mettre en solution dans un liquide inactif, dans une proportion déterminée. Il est préférable de dissoudre un *poids* de la substance à l'étude dans un *volume* mesuré de solvant, ce qui évite de faire intervenir le poids spécifique de la solution.

Le symbole du pouvoir rotatoire est PR ou αD. On appelle pouvoir rotatoire spécifique $[\alpha]$ D.

$$[\alpha]\, D = \frac{\alpha}{l.\ Ps}$$

α = angle de rotation.
l = longueur du tube.
Ps = poids spécifique.

d) *Température d'ébullition.* — La mesure ne présente un intérêt que pour un corps défini chimiquement. Une essence formée de composants divers bout entre des limites de températures variables, qui ne caractérisent pas l'essence.

On mesurera la température d'ébullition en faisant bouillir 5 à 10 grammes du produit dans un ballon de LADENBURG de 100 cc. à départ latéral des vapeurs. Le thermomètre supporté par le bouchon, qui ferme l'extrémité du col du ballon, doit être placé avec son réservoir à hauteur du départ des vapeurs.

On chauffe à l'ébullition et on note la température des vapeurs. Si le corps est pur, cette température est constante pendant toute la durée de la distillation.

Il est souvent utile d'étudier les diverses portions d'une essence. On en fait alors la distillation fractionnée au moyen d'un ballon à boules ou avec un ballon muni d'une colonne de Vigreux, ou d'un ballon muni d'un dephlegmateur à deux ou trois boules. Le fractionnement gagnera à être fait dans le vide. On recueille alors les portions dans de petits tubes ou flacons disposés sur un plateau mobile dans une cloche en communication avec le vide.

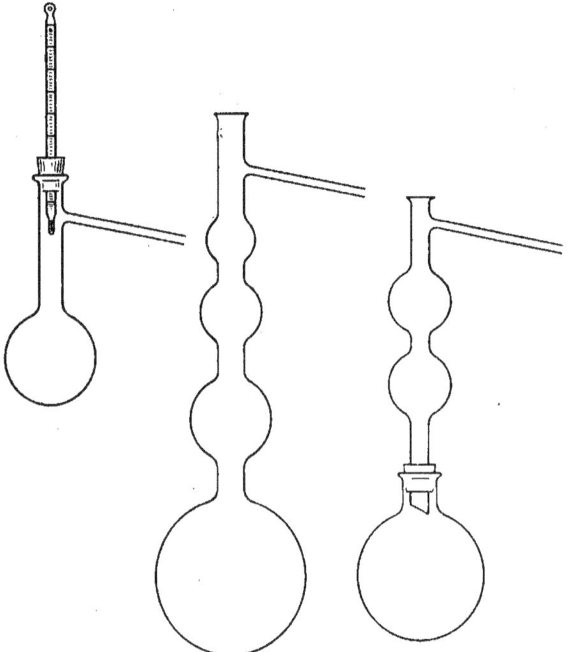

Fig. 21. — Ballon à mesurer le point d'ébullition   Fig. 22. — Ballon à fractionnement (Ladenburg)

Il est parfois utile de mesurer les constantes de quelques-unes des fractions de l'essence à examiner. Par exemple, dans le cas de fraude au moyen de térébenthine à pouvoir rotatoire élevé, lévogyre ou dextogyre, le pinène sera localisé dans les premières portions dont on prendra le pouvoir rotatoire.

Dans le cas de certains corps qui se décomposent à la chaleur, on prendra le point d'ébullition dans le vide ; on devra indiquer le degré de vide en millimètres de mercure.

c) *Indice de réfraction.* — L'indice de réfraction n'est pas pour les essences une caractéristique de la valeur des précédentes. Elle est cependant utile à mesurer en ce qui concerne les constituants purs, elle fournit des indications au sujet du nombre et de la position des doubles liaisons.

On mesure l'indice au moyen d'un réfractomètre, en utilisant la lumière du sodium. La température a de l'influence, et on doit la noter soigneusement. La variation moyenne par degré de température est de 0,00035. La mesure doit être faite à 20° C, et l'on fera la correction nécessaire si l'on opère à une température différente ; il est toutefois plus exact d'opérer à 20°.

Les indices de réfraction des essences sont compris entre des limites assez étroites : 1,43 pour l'essence de rue, et 1,61 pour la cannelle de Chine. Ils augmentent avec le vieillissement de l'essence, sauf pour les essences contenant de l'anéthol.

Le *pouvoir réfringent spécifique* ou *constante de réfraction* est donné par la formule :

$$IRS = \frac{(n^2 - 1)}{(n^2 + 2)\, Ps}$$

Ps = le poids spécifique à la température à laquelle est pris l'indice de réfraction n.

La *réfraction moléculaire* est la constante de réfraction multipliée par le poids moléculaire.

Ces constantes ne présentent un intérêt que pour les composés définis.

f) Solubilité dans les alcools dilués. — La mesure de la solubilité décèle rapidement certaines falsifications grossières, par la térébenthine, le pétrole, des terpènes ou sesquiterpènes. Une essence mal préparée et contenant des goudrons ou des résines a également sa solubilité modifiée.

Enfin, la connaissance de la solubilité d'une essence fixe son emploi dans les compositions alcooliques à bas degré.

La meilleure façon d'opérer est la suivante. On a préparé au préalable de l'alcool à divers degrés, dont on vérifie périodiquement le titre au moyen du poids spécifique.

DEGRÉ DE L'ALCOOL (% EN VOLUME)	POIDS SPÉCIFIQUE à 15° C
40..	0.95196
50..	0.93437
60..	0.91351
65..	0.90224
70..	0.89029
75..	0.87763
80..	0.86416
85..	0.84979
90..	0.83415
95..	0.81641
(D'après le Bureau des Poids et Mesures).	

On remplit d'alcool dilué au degré voulu une burette de Mohr ; on met dans un tube à essai un ou deux centimètres cubes d'essence, mesurés au moyen d'une pipette divisée en dixièmes de centimètres cubes. On verse l'alcool peu à peu, en agitant, et on note la température au moment de la dissolution complète.

Certaines essences se troublent parfois avec un excès d'alcool ; ce fait se produit généralement avec les essences vieilles ou mal préparées. On doit le mentionner sur la fiche d'analyse.

On emploie surtout les alcools à 60, 70 et 80 %. Les essences dont le constituant principal est un alcool, un phénol ou une aldéhyde, sont très solubles dans l'alcool à 70°. Pour les essences contenant des éthers, la solubilité diminue avec l'accroissement de l'indice de saponification.

g) *Viscosité*. — Quoique cette constante, qui a été préconisée par M. Satie et moi, ainsi que par M. Dowzard, donne des indications précieuses, et soit d'une mesure facile, son usage ne s'est pas généralisé. Elle augmente avec le vieillissement et la résinification de l'essence.

On la détermine à l'aide d'une pipette compte-gouttes de Duclaux, telle que 5 cc. d'eau distillée à 15°, s'écoulent en 2'30''. Toute pipette de Duclaux peut être employée ; il suffit de déterminer une fois pour toutes, la constante permettant de ramener les résultats a ceux fournis par la pipette décrite ci-dessus.

La *viscosité apparente* est la durée de l'écoulement d'un centimètre cube et la *viscosité spécifique*, la durée de l'écoulement d'un gramme.

Voici quelles sont les viscosités d'un certain nombre d'essences pures (Jeancard et Satie).

ESSENCE	VISCOSITÉ A 15° C. EN SECONDES	
	Apparente	Spécifique
Absinthe	70" à 90"	75" à 100"
Amandes amères	33 à 38	31 à 36
Anis	55 à 65	55 à 65
Aspic	93 à 108	101 à 120
Badiane (à 25°)	55 à 65	55 à 65
Basilic	55 à 60	60 à 66
Bergamote	50 à 60	55 à 65
Bigarade	26 à 30	30 à 35
Bois de Rose	152 à 193	170 à 215
Cannelle de Chine	80	77
Cannelle de Ceylan	80 à 85	77 à 82
Carvi	40 à 50	43 à 53
Citron	30 à 34	34 à 40
Citronelle Ceylan	95 à 100	100 à 105
Citronelle Java	90 à 95	95 à 105
Copahu	840	910
Cumin	50 à 55	55 à 59
Cyprès	25	29
Estragon	29 à 32	60 à 70
Eucalyptus globulus	30 à 35	70 à 80
Fenouil doux	45 à 55	50 à 60
Fenouil amer	35 à 45	40 à 50
Géranium Provence	140 à 146	156 à 162
Géranium Bourbon	104 à 135	117 à 151
Géranium Afrique	124 à 153	140 à 170
Girofle	160 à 170	155 à 165
Hysope	70 à 75	75 à 80
Lavande	85 à 109	95 à 122
Lavande stoechas	95	100
Laurier cerise	36 à 40	30 à 35
Lemongrass	40 à 60	45 à 65
Mandarine	25 à 30	30 à 35
Marjolaine	50 à 55	55 à 60
Menthe de Provence	75 à 90	85 à 100
Menthe Pouliot	60 à 70	63 à 73
Muscade	35 à 40	38 à 45
Myrte	40	45
Néroli bigarade	65 à 85	75 à 95
Petit grain (bigarade)	51 à 56	57 à 65
Portugal (orange)	28 à 31	33 à 35
Romarin	55 à 65	60 à 70
Rue de France	50 à 60	58 à 70
Rue d'Algérie	50 à 60	58 à 70
Sabine	35	40
Sauge	85 à 92	90 à 92
Serpolet	80 à 90	87 à 95
Tanaisie	75	80
Thym	60 à 72	65 à 80
Ylang	95 à 105	105 à 115

Les Essences de Cèdre, Copahu, Santal, Vétiver sont trop visqueuses pour couler dans la pipette.

3º Détermination des constantes chimiques. — Les constantes chimiques les plus importantes à mesurer sont :

L'acidité ;

L'indice de saponification ;

L'indice de saponification après acétylation, ou indice d'acétylation ;

La teneur en produits solubles dans la soude ;

La teneur en produits solubles dans le bisulfite de soude ;

Je décrirai ensuite quelques procédés spéciaux.

A) *Acidité.* — Le but de cet essai est de doser les acides libres. On procède ainsi :

Peser deux grammes d'essence dans un becherglass, ajouter 10 cc. d'alcool et quelques gouttes de phénolphtaléine ; ajouter jusqu'au virage de la potasse alcoolique $\dfrac{N}{10}$. *L'indice d'acide,* I. A. est exprimé en milligrammes de KOH nécessaires pour neutraliser un gramme d'essence.

On verse la potasse alcoolique dans le becherglass contenant l'essence au moyen d'une burette Mohr graduée en dixièmes de cc, sur laquelle on fait la lecture de la liqueur de potasse employée.

Un assez grand nombre d'essences même fraîchement préparées, contiennent des acides libres. Faute de tenir compte de cette acidité, on est porté à exagérer la teneur en éthers. C'est le cas en particulier des essences de géranium.

Les chiffres du tableau suivant montrent qu'elle est l'importance de l'erreur commise (Jeancard Fils & Cie).

	Indice d'Acide I. A.	Indice de Saponi-fication I. S.	Différence Indice d'éther I. S.–I. A. I. E.	Ethers $C_{12} H_{20} O_2$ calculés d'après I. S.	d'après la différence I. S.–I. A.
Bois de Rose............	5 à 7	12 à 16	7 à 11	4,20 à 5,63	2,45 à 3,92
Bergamote...............	5,13	126,	87 à 120	44,10	42,10
Geranium Cannes.......	26,60	54,60	28,	19,11	9,80
» Espagne	43,40	65,80	22,40	23,03	7,84
» Corse.........	40,13	60,20	20,07	21,07	7,
» Algérie.......	42,93	65,80	22,87	23,03	8,08
» Bourbon	56,	74,	18,	25,95	6,65
» Palmarosa .	9,60	43,	33,40	15,10	11,30

B) *Indice de saponification.* — Le but de cet essai est de doser les éthers contenus dans l'essence; l'*indice de saponification* I. S. est le nombre de milligrammes de potasse nécessaires pour saponifier un gramme d'essence. On le détermine de la manière suivante :

Peser exactement deux grammes d'essence dans un ballon de 100 cc. en verre de Bohème ; ajouter 10 ou 20 cc. de potasse alcoolique $\dfrac{N}{2}$; faire bouillir une demi-heure au bain-marie, après avoir muni le ballon d'un tube en verre de 10 à 12 $^{m}\!/_{m}$ de diamètre et de 1 mètre de longueur, faisant office de réfrigérant à reflux ; après refroidissement, étendre d'eau distillée, environ 50 cc, et titrer l'excès d'alcali au moyen d'une solution d'acide sulfurique $\dfrac{N}{8}$ en présence de phénolphtaléine.

L'I. S. est pris sur l'essence brute. Il comprend donc à la fois la K O H nécessaire pour saponifier les éthers et pour neutraliser les acides libres.

On appelle *Indice d'Ethers* I. E. la différence entre les deux indices de saponification et d'acides ; il correspond uniquement aux éthers.

En appelant :

p = le poids d'essence employé ;

M = le poids moléculaire de l'éther à doser ;

n = le nombre de cc. de KOH $\dfrac{N}{2}$ ajoutée avant de chauffer ;

m = le nombre de cc. de SO^4H^2 $\dfrac{N}{8}$ nécessaires pour titrer l'excès d'alcali ;

I. S.   l'indice de saponification ;
I. A. =   »   d'acides ;
I. E. =   »   d'éthers ;
M_1 = le poids moléculaire de l'alcool contenu dans l'éther ;
b la basicité de l'acide de l'éther.
On a :

$$I. S = \frac{28}{p}\left(n - \frac{m}{2}\right).$$

Si l'acidité est nulle, I. S. est égal à I. E. et le pourcentage d'éthers est égal à :

$$\%\ \text{d'éthers} = \frac{M\left(n - \dfrac{m}{2}\right)}{20\ p}$$

Ou :.............................. $= \dfrac{M}{560}$ I. S.

S'il y a des acides libres, on a :

$$I. E. = I. S. - I. A.$$

La teneur en éthers est alors donnée par la formule

$$\%\ \text{d'éthers} = \frac{M}{560}\ I. E.$$

et dans le cas où la basicité de l'acide de l'éther est supérieure à I et égale à b :

$$\%\ \text{d'éthers} = \frac{M}{560\ b}\ I. E.$$

Quant à la teneur de l'essence en alcool combiné sous forme d'éthers, en appelant :

M_1 le poids moléculaire de l'alcool,
elle est donné par la formule :

$$\% \text{ d'alcool combiné} = \frac{M_1}{560} \text{ I. E.}$$

DEGRÉ D'APPROXIMATION DE LA MÉTHODE. — Un dosage d'éthers ne peut donner que des résultats à une unité près, comme conséquence de la somme des erreurs qui peuvent être commises dans les diverses mesures.

1° *Erreur dans la pesée de l'essence.* — Avec une bonne balance de précision, cette erreur est au maximum de une goutte en plus ou en moins, soit en moyenne de $\dfrac{1}{50}$ de gramme. Si l'on pèse deux grammes d'essence, l'erreur sera de $\dfrac{1}{100}$ de grammes.

2° *Erreurs dans la mesure des 10 cc. de* KOH *alcoolique dans une pipette de 10 cc.* — *a*) Erreur due à la variation de volume de la pipette par suite du changement de température de 10° à 30° que l'on a dans le Midi de la France. Cette erreur est d'un ordre beaucoup plus élevé que les autres et n'est pas négligeable.

b) Erreur de lecture. D'après FRÉSÉNIUS, cette erreur est de $\dfrac{1}{100}$, elle est négligeable.

c) Erreur due à la variation de volume de la solution alcoolique de potasse.

En prenant pour cette solution les mêmes variations de volume que pour l'alcool à 90°, on trouve que de 10° à 30° C cette variation est proportionnelle à la différence des poids spécifiques :

$$0,8466 - 0,8306 = 0,0160.$$

soit de $\dfrac{1}{52}$

La liqueur KOH étant faite à une température moyenne, on ne comptera que la moitié de cette erreur, soit $\dfrac{1}{104}$.

3° *Erreurs dans la mesure de l'acide sulfurique dans la burette de Mohr.* — *a*) Erreur due à la variation de volume de la burette ; elle est d'un ordre négligeable.

b) Erreur de lecture. Cette erreur peut être de $\dfrac{1}{10}$ de cc. d'après FRÉSÉNIUS ; le volume moyen d'acide sulfurique étant de 4 cc, l'erreur moyennne sera de $\dfrac{1}{40}$.

c) Erreur due à la variation de volume de la solution d'acide ; pour 20°, cette variation est de :

$$1,0082 - 1,0042 = 0,004$$

soit de $\dfrac{1}{250}$; la moitié dont on doit seulement tenir compte étant de $\dfrac{1}{500}$, on peut la négliger.

4° *Erreur dans l'appréciation du virage.* — Cette erreur est de une goutte en plus ou en moins pour un bon opérateur ; soit de $\dfrac{1}{40}$ de cc de solution sulfurique, soit pour 4 cc. de : $\dfrac{1}{4.40} = \dfrac{1}{160}$.

5° *Erreurs dues à la variation des liqueurs titrées.* — On doit vérifier les liqueurs avant chaque opération et les renouveler assez fréquemment. Si le titre a varié sensiblement, comme la chose se produit couramment dans les laboratoires peu actifs et surtout dans des mesures faites dans certaines régions de production, comme pour la lavande, il peut en résulter des différences assez fortes dans l'estimation d'un produit.

Je suppose dans le calcul que les liqueurs sont exactement titrées.

Quelle est, dans ces conditions, l'approximation avec laquelle sera mesurée une teneur en éthers.

Soit un essai dans lequel on ait trouvé :

$$m = 6 \text{ cc.}$$

On a comme d'habitude :
$$M = 196.$$
$$n = 10 \text{ cc.}$$
$$p = 2 \text{ gr.,}$$

et la formule :

$$\text{Ethers p. 100} = \frac{M\left(n - \dfrac{m}{2}\right)}{20\,p}$$

p, poids de l'essence, est mesuré avec une erreur de $\dfrac{1}{100}$

en plus ou en moins, on aura donc comme valeurs réelles de p

$$p \pm \frac{p}{100}$$

soit : $2 \pm 0,02$

ce qui donne les deux valeurs :

$$p_1 = 2,02$$
$$p_2 = 1,98$$

n, volume de potasse alcoolique, est mesuré avec une erreur de $\dfrac{1}{104}$

on aura pour n :
$$n \pm \frac{n}{104}$$

soit
$$10\text{cc} \pm \frac{10}{104}$$

Les deux valeurs de n sont : $\begin{cases} n_1 = 10,1 \\ n_2 = 9,9 \end{cases}$

m, volume de solution acide, est affecté d'une erreur de lecture de 1/40 et d'une erreur d'appréciation de virage de 1/160, ce qui donne les valeurs suivantes :

$$\left(m \pm \frac{m}{40} \right) \pm \left(\frac{m \pm \dfrac{m}{40}}{160} \right)$$

en prenant $m = 6$ on a pour les valeurs maximum et minimum :

$$\begin{cases} m_1 = 6,19, \\ m_2 = 5,81. \end{cases}$$

En faisant la résolution de l'équation, on trouve pour la teneur en éthers les valeurs maximum et minimum suivantes :

$$\begin{cases} E_1 = 35,63, \\ E_2 = 34,17. \end{cases}$$

La différence entre les deux évaluations est de : 1,46.

Ce travail montre que dans un laboratoire industriel, on ne peut déterminer la teneur en éthers d'une essencee à plus d'une unité près, en employant la méthode d'analyse décrite.

c) INDICE DE SAPONIFICATION APRÈS ACÉTYLATION, OU INDICE D'ACÉTYLATION. — Ce dosage a pour objet de donner la teneur de l'essence en alcools totaux. On procède ainsi :

Faire bouillir au bain de sable pendant une heure et demie, dans un ballon disposé comme pour la mesure de l'indice de saponification, 10 cc. d'essence, 10 cc. d'anhydride acétique et 1 gr. d'acétate de soude sec ; laver à l'eau et au bicarbonate de soude sur un entonnoir à séparations et sécher sur le sulfate de soude anhydre ; déterminer ensuite comme précédemment l'indice de saponification sur 2 grammes de produit acétylé.

L'indice ainsi déterminé est l'indice de saponification après acétylation ou *Indice d'acétylation.* IAc.

Cet essai donnera la teneur de l'essence en alcools totaux libres et combinés au moyen de la formule suivante :

n est le nombre de cc. de KOH $\dfrac{N}{2}$ nécessaires

pour saponifier p grammes du produit acétylé.

M poids moléculaire de l'alcool.

$$\text{Alcool total} = \frac{\dfrac{n}{2} \times \dfrac{M}{10}}{p - 0{,}042 \ \dfrac{n}{2}}$$

La teneur en alcool combiné est donnée par la mesure de l'indice de saponification, la différence donnera la teneur ne alcools libres.

Approximation du procédé. — Une étude critique des causes d'erreurs, analogue à celle que j'ai donnée pour le dosage des éthers, montrerait que l'on ne peut espérer déterminer la teneur en alcools à plus de 2 ou 3 % près.

D) TENEUR EN PRODUITS SOLUBLES DANS LA SOUDE (Gildemeister). — C'est la méthode de dosage des phénols. Le processus est le suivant :

Verser 10 cc. d'essence dans une fiole de 100 cc, dont le col est divisé en dixièmes de cc ; ajouter environ 50 cc d'une lessive de soude à 5 % ; agiter pendant quelques minutes ; achever de remplir le ballon avec de la lessive pour amener les parties d'essence non dissoutes dans le col gradué. Après décantation complète, on lit le volume de la portion non dissoute. La différence avec le volume primitif donne celui des phénols dissous.

Avec cette méthode, on peut obtenir des résultats à 5 unités près. Cette approximation est du reste suffisante dans les cas où s'applique la méthode.

Pour le dosage des essences contenant de l'eugénol (girofle, feuilles de cannelle, piment, bay), il vaut mieux employer une lessive de soude à 3 %, la lessive à 5 %

donne un résultat trop élevé par suite d'une dissolution
partielle des portions non phénoliques dans la solution
sodique de l'eugénate alcalin.

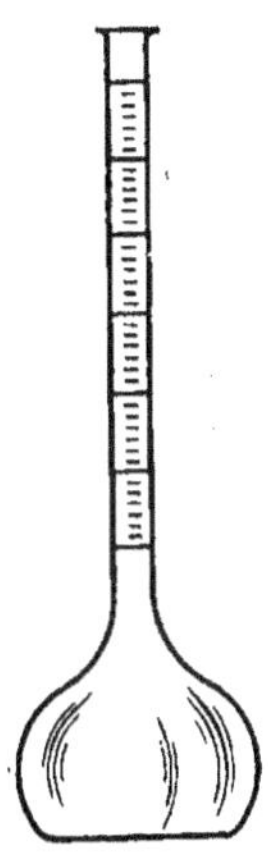

Fig. 23. — Fiole pour le dosage des phénols.

Dans l'essai des essences de girofle, on chauffe au préalable le mélange pendant 10 minutes, au bain-marie, pour
saponifier l'éther acétique de l'eugénol.

E) **Teneur en produits solubles dans le bisulfite
de soude** (Schimmel & Cie). — Cet essai permet de déceler
et de doser certaines aldéhydes.

Opérer ainsi :

Verser 10 cc d'essence dans une fiole de 200 cc, à fond
plat et à col gradué en 1/10 de cc., identique à celle employée
pour le dosage des phénols ; ajouter 15 cc. d'une solution
trés concentrée et chaude de bisulfite de soude (35 % environ ; $D^{15} = 1,321$) ; agiter vivement quelques minutes et
porter dans un bain-marie à l'ébullition ; ajouter de petites
portions de la solution de bisulfite en agitant, jusqu'à ce
que le flacon soit à peu près plein ; maintenir le flacon au

bain-marie jusqu'à ce que le composé cristallisé qui s'est formé soit complètement dissous et que l'huile non combinée se soit décantée à la surface ; ajouter de la solution pour faire monter cette huile dans le col gradué ; laisser refroidir pour faire la lecture du volume non combiné à la même température que celle à laquelle a été mesuré le volume primitif d'essence. On a, en volume, le pourcentage des aldéhydes combinées ; si l'on connaît le poids spécifique de l'essence et de la partie insoluble, on en déduira le pourcentage en poids.

Il faut compter en général une heure de chauffe, sauf dans le cas de la cannelle de Chine, où par suite de la présence de résines, 3 ou 4 heures sont nécessaires pour avoir une parfaite décantation.

4º DOSAGE DES FONCTIONS CHIMIQUES. — Les constantes chimiques ainsi obtenues permettent de déterminer la proportion des différentes fonctions contenues dans une essence.

A) *Acides.* — L'indice d'acides permet de calculer la teneur en acides libres, en tenant compte de leur poids moléculaire.

B) *Ethers.* — Les éthers sont généralement calculés en éthers acétiques des alcools $C^{10} H^{18} O$ ($C^{12} H^{20} O^2 = 196$).

Les éthers vrais sont déduits de l'indice d'éther ainsi que je l'ai montré précédemment.

C) *Alcools.* — Les alcools libres ou combinés sont calculés au moyen des indices d'éthers et d'acétylation.

Les alcools tertiaires sont partiellement deshydratés sous l'influence de l'anhydride acétique ; aussi la teneur trouvée est-elle trop faible (linalol, terpinéol).

Pour le linalol, il faut faire bouillir deux heures, ce qui donne des chiffres inférieurs à la réalité de 15 % environ. Avec le terpinéol, l'ébullition ne doit pas dépasser 45 minutes. En diluant les essences qui contiennent ces alcools dans 4 fois leur volume de Xylène (BOULEZ), et en chauffant à l'ébullition de 5 à 7 heures, on obtient une plus forte proportion d'éthers et des chiffres plus voisins de la réalité, particulièrement pour le terpinéol. L'erreur est encore de 10 % pour le linalol.

En effectuant l'acétylation à froid par le mélange acétoformique on ne détruit pas le linalol et l'on obtient des chiffres plus voisins de la réalité que par la méthode ordinaire.

On doit avoir soin au préalable d'éliminer les phénols et les aldéhydes qui s'acétylent partiellement ou en totalité, (citronellal).

Les alcools primaires libres sont dosés exactement au moyen de l'anhydride phtalique :

Peser exactement deux grammes d'essence et deux à quatre grammes d'anhydride phtalique ; ajouter environ deux grammes de benzine sèche et chauffer deux heures au bain-marie ; après refroidissement, ajouter 50 cc. de potasse aqueuse N/2 et agiter jusqu'à dissolution de l'anhydride en excès ; titrer l'excès de KOH par l'acide sulfurique N/8 ; de la quantité de KOH libre, on déduira la quantité d'anhydride combinée, et par suite la teneur en alcools primaires libres.

Dosage du citronellol en présence d'autres alcools, par formylation (JEANCARD & SATIE). — Le citronellol, chauffé avec de l'acide formique, est transformé en formiate, tandis que les autres alcools terpéniques, géraniol, linalol, sont décomposés ou transformés en terpènes.

Cependant, lorsque la proportion du citronellol est faible par rapport aux autres alcools, on obtient des chiffres un peu trop forts.

On opère de la façon suivante :

Verser, dans un ballon de 100 cc, 10 cc. d'essence, 20 cc.

d'acide formique concentré à 98 ou 100 %. (D $\frac{20}{4^o}$ = 1.2213).

et 2 gr. de formiate anhydre de Na, qui facilite l'ébullition ;

chauffer une heure au bain de sable, en entretenant une légère ébullition, le ballon étant muni d'un tube à reflux ; laisser refroidir, ajouter de l'eau distillée et laver jusqu'à réaction neutre.

Prendre ensuite l'indice de saponification comme dans le cas de l'acétylation.

La formule suivante donne le pourcentage du citronellol

n = cc. de KOH alcoolique $\dfrac{N}{2}$ nécessaires pour saponifier p grammes d'essence formylée

$$\% \ C^{10} H^{20} O = \frac{n. \ 7,8}{p - n. \ 0,014}$$

Cette formule ne tient pas compte de ce qu'une partie du citronellol peut exister dans l'essence à l'état d'éther.

Ce procédé permet également de doser le citronellal qui est transformé en formiate d'iso-pulégyle. Par acétylation, le citronellal ,qui forme de l'acétate d'iso-pulégyle, est compté avec les alcools terpéniques.

Dans le cas du citronellal, la formule est :

$$\% \ C^{10} H^{18} O = \frac{n. \ 7,7}{p - n. \ 0,014}$$

D) *Aldéhydes.* — Il n'existe pas de méthode générale de dosage des aldéhydes. Voici les méthodes les plus pratiques qui sont employées, et les cas auxquels elles sont applicables.

Méthode au bisulfite. — Ce procédé est applicable aux essences qui contiennent de l'aldéhyde cinnamique, du citral (lémongrass), de l'aldéhyde benzoïque (amandes amères), du citronellal (eucalyptus citriodora), de l'aldéhyde anisique, qui se combinent entièrement au bisulfite de soude en solution concentrée et à chaud, en formant des sels sulfoniques qui restent dissous, tandis que la partie non aldéhydique de l'essence se sépare par décantation.

$$R. \ COH + Na \ H \ SO^3 = R. \ CH\begin{cases}OH \\ SO^3 \ Na\end{cases}$$

Méthode au sulfite neutre de soude. (H. E. BURGESS). — Cet essai est basé sur le fait que certaines aldéhydes et cétones se combinent au sulfite neutre de Na pour donner une combinaison facilement soluble dans l'eau. En neutralisant l'alcali libéré, on est informé par un indicateur que toute réaction a cessé ; tandis que dans le procédé au bisulfite, on n'a aucune indication à ce sujet. On opère ainsi :

5 cc. d'huile sont versés dans un flacon à col gradué, de 200 cc, muni d'une tubulure et d'un tube allant au fond du flacon pour l'introduction de l'essence, des réactifs et de l'eau ; ajouter 10 cc. d'une solution saturée de Na^2SO^3 et deux gouttes d'une solution de phénol-phtaléine ; chauffer au bain-marie et agiter vivement chaque fois qu'il se produit une coloration rouge ; neutraliser soigneusement avec une solution d'acide acétique jusqu'à ce qu'il ne se produise plus de coloration ; ajouter de l'eau pour amener la partie insoluble de l'essence dans le col gradué et faire la lecture.

Le volume de l'insoluble multiplié par 20 donne le pourcentage de la partie non aldéhydique de l'essence ;

On peut tout aussi bien employer pour cet essai le flacon à col gradué ordinaire.

Cette méthode donne de bons résultats avec les aldéhydes anisique, benzylique, cinnamique, le citral, la carvone, la pulégone et les essences d'amandes amères, anet, carvi, cannelles de Chine et de Ceylan, cumin, lemon-grass, pouliot et spearmint.

Le citronellal se combine, mais forme une émulsion qui demande une chauffe assez longue pour se résoudre ; les résultats sont exacts.

L'aldéhyde cuminique forme d'abord un composé solide qui se dissout en chauffant et en ajoutant de l'acide acétique. Le tournesol est dans ce cas un meilleur indicateur que la phénol-phtaléine.

Les aldéhydes grasses, nonyliques et décyliques, exigent un temps de chauffe très long, mais sont exactement dosées.

La méthode ne convient pas pour la thuyone et la fénone que l'on trouve dans les essences suivantes : absinthe, fenouil, tanaisie, thuya. Elle ne donne pas de résultats exacts avec les essences à faible teneur d'aldéhyde, telles que le citron, l'orange, la limette, même après fractionnement destiné à concentrer les aldéhydes dans une faible portion. Il vaut mieux dans ce cas avoir recours à un autre procédé.

Méthode à l'hydroxylamine (J. WALTHER). — Les aldéhydes et les cétones, d'une façon générale, réagissent sur l'hydroxylamine, formant des aldoximes et des cétoximes, suivant les équations :

$$R.COH + H^2 NOH = R.CH.NOH + H^2 O$$

$$\frac{R}{R^1} \Big> CO + H^2 NOH = \frac{R}{R^1} \Big> C.NOH + H^2 O$$

La méthode a été améliorée par A. H. BENNETT et peut être ainsi appliquée :

Mettre dans un ballon avec condenseur à reflux : 20 cc. d'essence, 20 cc. d'une solution alcoolique à 20 % de chlorhydrate d'hydroxylamine, 8 cc. de potasse alcoolique N et 20 cc. d'alcool à 95° ; faire bouillir au bain-marie pendant 30' ; laisser refroidir en lavant soigneusement le condenseur à reflux avec de l'eau distillée dont on ajoutera une quantité suffisante pour amener le volume à 250 cc.

Neutraliser le chlorhydrate d'hydroxylamine, non décomposé, avec de la KOH alcoolique N/2 en se servant de phénol -phtaléïne comme indicateur.

Titrer l'hydroxylamine non combinée à l'aldéhyde avec de l'acide sulfurique N/2, avec du méthyl-orange comme indicateur.

Un essai à blanc, dans les mêmes conditions, mais sans essence, est effectué en même temps ; la différence entre le nombre de cc. d'acide sulfurique N/2 requis dans les deux cas dans le titrage final, représente la quantité d'SO^{4}H^2 nécessaire pour neutraliser l'hydroxylamine qui s'est combinée à l'aldéhyde ou à la cétone.

Dans le cas du citron, on multiplie par 0,076 ce nombre

de cc. d'SO^4 H^2 $\dfrac{N}{2}$ pour avoir le nombre de grammes

de citral dans 20 cc. d'essence.

En faisant intervenir le poids spécifique, on déduit le pourcentage en poids.

Le procédé donne des résultats inférieurs de 5 à 10 % à la réalité, ce qui est de peu d'importance pour des essences à faible teneur d'aldéhyde ou de cétone.

Cette méthode n'est du reste utile que dans ce cas.

Méthode aux dérivés de la phénylhydrazine. (HANUS). — Cette méthode donne de bons résultats avec la vanilline. On emploie :

la *m* - nitrophénylhydrazine ;
la *p*- bromophénylhydrazine ou
la *b*- naphtylhydrazine.

Pour une partie de vanilline, employer 2 ou 3 parties du dérivé d'hydrazine ; laisser en contact 5 heures ; filtrer, laver, sécher à 100° et peser l'hydrazone précipitée. On calcule le poids de vanilline combinée.

Cette méthode convient également pour l'aldéhyde anisique (*p*-bromophenylhydrazine et *p*- nitro-phenylhydrazine).

Le dernier dérivé donne de bons résultats avec la benzaldéhyde.

Méthode à la semioxamazide (HANUS). — Ce procédé donne d'excellents résultats dans le dosage de l'aldéhyde cinnamique, même en faible proportion.

L'aldéhyde cinnamique forme avec le réactif nommé une semioxamazone suivant la formule suivante :

$$\begin{array}{ccc} CONH - NH^2 & & CONH - N^2 = CH-CH = CH - C^6H^5 \\ | & + \; C^8H^7 - COH = & | \\ CONH^2 & & CONH^2. \qquad\qquad + H^2O \end{array}$$

Peser 0,2 gr. d'essence de cannelle ; verser dans un flacon conique de 250 cc. avec 85 cc. d'eau distillée ; agiter pour diviser finement l'essence ; ajouter environ 0,3 gr. de semioxamazide dissoute dans 15 cc. d'eau chaude ; agiter 5 minutes et laisser en contact 24 heures en agitant de temps en temps, surtout pendant les 3 premières heures.

La semioxamazone se précipite sous forme de flocons que l'on recueille sur un filtre de Gooch, garni d'amiante, desséché et taré ; laver à l'eau froide, dessécher à 105° c et peser.

On déduit le poids d'aldéhyde combinée.

On obtient une meilleure division de l'essence en la dissolvant dans 15 cc. d'alcool.

Méthode par acétylation. — Elle est applicable au citronellal avec lequel elle donne de bons résultats, et a été décrite au dosage des alcools.

Le citronellal se dose fort mal par le bisulfite, à cause de la solubilité incomplète du sel sulfonique dans le bisulfite ; il en est de même dans le sulfite, quoique avec moins d'inconvénients.

Méthode par oximation. — Le dosage du citronellal en présence de géraniol, ainsi que le cas se présente dans les citronelles, se fait par la méthode de Dupont et Labaume.

Elle repose sur le fait que l'oxime du citronellal, obtenue en agitant à froid l'essence avec une solution d'hydroxylamine, est convertie en nitrile par une chauffe avec de l'anhydrique acétique, ce nitrile n'étant pas saponifié par la potasse alcoolique.

La différence des poids moléculaires du nitrile et du citronnellal est très faible et négligeable dans les calculs. On dose le géraniol par la méthode habituelle.

Dissoudre 10 grammes de chlorhydrate d'hydroxylamine dans 25 cc. d'eau, ajouter 10 gr. de carbonate de potasse dissous séparément dans 25 cc. d'eau ; filtrer ; peser 10 gr. d'essence, les ajouter au mélange ci-dessus et agiter vivement pendant deux heures, en maintenant la température entre 15 et 18°.

Séparer l'essence, la sécher sur du sulfate de soude anhydre et l'acétyler avec deux fois son volume d'anhydride acétique et 1/5 de son poids d'acétate de soude anhydre, en faisant bouillir deux heures dans un ballon muni d'un condenseur à reflux.

L'essence est lavée, séchée, neutralisée. En prélever 2 grammes et saponifier par la potasse alcoolique.

On détermine ainsi la proportion de géraniol ; la différence avec le pourcentage de produits acétylables, mesuré
directement sur l'essence, donne la teneur en citronellal.

Cette méthode donne des chiffres faibles pour le citronellal et forts pour le géraniol.

Méthode de Boulez. — Dans cette méthode, les inconvénients du bisulfite et du sulfite ne se présenteraient pas :

Prendre du bisulfite de soude à 35°-37° R et le saturer
à refus par du sulfite de soude neutre. Peser 25 gr.de citronelle et 100 gr. du réactif précédent dans un flacon conique
de 500 cc. Agiter pour former la combinaison bisulfitique
du citronnellal ; laisser reposer deux heures ; ajouter 100 gr.
d'eau distillée, chauffer au bain-marie le flacon muni d'un
tube à reflux, agiter de temps en temps ; laisser reposer et
décanter dans un entonnoir à robinet ; peser la portion hui-
leuse dans un flacon taré, après l'avoir lavée dans l'entonnoir
à séparation avec un peu d'eau distillée ou une solution de
sulfite de soude neutre.

Sécher l'huile sur le sulfate de soude anhydre, acétyler
et doser le géraniol par la méthode habituelle. Le citronellal
est resté dissous dans la solution bisulfitique, on a son
poids par différence.

La solution bisulfitique ainsi préparée ne dissout pas le
géraniol.

Quand l'essence est riche en citronellal, (citronelle de
Java), on obtient des résultats plus exacts en diluant
l'essence dans un poids connu de Xylène.

E) *Cétones.* — Une assez bonne méthode générale de
dosage, dont le seul inconvénient est d'être indirecte,
consiste à transformer les cétones en alcools secondaires
par réduction (POWER & KLÉBER) :

$$\frac{R}{R^I}\!\!>\!\!CO + H^2 = \frac{R}{R^I}\!\!>\!\!CH.OH.$$

Verser dans un ballon rond 15 cc. d'essence diluée dans
60 cc. d'alcool absolu ; chauffer à l'ébullition, après avoir

muni le ballon d'un réfrigérant à reflux ; ajouter par petites portions 5 à 6 grammes de sodium ; après réduction, laisser refroidir, ajouter de l'eau et acidiffer par de l'acide acétique ; laver l'essence avec une dissolution de sel marin dans un entonnoir à décantation, sécher sur du sulfate de soude anhydre ; doser l'alcool formé par acétylation.

Afin de contrôler cet essai, on reprend une partie de l'essence hydrogénée, que l'on réduit à nouveau dans les mêmes conditions que la première fois ; le dosage par acétylation doit donner le même chiffre que pour la première partie.

On a eu soin de doser au préalable par acétylation, les alcools existant dans l'essence. La différence entre les teneurs en alcools de l'essence primitive et de l'essence réduite, permet de calculer la proportion de cétone.

Dans le cas de la menthone, m étant la teneur en menthol de l'essence et n celle de l'essence hydrogénée, on obtient le pourcentage de la menthone par l'expression suivante :

$$\% \ \text{menthone} = (n - m)\,\frac{154}{156}$$

$$\% \ \text{menthone} = (n - m)\ 0{,}986.$$

Certaines cétones peuvent être dosées par les méthodes appliquées aux aldéhydes ; c'est le cas de la carvone et de la pulégone, auxquelles est applicable la méthode au sulfite.

La méthode à l'hydroxylamine, décrite aux aldéhydes, convient également aux cétones.

F) *Phénols.* — La méthode générale de dosage à la soude, donne la richesse en phénols avec une approximation souvent insuffisante.

Méthode à l'iode (KREMERS & SCHREINER). — Cette méthode a été étudiée pour le thymol et le carvacrol ; son principe est basé sur le fait que les deux phénols en question sont précipités de leur solution alcaline par l'iode, sous forme de combinaisons iodophénoliques rouges ; l'excés d'iode est ensuite titré avec une solution d'hyposulfite de soude, après acidulation du liquide.

La molécule de thymol et celle de carvacrol fixent 4 molécules d'iode :

$$C^{10}H^{14}O + 4.I + 2\,NaOH = C^{10}H^{12}I^2O + 2\,NaI + 2H^2O$$

Peser 5 cc. d'essence que l'on met dans une burette bouchée à l'émeri et divisée en dixièmes de cc. ; étendre avec 5 cc. d'éther de pétrole ; verser une solution de soude à 5 p. 100 ; agiter fortement, puis laisser reposer.

Décanter en soutirant la solution de soude et faire successivement plusieurs autres lavages de l'essence à la solution de soude, dans les mêmes conditions, jusqu'à ce que le volume de l'essence ne diminue plus ; rassembler les solutions alcalines de phénols dans un ballon ; compléter leur volume à 100 cc., ou au besoin à 200 cc., avec la lessive de soude à 5 p. 100 ; mettre 10 cc. de la solution alcaline de phénol dans un ballon jaugé de 500 cc., y ajouter un léger excès de solution décinormale d'iode, qui précipite le thymol sous forme de combinaison iodée, de couleur brune ; vérifier que la quantité d'iode est suffisante en prélevant quelques gouttes de la solution, auxquelles on ajoute un égal volume d'acide chlorhydrique. S'il y a suffisamment d'iode, le mélange devient brun ; si par contre, il reste du thymol non combiné, il forme un précipité laiteux ; si l'iode est en excès, aciduler alors dans le ballon avec de l'acide chlorhydrique dilué, et porter le volume à 500 cc.

Prélever 100 cc. du liquide séparé du précipité par filtration, et doser l'iode en excès par une solution décinormale d'hyposulfite de soude.

Le nombre de centimètres cubes d'hyposulfite de soude décinormal est multiplié par 5 et retranché du volume d'iode décinormal employé. La différence correspond à l'iode combinée au thymol.

Un cc. de solution N/10 d'iode, correspond à 0,0037528 gr. de thymol.

On calcule aisément la proportion de phénol existant dans l'essence.

La combinaison iodée du carvacrol se sépare à l'état laiteux. Après avoir ajouté l'iode, on agite le mélange et on le filtre ; c'est le liquide filtré que l'on acidifie par HCl. On opère ensuite comme précédemment, le calcul est identique.

Méthode de dosage de l'eugénol par le chlorure de benzoyle (THOMS). — Mettre dans un vase de Bohème de 150 cc., 5 gr. d'essence (girofle) et 20 gr. de lessive de soude à 15 % ; chauffer ½ heure au bain-marie pour saponifier ; verser le liquide tiède dans un entonnoir à décantation à douille courte ; après séparation nette des deux liquides, soutirer la couche aqueuse d'eugénate de soude dans le vase de Bohème; laver à deux reprises l'essence non dissoute avec 5 cc. de soude à 15 % ; verser ces deux lavages dans le verre de Bohème. Ajouter à la solution d'eugénate de soude 6 gr. de chlorure de benzoyle et agiter vivement ; l'éthérification se fait rapidement avec un fort dégagement de chaleur ; évaporer l'excès de chlorure de benzoyle en chauffant au bain-marie ; refroidir, ajouter 50 cc. d'eau distillée, chauffer pour liquéfier l'éther qui est sous forme de cristaux, laisser refroidir, filtrer la liqueur claire qui surnage, verser de nouveau 50 cc. d'eau sur la masse de cristaux, chauffer jusqu'à fusion, filtrer ; répéter ce lavage dans les mêmes conditions une troisième fois pour éliminer l'excès de soude et de sel sodique.

Rassembler les cristaux de benzoyl-eugénol dans le vase de Bohème ; les dissoudre dans 25 cc. d'alcool à 90 % en poids, en chauffant au bain-marie et agitant ; retirer du bain-marie, continuer à agiter, le benzoyl-eugénol se dépose sous forme de petits cristaux en quelques minutes, tandis que l'on refroidit à $+ 17°$; recevoir les cristaux sur un filtre en recueillant le liquide dans une éprouvette graduée ; volume du filtrat 20 cc. environ ; laver les cristaux sur le filtre avec assez d'alcool à 90° pour porter le volume du filtrat à 25 cc. exactement ; peser le filtre chargé des cristaux imprégnés de liquide, puis sécher à 101° à

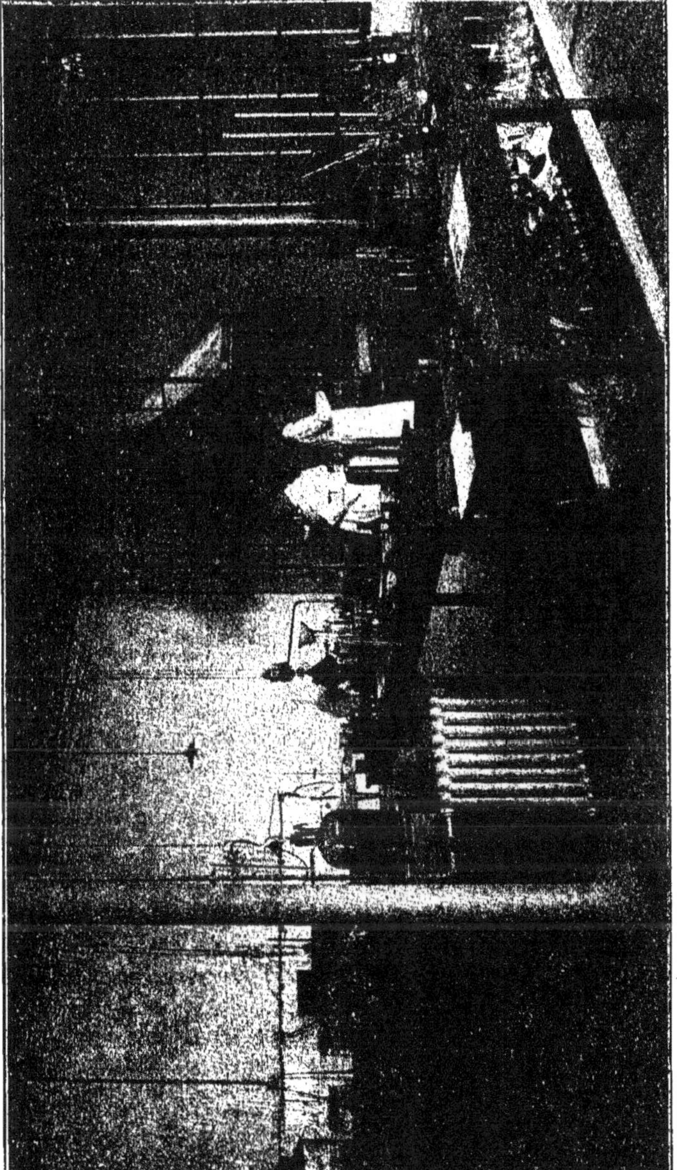

Fig. 24. — Laboratoire d'Analyse (Charabot & Cie - Grasse).

l'étuve ; on avait au préalable taré le filtre neuf après dessication à 101°.

Les 25 cc. d'alcool à 90 %, dissolvent à 17°, 0.65 gr. de benzoyl-eugénol pur, quantité à ajouter au poids donné par la pesée.

Du poids de benzoyl-eugénol, on déduit celui de l'eugénol :

B = poids du benzoyl-eugénol.

E = poids de l'essence (5 gr.).

Poids moléculaire du benzoyl-eugénol..... 268

  » » de l'eugénol............... 164

On a l'égalité

$$\frac{268}{164} = \frac{B + 0{,}55}{\text{Eugénol}}$$

$$\text{Eugénol} = (B + 0{,}55)\,\frac{164}{268} \text{ pour le poids E d'essence.}$$

Le pourcentage de l'eugénol sera par suite donné par la formule :

$$\% \ \text{d'Eugénol} = \frac{164}{268}\,\frac{B + 0{,}55}{E}\,100,$$

$$\% \ \text{d'Eugénol} = 61{,}19\,\frac{B + 0{,}55}{E}$$

Et si E égale exactement cinq grammes :

$$\% \ \text{d'Eugénol} + 12{,}238\,(B + 0.55),$$

$$\% \ \text{d'Eugénol} + 6{,}73 + 12{,}238\,B.$$

Dosage de l'eugénol libre. — Dissoudre 5 gr. d'essence dans 20 gr d'éther, agiter rapidement dans un entonnoir à décantation avec 20 gr. de lessive de soude à 15 p. 100 ; décanter, laver l'éther qui a dissous la partie non phénolique, avec 5 gr. de lessive de soude, à deux reprises successives. Les lessives sont réunies dans un vase de Bohème et chauffées légèrement pour chasser l'éther dissous ; puis, procéder à la benzoylation comme indiqué précédemment.

Cette méthode permet de doser l'eugénol libre et combiné ; elle est applicable à toutes les essences qui contiennent de l'eugénol, mais ne possèdent pas en même temps des alcools libres qui se combinent à l'acide benzoïque et compteraient comme eugénol.

G) *Acide cyanhydrique.* — Agiter 10 à 15 gouttes d'essence, 2 à 3 gouttes de lessive de soude à 36°, et quelques gouttes de sulfate ferreux ; aciduler par HCl ; il y a formation de bleu de Prusse.

Pour doser CyH, peser 1 gr. d'essence, ajouter 20 cc. d'alcool à 96° et 10 gr. d'une solution alcoolique d'ammoniaque ; laisser quelques instants en contact ; ajouter 1 gr. de nitrate d'argent dissous dans le minimum d'eau ; aciduler par l'acide nitrique et recueillir le cyanure d'argent sur un filtre taré, laver avec soin, sécher et peser.

L'ammoniaque a pour but de décomposer le phényl-oxyacéto-nitrile, et permettre le dosage de l'acide cyanhydrique libre et combiné.

c, poids du cyanure d'argent sec.

$$\text{CNH } \% = \frac{1 \text{ gr. } 20{,}179}{c} \qquad \begin{array}{l} \text{CNAg} = 134. \\ \text{CNH} = 27 \end{array}$$

1 de CNAg correspond à 0,2014 de CNH

Le dosage de HCN dans les eaux distillées (amandes amères, laurier-cerise) se fait ainsi :

Dans 100 gr. d'eau de laurier, mettre 1 gr. 200 de nitrate d'argent dissous dans le minimum d'eau, puis 2 à 3 cc. d'ammoniaque ; neutraliser par l'acide nitrique ; recueillir sur filtre taré, laver, sécher et peser.

H) *Cinéol.* — Le dosage par fractionnement, ainsi que ceux à l'acide bromhydrique et à l'acide phosphorique, donnent des résultats inférieurs à la réalité, les deux derniers, par suite du peu de stabilité du composé formé.

Méthode à la résorcine (SCHIMMEL & Cie). — Le cinéol fournit avec la résorcine un produit d'addition assez stable soluble dans un excès de solution concentrée de résorcine.

Dans un flacon de 100 cc. à col gradué, mettre 10 cc. d'essence et 70 cc. environ de solution de résorcine à 50 %

agiter vivement pendant 5 minutes et ajouter de la solution de résorcine jusqu'à ce que l'essence non combinée se trouve dans le col du ballon ; détacher par de petits chocs et une rotation du liquide, les gouteletttes d'essences adhérant aux parois ; laisser reposer plusieurs heures pour avoir une bonne décantation ; noter le volume de l'essence non combinée ; la différence avec 10 cc. donne la quantité de cinéol.

Les essences riches en cinéol devront être mélangées avec un volume égal de térébenthine, afin d'empêcher la cristallisation de la cinéol-résorcine.

Cette méthode n'est pas applicable aux essences qui contiennent des composés oxygénés autres que le cinéol, qui sont dissous par la résorcine.

On doit dans ce cas effectuer un fractionnement de l'essence dans un ballon à boules, en recueillant à part la fraction distillant de 170° à 190°, qui renferme la totalité du cinéol. En mesurer le volume et en doser le cinéol par le procédé décrit ci-dessus.

L'erreur de cette méthode est inférieure à 2 %.

i) *Recherche du chlore.* — La recherche du Cl permet de reconnaitre la présence d'aldéhyde benzoïque technique, contenant des traces de chlorure de benzyle, dans de l'essence d'amandes amères, et de vérifier la qualité de certains parfums artificiels (alcool benzylique, aldéhydes benzoïque, phenylacétique, cinnamique, acétate de benzyle, camphre synthétique, etc...).

Méthode par combustion. — Imbiber d'essence un morceau de papier-filtre roulé en cornet, l'égoutter en le secouant, le placer sur une petite coupelle en porcelaine occupant le centre d'une coupelle plus grande de 20 $\frac{c}{m}$ de diamètre environ ; enflammer le papier et le recouvrir d'un vase de Bohème cylindrique de 2 litres environ, d'un diamètre inférieur à celui de la grande coupelle, et que l'on a, au préalable, humecté intérieurement d'eau distillée. Une minute après l'extinction de la flamme, on enlève le vase de Bohème dont on rince les parois avec le jet d'une pipette d'eau distillée ; filtrer l'eau de lavage, l'acidifier par quelques gouttes d'acide nitrique et y verser un peu de nitrate d'argent en solution. La présence du chlore se traduit par un louche opalin formé de chlorure d'argent.

Si l'essence contient de l'acide cyanhydrique (amandes amères), il se forme quelquefois un louche de cyanure d'argent qui disparaît en chauffant au voisinage de l'ébulition, tandis que le précipité dû au Cl persiste.

Faire, par précaution, un contre-essai dans les mêmes conditions sur un échantillon d'essence pure, pour vérifier si l'eau, les vases, ou le papier n'ont pas apporté de Cl.

Cette méthode permet de déceler les moindres traces de chlore.

Le même phénomène se produit avec le brome et l'iode.

Méthode de Beilstein. — On fixe un petit morceau d'oxyde de cuivre à l'extrémité d'un fil de platine. L'humecter avec l'essence, et présenter au bord d'un bec BUNZEN. La présence du chlore donne à la flamme une coloration verte ou vert-bleue, due au chlorure de cuivre.

Méthode à la chaux. — Mélanger une partie de matière avec 10 de chaux pure, calciner au rouge dans un creuset ou un tube ; verser la chaux dans un peu d'eau, ajouter de l'acide nitrique, filtrer le liquide dans lequel on fait un essai du chlore par le nitrate d'argent.

Dosage du chlore. — Chauffer en tube scellé un poids déterminé d'essence avec de l'acide nitrique fumant en présence de nitrate d'argent ; filtrer, laver et peser le chlorure d'argent formé.

LIQUEURS TITRÉES. — Dans les méthodes de dosage exposées précédemment, on emploie fréquemment des liqueurs titrées.

On appelle liqueur normale une solution qui contient par litre un nombre de grammes égal au poids moléculaire.

	NOMBRE DE GRAMMES PAR LITRE				
	N	$\dfrac{N}{2}$	$\dfrac{N}{4}$	$\dfrac{N}{8}$	$\dfrac{N}{10}$
$SO^4 H^2$	98	49	24,5	12,25	9,8
KOH	56,2	28,1	14,05	7	5,62
Na OH	40	20	10	5	4
HCl	36,5	18,25	9,12	4,56	3,65
CH^3 - COOH	60	30	15	7,5	6

ACIDE SULFURIQUE. — Certains auteurs préconisent d'appeler liqueur normale une solution contenant 49 grammes au litre, soit la moitié du poids moléculaire ; l'acide sulfurique étant bibasique, un cc. de liqueur d'acide sulfurique sature un cc. de liqueur alcaline de même titre.

L'usage a prévalu de faire des liqueurs correspondant exactement au poids moléculaire ; on sait dans ce cas que un cc. de liqueur d'acide sulfurique sera neutralisé par deux cc. de liqueur de potasse du même titre.

Pour préparer une liqueur normale d'acide sulfurique, on emploie l'un des procédés suivants :

1° Faire une solution d'$SO^4 H^2$ contenant environ 100 grammes d'acide par litre. Doser l'acide par le chlorure de baryum et étendre d'eau de manière à amener la solution au titre exact de 98 grammes par litre.

Réduire ensuite le titre par adjonction d'eau pour préparer les liqueurs $\dfrac{N}{2}$, $\dfrac{N}{4}$, $\dfrac{N}{8}$ etc…

2° *Méthode de Marshall.* — On étend l'acide pur de la moitié de son volume d'eau, puis on mesure le poids spécifique de ce mélange aux températures de 15°, 15°,5 et 18°.

Le poids spécifique est pris par la méthode du flacon ; on remplit le flacon à densité jusqu'au dessus du trait de jauge, on le place dans un bain-marie maintenu à la

Fig. 25. — Laboratoire de recherches (L. Givaudan & Cie).

température voulue, pendant une heure. Avec un tube capillaire, on enlève l'excès d'acide au dessus du trait de repère.

On pèse ensuite le flacon et l'on en déduit la densité de la solution acide. Puis on calcule la proportion d'acide dans la solution au moyen des formules suivantes :

$$\text{à } 15° \quad X = 86\,D \; - 69 \; ;$$
$$\text{à } 15°,5 \quad X = 86\,D' \; - 68,97 \; ;$$
$$\text{à } 18° \quad X = 86\,D'' - 68,92.$$

Si l'on a mesuré la température à un demi-degré près et la densité à 0,0005 près, on obtiendra le pourcentrage avec une approximation suffisante pour les analyses courantes. Pour que ces formules soient applicables, il faut que la teneur en SO^4H^2 soit comprise entre 66 et 81 %.

En se servant des tables donnant les teneurs en SO^4H^2 en fonction du poids spécifique, pour les températures de 15° et 18°, on détermine le pourcentage avec une erreur

$$\text{maximum de } \frac{1}{7.000}.$$

Quand on connaît exactement la teneur de la solution d'acide, il est facile de calculer la quantité de cette solution nécessaire pour préparer une quantité donnée d'une liqueur titrée :

Soit n le nombre de litres de liqueur à préparer,

A, le nombre de grammes de SO^4H^2 par litre que doit contenir la liqueur ;

B, le nombre de grammes de SO^4H^2 par litre de la solution concentrée.

X, le poids d'acide à A gr. par litre nécessaire pour n litres de liqueur titrée, on a :

$$X = n\,A\,\frac{100}{B}$$

La méthode de MARSHALL est exacte et rapide. Elle permet de préparer une solution mère d'un titre exact avec laquelle on peut ensuite en quelques minutes faire une solution d'un titre quelconque.

POTASSE - SOUDE. — Les liqueurs de potasse sont titrées au moyen des liqueurs d'acide sulfurique.

On dissout 60 à 70 grammes de potasse pure, à l'alcool, dans deux litres d'alcool à 96° en agitant et sans chauffer ; filtrer ; titrer par l'acide sulfurique et étendre d'alcool pour avoir le titre.

Ne pas oublier que :

$$1 \text{ de } KOH.N = \frac{1}{2} \, SO^4H^2. \, N$$

$$1 \text{ cc. de } KHO. \; \frac{N}{2} = 2 \text{ cc. } SO^4 H.^2 \; \frac{N}{8}$$

Les solutions titrées de soude se préparent de même.

Les solutions titrées de potasse ou de soude servent à préparer celles des acides chlorhydrique et acétique.

PERMANGANATE DE POTASSE. — Il est plus facile de préparer une solution de permanganate d'un titre quelconque que l'on détermine exactement par l'une des deux méthodes suivantes :

1° *Par le sulfate double de fer et d'ammoniaque.* — Peser exactement 1 gr., 400 de sulfate ; dissoudre dans 200 cc. d'eau distillée additionnée de 20 cc. de SO^4H^2 étendu ; Prélever 10 ou 20 cc. pour doser le permanganate.

En divisant le poids du sulfate double par 7,0014, et pratiquement par 7, on a la quantité de fer qu'il renferme :

$$2. \; Mn0^4K + 10.SO^4Fe + 8.SO^4H^2 = SO^4K^2 + 2.SO^4 Mn$$
$$+ 5 (SO^4)^3Fe^2 + 8.H^2O$$

2° *Par l'acide oxalique.* — Dissoudre 1 gr. à 1,200 gr. d'acide et compléter à 250 c. Prélever 50 cc. ajouter 10 cc. d'eau et 6 et 8 cc. d'acide sulfurique pur.

Chauffer à 60° et verser le permanganate :

$$5.\ C^2O^4H^2 + 3.SO^4H^2 + 2.\ Mn\ O^4K = 10.CO^2 + 8.H^2O +$$
$$2.SO^4Mn + SO^4K^2$$

IODE. — La solution aqueuse d'iode $\dfrac{N}{10}$ se prépare de la façon suivante :

Peser **12,700** gr. d'iode ; préparer d'autre part une solution d'iodure de potassium, à raison de 20 gr. dans 200 gr. d'eau.

Mettre l'iode et la solution d'iodure dans une fiole jaugeé de 1.000 cc. L'iodure de potassium a pour but de rendre l'iode soluble dans l'eau.

Remplir à demi la fiole d'eau et laisser reposer pendant la nuit. Le lendemain compléter à 1.000 cc.

Titrage par l'hyposulfite de soude. — L'iode transforme l'hyposulfite en tétra-thionate :

$$2.\quad S^2O^3Na^2 + I^2 = S^4O^6Na^2 + 2\ Na\ I.$$

On met dans un verre à pied 10 cc. de liqueur d'iode N/10 à vérifier, on ajoute 170 cc. d'eau et de l'empois d'amidon qui bleuit l'iode.

Remplir une burette d'hyposulfite de soude N/20, que l'on fait couler goutte à goutte dans le verre à pied.

La solution devient vert-foncé, puis vert clair, pui. bleue et enfin blanc ; quand elle est incolore, noter la quantité d'hyposulfite versée.

Il faut 20 cc. de S^2O^2Na N/20 pour neutraliser ;
10 cc. de 1 N/10.

HYPOSULFITE DE SOUDE. — On emploie une liqueur aqueuse N/20, que l'on prépare ainsi :
Peser très exactement 12 gr. 400 d'hyposulfite cristallisé

$$S^2O^3Na^2 + 5.H^2O = 248.$$

Les introduire dans une fiole jaugée ; compléter à 1.000 cc. avec de l'eau.

Fig. 26. — Atelier de fabrication chimique (Jeancard Fils & Cie, Cannes).

On vérifiera le titre au moyen d'une solution d'iode, antérieurement titrée par une précédente liqueur d'hyposulfite.

CHLORHYDRATE DE PHÉNYLHYDRAZINE. — *Préparation.* — Faire dissoudre au bain-marie 40 gr. de chlorhydrate de phénylhydrazine dans 200 cc. d'eau ; après dissolution filtrer sur un filtre mouillé pour séparer la portion insoluble et neutraliser exactement par une solution de soude à 15 %.

Laisser reposer pendant la nuit, puis neutraliser exactement par de l'acide chlorhydrique, s'il y a lieu ; filtrer.

Titrage. — Mettre 10 cc. de cette solution dans une fiole jaugée et étendre à 100 cc. Prendre 10 cc. de cette solution, verser dans un verre à pied, ajouter, en agitant, 20 cc. d'iode N/10 et 170 cc. d'eau, additionnée d'empois d'amidon.

Remplir une burette de liqueur N/20 d'hyposulfite de soude, verser goutte à goutte jusqu'à complète décoloration.

LIQUEUR DE FEHLING. — La formule de PASTEUR donne une liqueur inaltérable.

Faire dissoudre séparément :

Soude	130 gr.
Acide tartrique....................	105 gr.
Potasse.............................	80 gr.
Sulfate de cuivre cristallisé.....	40 gr.

Mélanger et compléter à un litre.

TABLEAU I. — VALEUR DE L'INDICE DE SAPONIFICATION

(I. S.) EN FONCTION DE SO_4H_2 $\dfrac{N}{8}$ POUR $p = 2$ gr.

$n = 10cc$ KOH $\dfrac{N}{8}$ I. S. $= 14 \left(10 - \dfrac{m}{2}\right)$

$SO_4H_2 \dfrac{N}{8}$	Potasse combinée $10cc - \dfrac{m}{2}$	I. S.	$SO_4H_2 \dfrac{N}{8}$	$10 - \dfrac{m}{2}$	I. S.
1	**9,50**	**133**	**4**	**8**	**112**
1,1	9,45	132,3	4,1	7,95	111,3
1,2	9,40	131,6	4,2	7,90	110,6
1,3	9,35	130,9	4,3	7,85	109,9
1,4	9,30	130,2	4,4	7,80	109,2
1,5	9,25	129,5	4,5	7,75	108.5
1 6	9,20	128,8	4,6	7,70	107,8
1,7	9,15	128,1	4,7	7,65	107,1
1,8	9,10	127,4	4,8	7,60	106,4
1,9	9,05	126,7	4,9	7,55	105,7
2	**9**	**126**	**5**	**7,5**	**105**
2,1	8,95	125,3	5,1	7,45	104,3
2,2	8,90	124,6	5,2	7,40	103,6
2,3	8,85	123,9	5,3	7,35	102,9
2,4	8,80	123,2	5,4	7,30	102,2
2,5	8,75	122,5	5,5	7,25	101,5
2,6	8,70	121,8	5,6	7,20	100,8
2,7	8,65	121,1	5,7	7,15	100,1
2,8	8,60	120,4	5,8	7,10	99,4
2,9	8,55	119,4	5,9	7,05	98,7
3	**8,5**	**119**	**6**	**7**	**98**
3,1	8,45	118,3	6,1	6,95	97,3
3,2	8,40	117,6	6,2	6,90	96,6
3,3	8,35	116,9	6,3	6,85	95,9
3,4	8,30	116,2	6,4	6,80	95,2
3,5	8,25	115,5	6,5	6,75	94,5
3,6	8,20	114,8	6,6	6,70	93,8
3,7	8,15	114,1	6,7	6,65	93,1
3,8	8,10	113,4	6,8	6,60	92,4
3,9	8,05	112,7	6,9	6,55	91,7

$SO_4H_2\dfrac{N}{8}$	$10-\dfrac{m}{2}$	I. S.	$SO_4H_2\dfrac{N}{8}$	$10-\dfrac{m}{2}$	I. S.
7	**6,5**	**91**	10,5	4,75	66,5
7,1	6,45	90,3	10,6	4,70	65,8
7,2	6,40	89,6	10,7	4,65	65,1
7,3	6,35	88,9	10,8	4,60	64,4
7,4	6,30	88,2	10,9	4,55	63,7
7,5	6,25	87,5			
76,	6,20	86,8	**11**	**4,5**	**63**
7,7	6,15	86,1	11,1	4,45	62,3
7,8	6,10	85,4	11,2	4,40	6 16
7 9	6,05	84,7	1¹,3	4,35	60,9
			11,4	4,30	60,2
8	**6**	**84**	11,5	4,25	59,5
8,1	5,95	83,3	11,6	4,20	58,8
8,2	5,90	82,6	11,7	4,15	58,1
8,3	5,85	8¹,9	11,8	4,10	57,4
8,4	5,88	81,2	11,9	4,05	56,7
8,5	5,75	80,5			
8,6	5,70	79,8	**12**	**4**	**56**
8,7	5,65	79,1	12,1	3,95	53,3
8,8	5,60	78,4	12,2	3,90	54,6
8,9	5,55	77,7	12,3	3,85	53,9
			12,4	3,80	53,2
9	**5,5**	**77**	12,5	3,75	52,5
9,1	5,45	76,3	12,6	3,70	51,8
9,2	5,40	75,6	12,7	3,65	51,1
9,3	5,35	74,9	12,8	3,60	50,4
9,4	5,30	74,2	12,9	3,55	49,7
9,5	5,25	73,5			
9,6	5,20	72,8	**13**	**3,5**	**49**
9,7	5,15	72,1	13,1	3,45	48,3
9,8	5,10	71,4	13,2	3,40	47,6
9,9	5,05	70,7	13,3	3,35	46,9
			13,4	3,30	46,2
10	**5**	**70**	13,5	3,25	45,5
10,1	4,95	69,3	13,6	3,20	44,8
10,2	4,90	68,6	13,7	3,15	44,1
10,3	4,85	67,9	13,8	3,10	43,4
10,4	4,80	67,2	13,9	3,05	42,7

$SO_4H_2\ \dfrac{N}{8}$	$10-\dfrac{m}{2}$	I. S.	$SO_4H_2\ \dfrac{N}{8}$	$10-\dfrac{m}{2}$	I. S.
14	**3**	**42**	**17**	**1,5**	**21**
14,1	2,95	41,3	17,1	1,45	20,3
14,2	2,90	40,6	17,2	1,40	19,6
14,3	2,85	39,9	17,3	1,35	18,9
14,4	2,80	39,2	17,4	1,30	18,2
14,5	2,75	38,5	17,5	1,25	17,5
14,6	2,70	37,8	17,6	1,20	16,8
14,7	2,65	37,1	17,7	1,15	16,1
14,8	2,60	36,4	17,8	1,10	15,4
14,9	2,55	35,7	17,9	1,05	14,7
15	**2,5**	**35**	**18**	**1**	**14**
15,1	2,45	34,3	18,1	0,95	13,3
15,2	2,40	33,6	18,2	0,90	12,6
15,3	2,35	32,9	18,3	0,85	11,9
15,4	2,30	32,2	18,4	0,80	11,2
15,5	2,25	31,5	18,5	0,75	10,5
15,6	2,20	30,8	18,6	0,70	9,8
15,7	2,15	30,1	18,7	0,65	9,1
15,8	2,10	29,4	18,8	0,60	8,4
15,9	2,05	28,7	18,9	0,55	7,7
16	**2**	**28**	**19**	**0,5**	**7**
16,1	1,95	27,3	19,1	0,45	6,3
16,2	1,90	26,6	19,2	0,40	6,5
16,3	1,85	25,9	19,3	0,35	4,9
16,4	1,80	25,2	19,4	0,30	4,2
16,5	1,75	24,5	19,5	0,25	3,5
16,6	1,70	23,8	19,6	0,20	2,8
16,7	1,65	23,1	19,7	0,15	2,1
16,8	1,60	22,4	19,8	0,10	1,4
16,9	1,55	21,7	19,9	0,05	0,7
			20	**0**	**0**

TABLEAU II. — VALEUR DE L'INDICE DE SAPONIFICATION

$$\text{(I. S.) EN FONCTION DE } SO_4H_2 \frac{N}{8} \text{ POUR } p = 2 \text{ gr.}$$

$$n = 20cc \quad I.\,S. = 14\left(20 - \frac{m}{2}\right)$$

$SO_4H_2\,\frac{N}{8}$	Potasse combinée $20cc - \frac{m}{2}$	I. S.	$SO_4H_2\,\frac{N}{8}$	$20 - \frac{m}{2}$	I. S.
1	**19,50**	**273**	**4**	**18**	**252**
1,1	19,45	272,3	4,1	17,95	251,3
1,2	19,40	271,6	4,2	17,90	250,6
1,3	19,35	270,9	4,3	17,85	249,9
14,	19,30	270,2	4,4	17,80	249,2
1,5	19,25	269,5	4,5	17,75	248,5
1,6	19,20	268,8	4,6	17,70	247,8
1,7	19,15	268,1	4,7	17,65	247,1
1,8	19,10	267,4	4,8	17,60	246,4
1,9	19,05	266,7	4,9	17,55	245,7
2	**19**	**266**	**5**	**17,5**	**245**
2,1	18,95	265,3	5,1	17,45	244,3
2,2	18,90	264,6	5,2	17,40	243,6
2,3	18,85	263,9	5,3	17,35	242,9
2,4	18,80	263,2	5,4	17,30	242,2
2,5	18,75	262,5	5,5	17,25	241,5
2,6	18,70	261,8	5,6	17,20	240,8
2,7	18,65	261,1	5,7	17,15	240,1
2,8	18,60	260,4	5,8	17,10	239,4
2,9	18,55	259,7	5,9	17,05	238,7
3	**18,5**	**259**	**6**	**17**	**238**
3,1	18,45	258,3	6,1	16,95	237,3
3,2	18,40	257,6	6,2	16,90	236,6
3,3	18,35	256,9	6,3	16,85	235,9
3,4	18,30	256,2	6,4	16,80	235,2
3,5	18,25	255,5	6,5	16,75	234,5
3,6	18,20	254,8	6,6	16,70	233,8
3,7	18,15	254,1	6,7	16,65	233,1
3,8	18,10	253,4	6,8	16,60	232,4
3,9	18,05	252,7	6,9	16,55	231,7

$SO_4H_2\frac{N}{8}$	$20 - \frac{m}{2}$	I. S.	$SO_4H_2\frac{N}{8}$	$20 - \frac{m}{2}$	I. S.
7	**16,5**	**231**	10,5	14,75	206,5
7,1	16,45	230,3	10,6	14,70	205,8
7,2	16,40	229,6	10,7	14,65	205,1
7,3	16,35	228,9	10,8	14,60	204,4
7,4	16,30	228,2	10,9	14,55	203,7
7,5	16,25	227,5			
7,6	16,20	226,8	**11**	**14,5**	**203**
7,7	16,15	226,1	11,1	14,45	202,3
7,8	16,10	225,4	11,2	14,40	201,6
7,9	16,05	224,7	11,3	14,35	200,9
			11,4	14,30	200,2
8	**16**	**224**	11,5	14,25	199,5
8,1	15,95	223,3	11,6	14,20	198,8
8,2	15,90	222,6	11,7	14,15	198,1
8,3	15,85	221,9	11,8	14,10	197,4
8,4	15,80	221,2	11,9	14,05	196,7
8,5	15,75	220,5			
8,6	15,70	219,8	**12**	**14**	**196**
8,7	15,65	219,1	12,1	13,95	195,3
8,8	15,60	218,4	12,2	13,90	194,6
8,9	15,55	217,7	12,3	13,85	193,9
			12,4	13,80	193,2
9	**15,5**	**217**	12,5	13,75	192,5
9,1	15,45	216,3	12,6	13,70	191,8
9,2	15,40	215,6	12,7	13,65	191,1
9,3	15,35	214,9	12,8	13,60	190,4
9,4	15,30	214,2	12,9	13,55	189,7
9,5	15.25	213,5			
9,6	15,20	212,8	**13**	**13,5**	**189**
9,7	15,15	212,1	13,1	13,45	188,3
9,8	15,10	211,4	13,2	13,40	187,6
9,9	15,05	210,7	13,3	13,35	186,9
			13,4	13,30	186,2
10	**15**	**210**	13,5	13,25	185,5
10,1	14,95	209,3	13,6	13,20	184,8
10,2	14,90	208,6	13,7	13,15	184,1
10,3	14,85	207,9	13,8	13,10	183,4
10,4	14,80	207,2	13,9	13,05	182,7

CALCUL DES ANALYSES

$SO^4H^2\cdot\dfrac{N}{8}$	$20-\dfrac{m}{2}$	I. S.	$SO^4H^2\,\dfrac{N}{?}$	$20-\dfrac{m}{2}$	I. S.
14	**13**	**182**	17,5	11,25	157,5
14 1	12,95	181,3	17,6	11,20	156,8
14,2	12,90	180,6	17,7	11,15	156,1
14,3	12,85	179,9	17,8	11,10	155,4
14,4	12,80	179,2	17,9	11,05	154,7
14,5	12,75	178,5			
14,6	12,70	177,8	**18**	**11**	**154**
14,7	12,65	177,1	18,1	10,95	153,3
14,8	17,60	176,4	18,2	10,90	152,6
14,9	12,55	175,7	18,3	10,85	151,9
			18,4	10,80	151,2
15	**12,5**	**175**	18,5	10,75	150,5
15,1	12,45	174,5	18,6	10,70	149,8
15,2	12,40	173,6	18,7	10,65	149,1
15,3	12,35	172,9	18 8	10 60	148,4
15,4	12,30	172,2	18,9	10,55	147,7
15,5	12,25	171,5			
15,6	12,20	170,8	**19**	**10,5**	**147**
15,7	12,15	170,1	19,1	10,45	146,3
15,8	12,10	169,4	19,2	10,40	145,6
15,9	12,05	168,7	19,3	10,35	144,9
		=	19,4	10,30	144,2
16	**12**	**168**	19,5	10,25	143,5
16,1	11,95	167,3	19,6	10,20	142,8
16,2	11,90	166,6	19,7	10,15	142,1
16,3	11,85	165,9	19,8	10,10	141,4
16,4	11,80	165,2	19,9	10,05	140,7
16,5	11,75	164,5			
16,6	11,70	163,8	**20**	**10**	**140**
16,7	11,65	163,1	20,1	9,95	139,3
16,8	11,60	162,4	20,2	9,90	138,6
16,9	11,55	161,7	20,3	9,85	137,9
			20,4	9.80	137 2
17	**11,5**	**161**	20,5	9,75	136,5
17,1	11,45	160,3	20,6	9,70	135,8
17,2	11,40	159,6	20,7	9,65	135,1
17,3	11,35	158,9	20,8	9,60	134,4
17,4	11,30	158,2	20,9	9,55	133,7

Tableau III. — Teneur en éthers (acétates), en alcools totaux
et en alcools combinés d'après l'indice de saponification.

I. S.	Ethers p. %		Alcool total p. %		Alcool combiné p. %	
	$C_{12}H_{20}O_2$	$C_{12}H_{22}O_2$	$C_{10}H_{18}O$	$C_{10}H_{20}O$	$C_{10}H_{18}O$	$C_{10}H_{20}O$
1	0,35	0,35	0,27	0,28	0,28	0,28
2	0,70	0,71	0,55	0,56	0,55	0,56
3	10,5	1,06	0,83	0,84	0,83	0,84
4	1,40	1,41	1,10	1,12	1,10	1,11
5	1,75	1,77	1,38	1,40	1,38	1,39
6	2,10	2,12	1,66	1,68	1,65	1,67
7	2,45	2,47	1,94	1,96	1,93	1,95
8	2,80	2,83	2,21	2,24	2,20	2,23
9	3,15	3,18	2,49	2,52	2,48	2,51
10	3,50	3,54	2,77	2,81	2,75	2,79
11	3,85	3,89	3,85	3,09	3,03	3,06
12	4,20	4,24	3,33	3,37	3,30	3,34
13	4,55	4,60	3,61	3,66	3,58	3,62
14	4,90	4,95	3,89	3,94	3,85	3,90
15	5,25	5,30	4,17	4,23	4,13	4,18
16	5,60	5,66	4,45	4,51	4,40	4,46
17	5,95	6,01	4,74	4,80	4,68	4,74
18	6,30	6,36	5,02	5,08	4,95	5,01
19	6,65	6,72	5,30	5,37	5,23	5,29
20	7	7,07	5,28	5,66	5,50	5,57
21	7,35	7,42	5,87	5,94	5,78	5,85
22	7,70	7,78	6,15	6,23	6,05	6,13
23	8,05	8,13	6,44	6,52	6,33	6,42
24	8,40	8,49	6,72	6,81	6,60	6,69
25	8,75	8,84	7,01	7,10	6,88	6,96
26	9,10	9,19	7,29	7,39	7,15	7,24
27	9,45	9,55	7,58	7,68	7,43	7,52
28	9,80	9,90	7,87	7,97	7,70	7,80
29	10,15	10,25	8,15	8,26	7,98	8,08

I. S.	Ethers p. %		Alcool total p. %		Alcool combiné p. %	
	$C^{12}H^{20}O^2$	$C^{12}H^{22}O^2$	$C^{10}H^{18}O$	$C^{10}H^{20}O$	$C^{10}H^{18}O$	$C^{10}H^{20}O$
30	**10,50**	**10,61**	**8,44**	**8,55**	**8,25**	**8,36**
31	10,85	10,96	8,73	8,84	8,53	8,64
32	11,20	11,31	9,02	9,13	8,80	8,91
33	11,55	16,17	9,31	9,43	9,08	9,19
34	11,90	12,02	9,59	9,72	9,35	9,47
35	**12,25**	**12,37**	**9,88**	**10,01**	**9,63**	**9,75**
36	12,60	12,73	10,17	10,31	9,90	10,03
37	12,95	13,08	10,47	10,60	10,18	10,31
38	13,30	13,44	10,76	10,90	10,45	10,59
39	13,65	13,79	11,05	11,19	10,73	10,86
40	**14**	**14,14**	**11,34**	**11,49**	**11**	**11,14**
41	14,35	14,50	11,63	11,78	11,28	11,42
42	14,70	14,85	11,93	12,08	11,55	11,70
43	15,05	15,20	12,22	12,38	11,83	11,98
44	15,40	15,56	12,51	12,68	12,10	12,26]
45	**15,75**	**15,91**	**12,81**	**12,97**	**12,38**	**12,54**
46	16,10	16,26	13,10	13,27	12,65	12,81
47	16,45	16,62	13,40	13,57	12,93	13,09
48	16,80	16,97	13,69	13,87	13,20	13,37
49	17,15	17,32	13,99	14,17	13,40	13,65
50	**17,50**	**17,68**	**13,29**	**14,47**	**13,75**	**13,93**
51	17,85	18,03	14,58	14,77	14,03	14,21
52	18,20	18,39	14,88	15,07	14,30	14,49
53	18,55	18,74	15,18	15,38	14,58	14,76
54	18,90	19,09	15,48	15,68	14,75	15,04
55	**19,25**	**19,45**	**15,77**	**15,98**	**15,13**	**15,32**
56	19,60	19,80	16,07	16,28	15,40	15,60
57	19,95	20,15	16,38	16,59	15,68	15,88
58	20,30	20,51	16,68	16,89	15,95	16,16
59	20,65	20,86	16,98	17,20	16,23	16,44

I. S.	Ethers p. %		Alcool total p. %		Alcool combiné p. %	
	$C^{10}H^{20}O^2$	$C^{12}H^{22}O^2$	$C^{10}H^{18}O$	$C^{10}H^{20}O$	$C^{10}H^{18}O$	$C^{10}H^{20}O$
60	**21**	**21,21**	**17,28**	**17,50**	**16,50**	**16,71**
61	21,35	21,57	17,58	17,81	16,78	16,99
62	21,70	21,92	17,88	18,11	17,05	17,27
63	22,05	22,27	18,18	18,42	17,33	17,55
64	22,40	22,63	18,49	18,73	17,60	17,83
65	**22,75**	**22,98**	**18,79**	**19,04**	**17,88**	**18,11**
66	23,10	23,34	19,10	19,34	18,15	18,39
67	23,45	23,69	19,40	19,65	18,43	18,66
68	23,80	24,04	19,70	19,96	18,70	18,94
69	24,15	24,40	20,01	20,17	18,98	19,22
70	**24,50**	**24,75**	**20,32**	**20,58**	**19,25**	**19,50**
71	24,85	25,10	20,62	20,89	19,53	19,78
72	25,20	25,46	20,93	21,20	19,80	20,06
73	25,55	25,81	21,24	21,51	20,08	20,34
74	25,90	26,16	21,55	21,83	20,35	20,61
75	**26,25**	**26,52**	**21,85**	**22,14**	**20,63**	**20,89**
76	26,60	26,87	22,16	22,45	20,90	21,17
77	26,95	27,22	22,47	22,77	21,18	21,45
78	27,30	27,58	22,78	23,08	21,45	21,73
79	27,65	27,93	23,09	23,39	21,73	22,01
86	**28**	**28,29**	**23,40**	**23,71**	**22**	**22,29**
81	28,35	28,64	23,72	24,02	22,28	22,56
82	28,70	28,99	24,03	24,34	22,55	22,84
83	29,05	29,35	24,34	24,66	22,83	23,12
84	29,40	29,70	24,65	24,97	23,10	23,40
85	**29,75**	**30,05**	**24,97**	**25,29**	**23,38**	**23,68**
86	30,10	30,41	25,28	25,61	23,65	23,96
87	30,45	30,76	25,60	25,93	23,93	24,24
88	30,80	31,11	25,91	26,25	24,20	24,51
89	31,15	31,47	26,23	26,57	24,48	24,79

I. S.	Ethers p. %		Alcool total p. %		Alcool combiné p. %	
	$C^{12}H^{20}O^2$	$C^{12}H^{22}O^2$	$C^{10}H^{18}O$	$C^{10}H^{20}O$	$C^{10}H^{18}O$	$C^{10}H^{20}O$
90	**31,50**	**31,82**	**26,54**	**26,39**	**24,75**	**25,07**
91	31,85	32,17	26,86	27,21	25,03	25,35
92	32,20	32,53	27,18	27,53	25,30	25,63
93	32,55	32,88	27,49	27,85	25,58	25,91
94	32,90	33,24	27,81	28,17	25,85	26,19
95	**33,25**	**33,59**	**28,13**	**28,49**	**26,13**	**26,46**
96	33,60	33,94	28,45	28,82	26,40	26,74
97	33,95	34,30	28,77	29,14	26,68	27,02
98	34,30	34,65	29,09	29,47	26,95	27,30
99	34,65	35	29,41	29,79	27,23	27,58
100	**35**	**35,36**	**29,73**	**30,11**	**27,50**	**27,86**
101	35,35	35,71	30,05	30,44	27,78	28,14
102	35,70	36,06	30,37	30,77	28,05	28,41
103	36,05	36,42	30,70	31,09	28,33	28,69
104	36,40	36,77	31,02	31,42	28,60	28,97
105	**36,75**	**37,12**	**31,34**	**31,75**	**28,88**	**29,25**
106	37,10	37,48	31,67	32,08	29,15	29,53
107	37,45	37,83	31,99	32,41	29,43	29,81
108	37,80	38,19	32,32	32,74	29,70	30,09
109	38,15	38,54	32,64	33,07	29,98	30,36
110	**38,50**	**38,89**	**32,97**	**33,40**	**30,25**	**30,64**
111	38,85	39,25	33,30	33,73	30,53	30,92
112	39,20	39,60	33,62	34,06	30,80	31,20
113	39,55	39,95	33,95	34,39	31,08	31,48
114	39,90	40,31	34,28	34,73	31,35	31,76
115	**40,25**	**40,66**	**34,61**	**35,06**	**31,63**	**32,04**
116	40,60	41,01	34,94	35,39	31,90	32,31
117	40,95	41,37	35,27	35,73	32,18	32,59
118	41,30	41,72	35,60	36,06	32,45	32,87
119	41,65	42,07	35,93	36,40	32,73	33,15

I. S.	Ethers p. %		Alcool total p. %		Alcool combiné p. %	
	$C^{10}H^{20}O^2$	$C^{12}H^{22}O^2$	$C^{10}H^{18}O$	$C^{10}H^{20}O$	$C^{10}H^{18}O$	$C^{10}H^{20}O$
120	**42**	**42,43**	**36,26**	**36,73**	**33**	**33,43**
121	42,35	42,78	36,60	37,07	33,28	33,71
122	42,70	43,14	36,93	37,41	33,55	33,99
123	43,05	43,49	37,26	37,75	33,83	34,26
124	43,40	43,84	37,60	38,08	34,10	34,54
125	**43,75**	**44,20**	**37,93**	**38,42**	**34,38**	**34,82**
126	44,10	44,55	38,27	38,76	34,65	35,10
127	44,45	44,90	38,60	39,10	34,93	35,38
128	44,80	45,26	38,94	39,44	35,20	35,66
129	45,15	45,61	39,27	39,78	35,48	35,94
130	**45,50**	**45,96**	**39,61**	**40,13**	**35,75**	**36,21**
131	45,85	46,32	39,95	40,47	36,03	36,49
132	46,20	46,67	40,29	40,81	36,30	36,77
133	46,55	47,02	40,63	41,16	35,68	37,05
134	46,90	47,37	40,97	41,50	36,85	37,33
135	**47,25**	**47,73**	**41,31**	**41,84**	**37,13**	**37,61**
136	47,60	48,09	41,65	42,19	37,40	37,89
137	47,95	48,44	41,99	42,53	37,68	38,16
138	48,30	48,79	42,33	42,88	37,95	38,44
139	48,65	49,15	42,67	43,23	38,23	38,72
140	**49**	**49,50**	**43,02**	**43,58**	**38,50**	**39**
141	49,35	49,85	43,36	43,92	38,78	39,28
142	49,70	50,21	43,71	44,27	39,05	39,56
143	50,05	50,56	44,05	44,62	39,33	39,84
144	50,40	50,91	44,39	44,97	39,60	40,11
145	**50,75**	**51,27**	**44,75**	**45,32**	**39,88**	**40,39**
146	51,10	51,62	45,09	45,67	40,15	40,67
147	51,45	51,97	45,44	46,02	40,43	40,95
148	51,80	52,33	45,78	46,38	40,70	41,23
149	52,15	52,68	46,13	46,73	40,98	41,51

I. S.	Ethers p. %		Alcool total p. %		Alcool combiné p. %	
	$C_{12}H_{22}O_2$	$C_{12}H_{22}O_2$	$C_{10}H_{18}O$	$C_{10}H_{20}O$	$C_{10}H_{18}O$	$C_{10}H_{22}O$
150	**52,50**	**53,04**	**46,48**	**47,08**	**41,35**	**47,79**
151	52,85	53,39	46,83	47,44	41,53	42,06
152	53,20	53,74	47,18	47,79	41,80	42,34
153	53,55	54,10	47,53	48,15	42,08	42,62
154	53,90	54,45	47,88	48,50	42,35	42,90
155	**54,25**	**54,80**	**48,23**	**48,86**	**42,63**	**43,18**
195	54,60	55,16	48,58	49,2 1	42,90	43,46
155	54,95	55 51	48,94	49,57	43 18	43,74
167	55,30	55,86	49,29	49,93	43,45	44,01
158	55,65	56,22	49,65	50,29	43,73	44,29
160	**56**	**56,57**	**50**	**50,65**	**44**	**44,27**
161	56,35	56,92	50,36	51,01	44,28	44,75
162	56,70	57,28	50,71	51,37	44,55	45,13
163	57,05	57,63	51,07	51,73	44,83	45,41
164	57,40	57,99	51,42	52,09	45,10	45,69
165	**57,75**	**58,34**	**51,78**	**52,46**	**45,38**	**45,96**
166	58,10	58,69	52,14	52,82	45,65	46,24
167	58,45	59,05	52,50	53,18	45,93	46,52
168	58,80	59,40	52,86	53,55	46,20	46,80
169	59,15	59,75	53,22	53,91	46,68	47,08
170	**59,50**	**60,11**	**53,58**	**54,28**	**46,75**	**47,36**
171	59,85	60,46	53,94	54,64	47,03	47,64
172	60,20	60,81	54,31	55,01	47 30	47 91
173	60.55	61,17	54,67	55,38	47,58	48,19
174	60,90	61,52	55,03	55,75	47,85	48,57
175	**61,25**	**61,87**	**55,40**	**56,12**	**48,13**	**48,75**
176	61,60	62,23	55,76	56,48	48,40	49,03
177	61,95	62,58	56,13	56,85	48,68	49,31
178	62,30	62,94	56,49	57,23	48,95	49,59
179	62,65	63,29	56,86	57,60	49,23	49,86

I. S.	Ethers p. %		Alcool total p. %		Alcool combiné p. %	
	$C^{10}H^{20}O_2$	$C^{12}H^{22}O_2$	$C^{10}H^{18}O$	$C^{10}H^{20}O$	$C^{10}H^{18}O$	$C^{10}H^{20}O$
180	**63**	**63,64**	**57,22**	**57,97**	**49,50**	**50,14**
181	63,35	64	57,59	58,34	49,78	50,42
182	63,70	64,35	57,96	58,71	50,05	50,70
183	64,05	64,70	58,33	59,09	50,33	50,98
184	64,40	65,06	58,70	59,46	50,60	51,26
185	**64,76**	**65,41**	**59,07**	**59,84**	**50,88**	**51,54**
186	65, 0	65,76	59,44	60,21	51,15	51,84
187	65,45	66,12	59,81	60,59	51,43	52,09
188	65,80	66,47	60,19	60,97	51,70	52,37
189	66,15	66,82	60,56	61,35	51,98	52,65
190	**66,50**	**67,18**	**60,93**	**61,72**	**52,25**	**52,93**
191	66,85	67,53	61,31	62,10	52,53	53,21
192	67,20	67,89	61,68	62,48	52,80	53,49
193	67,55	68,24	62,06	62,86	53,08	53,76
194	67,90	68,59	62,43	63,24	53,35	54,04
195	**68,25**	**68,95**	**62,81**	**63,63**	**53,63**	**54,32**
196	68,60	69,30	63,19	64,01	53,90	54,60
197	68,95	69,65	63,57	64,39	54,18	54,88
198	69,30	70,01	63,95	64,78	54,45	55,16
199	69 65	70.36	64,33	65,16	54,73	55,44
200	**70**	**70.71**	**64,71**	**65,55**	**55**	**55,71**
201	70,35	71,07	65,09	65,93	55,28	55,99
203	70,70	71,42	65,47	66,32	55,55	56 27
203	71,05	71,77	65,85	66,71	55,83	56,55
204	71,40	72,13	66,23	67,09	56,10	56,83
205	**71,75**	**72,48**	**66,62**	**67,48**	**56,38**	**57,11**
206	72,10	72,84	67	67,87	56,65	57,39
207	72,47	73,19	67,39	68,26	56,93	57,66
208	72,80	73,54	67,77	68,65	57,20	57,94
209	73,15	73,90	68,16	69,04	57,48	58,22

I. S.	Ethers p. %		Alcool total p. %		Alcool combiné p. %	
	$C^{12}H^{20}O^2$	$C^{12}H^{22}O^2$	$C^{10}H^{18}O$	$C^{10}H^{20}O$	$C^{10}H^{18}O$	$C^{12}H^{20}O$
210	**73,50**	**74,25**	**68,55**	**69,44**	**57,75**	**58,50**
211	73 85	74 60	68 93	69,83	58,03	58,78
212	74,20	74,96	69,32	70,22	58,30	59,06
213	74,45	75,31	69,71	70,62	58,58	59,34
214	74,90	75,66	70,10	71,01	58,85	59,61
215	**75,25**	**76,02**	**70,49**	**71,41**	**59,13**	**59,89**
216	75,60	76,37	70,88	71,80	59,40	60,17
217	75,95	76,72	71,28	72,20	59,68	60,45
218	76,30	77,08	71,67	72,60	59,95	60,73
219	76,65	77,45	72,06	73	60,23	61,01
220	**77**	**77,79**	**72,45**	**73,40**	**60,50**	**61,29**
221	77,35	78,14	72,85	73,80	60,78	61,56
222	77,70	78,49	73,25	74,20	61 05	61 84
223	78,05	78,85	73,64	74,60	61,33	62,12
224	78,40	79,20	74,04	75	61,60	62,40
225	**78,75**	**79,55**	**74,44**	**75,40**	**61,88**	**62,68**
226	79,10	79,91	74,84	75,81	62,15	62,96
227	79,45	80,26	75,23	76,21	62,43	63,24
228	79,80	80,61	75,63	76,62	62,70	63,51
229	80,15	80,97	76,03	77,02	62,98	63,78
230	**80,50**	**81,32**	**76,44**	**77,43**	**63,25**	**64,07**
231	80,85	81,67	76,84	77,83	63,53	64,35
232	81,20	82,03	77,24	78,24	63,80	64,63
233	81,55	82,38	77,64	78,65	64,08	64,91
234	81,90	82,74	78,05	79,06	64,35	65,19
235	**82,25**	**83,09**	**78,45**	**79,47**	**64,63**	**65,46**
236	82,60	83,44	78,86	79,88	64,90	65,74
237	82,95	83,80	79,27	80,29	65,18	66,02
238	83,30	84,15	79,67	80,71	65,45	66,30
239	83,65	84,50	80,08	81,12	65,73	66,58

I. S.	Ethers p. %		Alcool total p. %		Alcool combiné p. %	
	$C^{12}H^{20}O^2$	$C^{12}H^{22}O^2$	$C^{10}H^{18}O$	$C^{10}H^{20}O$	$C^{10}H^{18}O$	$C^{10}H^{20}O$
240	**84**	**84,86**	**80,49**	**81,53**	**66**	**66,86**
241	84,35	85,21	80,90	81,95	66,28	67,14
242	84,70	85,56	81,31	82,36	66,55	67,41
243	85,05	85,92	81,72	82,78	66,83	67,69
244	85,40	86,27	82,13	83,20	67,10	67,97
245	**85,75**	**86,62**	**82,54**	**83,61**	**67,38**	**68,25**
246	86,10	86,98	82,96	84,03	67,65	68,53
247	86,45	87,33	83,37	84,45	67,93	68,81
248	86,80	87 69	83,78	84,87	68,20	69,09
249	87,15	88,04	84,20	85,29	68,48	69,36
250	**87,50**	**88,39**	**84,62**	**85,71**	**68,75**	**69,64**
251	87,85	88,75	85,03	86,14	69,03	69,92
252	88,20	89,10	85,45	86,56	69,30	70,20
253	88,55	89,45	85,87	86,98	69,58	70,48
254	88,90	89,81	86,29	87,41	69,85	70,76
255	**89,25**	**90,16**	**86,71**	**87,83**	**70,13**	**71,04**
256	89,60	90,51	87,13	88,26	70,40	71,31
257	89,95	90,87	87,55	88,69	70,68	71,59
258	90,30	91,22	87,97	89,11	70,95	71,87
259	90,65	91,57	88,40	89,54	71,23	72,15
260	**91**	**91,93**	**88,82**	**89,97**	**71,50**	**72,43**
261	91,35	92,28	89,25	90,40	71,78	72,71
262	91,70	92,63	89,67	90,83	72,05	72,99
263	92,05	92,99	90,10	91,27	72,33	73,26
264	92,40	93,34	90,52	91,70	72,60	73,54
265	**92,75**	**93,70**	**90,95**	**92,13**	**72,88**	**73,82**
266	93,10	94,05	91,38	92,57	73.15	74 10
267	93,45	94,40	91,81	93	73,43	74,38
268	93,80	94,76	92,24	93,44	73,70	74,66
239	94,15	95,11	92,67	93,87	73,98	74,94

I. S.	Ethers p. %		Alcool total p. %		Alcool combiné p. %	
	$C_{12}H_{20}O_2$	$C_{12}H_{22}O_2$	$C_{10}H_{18}O$	$C_{10}H_{20}O$	$C_{10}H_{18}O$	$C_{10}H_{20}O$
270	94,50	95,46	93,10	94,31	74,25	75,21
271	94,85	95,82	93,54	94,75	74,53	75,49
272	95,20	96,17	93,97	95,19	74,80	75,77
273	95,55	96,52	94,40	95,63	75,08	76,05
274	95,90	96,88	94,84	96,07	75,35	76,33
275	96,25	97,47	95,28	96,51	75,63	76,61
276	96,60	97,59	95,71	96,96	75,90	76,89
277	96,95	97,94	96,15	97,40	76,18	77,16
278	97,30	98,29	96,59	97,84	76,45	77,44
279	97,65	98,65	97,03	98,29	76,73	77,72
280	98	99	97,47	98,73	77	78
281	98,35	99,35	97,91	99,18	77,28	78,28
282	98,70	99,71	98,35	99,63	77,55	78,56
283	99,05	100,06	98,80	»	77,83	»
284	99,40	»	99,24	»	78,10	»
285	99,75	»	99,68	»	78,38	»
286	100,10	»	100,13	»	78,65	»

TITRE DES SOLUTIONS DE SO_4H_2 D'APRÈS LES DENSITÉS PRISES A 18° (EAU A 18° = 1)

Densités	0	1	2	3	4	5	6	7	8	9	Densités
1,60	68,89	68,97	69,06	69,15	69,23	69,32	69,40	69,49	69,58	69,66	1,60
1,61	69,75	69,83	69,92	70,01	70,09	70,18	70,26	70,35	70,43	70,52	1,61
1,62	70,61	70,69	70,78	70,86	70 95	71,03	71,12	71,20	71,29	71,37	1,62
1,63	71,46	71,55	71,63	71,72	71,80	71,89	71,97	72,06	71,14	72,23	1,63
1,64	72,31	72,40	72,48	72,57	72,65	72,74	72,82	72,91	72,99	73,08	1,64
1,65	73,16	73,25	73,33	73,42	73,50	73,59	73,67	73,76	73,84	73,93	1,65
1,66	74,01	74,10	74,18	74,27	74,35	74,44	74,52	74,61	74,69	74,78	1,66
1,67	74,86	74,95	75,03	75,12	75,20	75,29	75,37	75,46	75,54	75,63	1,67
1,68	75,71	75,80	75,88	75,97	76,05	76,14	76,22	76,31	76,40	76,48	1,68
1,69	76,57	76,65	76,74	76,82	76,91	76,99	77,09	77,17	77 25	77,34	1,69
1,70	77,42	77,51	77,59	77,68	77,77	77,85	77,94	78,03	78,11	78,20	1,70
1,71	78,29	78,37	78,46	78,55	78,63	78,72	78,81	78,90	78,98	79,07	1,71
1,72	79,16	79,24	79,33	79,42	79,51	79,59	79,68	79,77	79,85	79,94	1,72
1,73	80,03	80,12	80,21	80,30	80,39	80,48	80,57	80,66	80,75	80,84	1,73
1,74	80,93	81,02	81,12	81,21	81,30	81,40	81,49	81,58	81,67	81,76	1,74
1,75	81,86	81,95	82,04	82,14	82,24	82,34	82,44	82,53	82,63	82,72	1,75
1,76	82,82	82,92	83,02	83,13	83,23	83,32	83 42	83,52	83,62	83,72	1,76
1,77	83,82	83,92	84,02	84,12	84,22	84,33	84,43	84,54	84,65	84,77	1,77

TITRE DES SOLUTIONS DE SO^4H^2 D'APRÈS LES DENSITÉS PRISES A 15° (EAU A 15° = 1)

Densités	0	1	2	3	4	5	6	7	8	9	Densités
1,60	68,72	68,80	68,89	68,97	69,06	69,15	69,23	69,32	69,40	69,49	1,60
1,60	69,58	69,66	69,75	69,84	69,92	70,01	80,09	70,18	70,26	70,35	1,61
1,62	70,43	70,52	70,60	70,69	70,77	70,86	70,94	71,02	71,11	71,20	1.62
1,63	71,28	71,37	71,45	71,54	71,62	71,71	71,80	71,88	71,97	72,05	1,63
1,64	72,13	72,22	72,30	72,69	72,47	72,56	72,64	72,73	72,81	72,90	1,64
1.65	72,98	73,07	73,15	73,24	73,32	73,41	73,49	73,57	73,66	73,74	1,65
1,66	73,83	73,91	74,00	74,08	74,17	74,25	74,34	74,42	74,51	74,59	1,66
1,67	74,68	74,76	74,85	74,93	75,02	75,10	75,19	75,27	75,36	75,44	1,67
1,68	75,52	75,61	75,69	75,78	75,86	75,95	76,03	76,12	76,21	76,29	1,68
1,69	76,38	76,47	76,55	76,64	76,72	76,81	76,90	76,98	77,07	77,15	1,69
1,70	77,24	77,33	77,41	77,50	77,59	77,67	77,76	77,84	77,93	78,02	1,70
1,71	78,10	78,19	78,28	78,36	78,45	78,53	78,62	78,71	78,79	78,88	1,71
1,72	78,97	79,05	79,14	79,22	79,31	79,40	79,48	79,57	79,65	79,74	1,72
1,73	79,83	79,81	80,00	80,09	80,18	80,27	80,37	80,46	80,55	80,64	1,73
1,74	80,73	80,82	80,91	81,00	81,10	81,19	81,28	81,37	81,46	81,55	1,74
1,75	81,64	81,73	81,83	81,92	82,01	82,11	82,21	82,30	82,40	82,50	1,75
1,76	82,60	82,70	82,79	82,89	82,99	83,09	83,19	83,28	83,38	83,48	1,76
1,77	83,58	83,68	83,77	83,87	83,97	84,07	84,16	84,26	84,36	84,45	1,77

CHAPITRE V

CONSTITUANTS

Les essences sont des mélanges de composés organiques de fonctions différentes. On y trouve en proportions très variables :

Hydrocarbures ;
Alcools primaires, secondaires et tertiaires ;
Aldéhydes ;
Cétones ;
Phénols ;
Acides ;
Oxydes ;
Lactones ;
Ethers acides et phénoliques ;
Composés azotés, nitriles, amides ;
Composés sulfurés ;
Fonctions mixtes.

Dans cet ouvrage, les constituants sont groupés d'après leur fonction chimique et dans chaque groupe fonctionnel rattachés à l'une des catégories suivantes :

Composés aliphatiques (saturés et non saturés) ;
   »   terpéniques ;
   »   aromatiques cycliques ;
   »   »   alicyliques, (terpènes) ;
   »   sesquiterpéniques aliphatiques ;
   »   »   monocycliques ;
   »   »   bicycliques ;
   »   »   tricycliques.

Cette classification a le défaut de toutes les classifications, elle n'est ni parfaite ni rigoureuse. Mais elle a le grand avantage de permettre un classement clair et mnémotechnique de la plupart des corps de la chimie des parfums.

Chaque groupe fonctionnel est précédé d'un résumé des propriétés chimiques générales et de quelques indications sur la manière d'en caractériser les individus principaux.

Nous décrirons dans ce chapitre des corps d'origine différente, naturelle, synthétique, organique et artificielle.

ABRÉVIATIONS

Les dérivés caractéristiques sont suivis d'un chiffre qui est leur point de fusion.

$$N.\quad \text{signifie}\quad \text{normal.}$$
$$Sec.\qquad \text{»}\qquad \text{secondaire.}$$
$$Ter.\qquad \text{»}\qquad \text{tertiaire.}$$
$$d\qquad \text{»}\qquad \text{dextrogyre.}$$
$$l\qquad \text{»}\qquad \text{lévogyre.}$$

HYDROCARBURES

Les hydrocarbures sont classés suivant les catégories définies précédemment.

Les hydrocarbures qui répondent à la formule générale $(C^5H^8)^n$ portent les désignations suivantes, d'après la valeur de n :

$$
\begin{aligned}
\text{Pour } n = 1.\ &\text{Hémi-terpènes}\ldots\ldots\ C^5H^8 \\
2.\ &\text{Terpènes}\ldots\ldots\ldots\ C^{10}H^{16} \\
3.\ &\text{Sesqui-terpènes}\ldots\ldots\ C^{15}H^{24} \\
x.\ &\text{Poly-terpènes}\ldots\ldots\ (C^5H^8)^x.
\end{aligned}
$$

Les terpènes ($C^{10}H^{16}$) se divisent en Bi, Tri, Quadri et Sexavalents, suivant le nombre d'atomes d'halogènes qu'ils peuvent fixer.

Ces hydrocarbures sont facilement oxydables et donnent des résines sous l'action de l'air.

CARACTÉRISATION DES HYDROCARBURES

1º Prendre les constantes physiques ;

2º Déterminer la valence par l'action du brome en solution acétique.

Préparer les dérivés d'addition suivants :

Nitrosochlorure,
Nitrolamine,
Nitrosate,
Nitrosite,
Chlorhydrate.

3º *Nitrosochlorure.* — Pour préparer le nitrosochlorure R. Cl-NOH, refroidir énergiquement un mélange de 5 cc d'hydrocarbure, 7 cc. de nitrite d'amyle et 12 cc. d'acide acétique ; verser peu à peu un mélange de 6 cc. d'acide chlorhydrique et 6 cc. d'acide acétique ; ajouter 5 cc. d'alcool et abandonner quelque temps dans le mélange réfrigérant.

Les cristaux de nitrosochlorure sont recueillis et lavés avec un peu d'alcool. Prendre le point de fusion.

4º Les nitrosochlorures traités par les amines primaires ou secondaires, telles que l'aniline, la benzylamine, la pipéridine, etc., donnent des *nitrolamines*, bien caractérisées :

$$C^{10}H^{16} (NO) NH.R$$

5º Certains nitroso-chlorures perdent facilement de l'HCl en donnant des *dérivés nitrosés* :

$$C^{10}H^{15}. NO.$$

6º Les *nitrosates* sont obtenus avec l'hypoazotide :

$$C^{10}H^{16}. ON.ONO^2$$

7° Les *nitrosites* avec l'anhydride azoteux :

$$C^{10}H^{16}. ON. ONO$$

8° Les *chorhydrates* avec l'acide chlorhydrique sec ;
il se forme des mono ou des dichlorhydrates :

$$C^{10}H^{16}. HCl,$$
$$C^{10}H^{16}. 2\,HCl$$

Les acides bromhydriques et iodhydriques réagissent de
la même façon.

RÉACTIONS COLORÉES DE QUELQUES TERPÈNES

Carvestrène-Sylvestrène. — Coloration bleue avec l'anhydride acétique et l'acide sulfurique.

Thuyène. — Coloration rouge intense dans les mêmes
conditions.

Cadinène. — Sa solution chloroformique se colore en
vert intense puis en bleu au contact de l'acide sulfurique ;
à chaud la coloration passe au rouge.

CARACTÈRES DISTINCTS DES CARBURES GRAS ET DES
CARBURES AROMATIQUES. — 1° Le benzène traité par l'acide
nitrique concentré donne du nitrobenzène.

$$C^6H^6 + HO. NO^2 = C^6H^5. NO^2 + H^2O.$$

2° Traité par l'acide sulfurique concentré, il se transforme en acide benzène-sulfonique.

$$C^6H^6 + HO. SO^3H = C^6H^5.SO^3\,H + H^2O$$

Il en est de même de la plupart des dérivés benzéniques,
qui fournissent des dérivés nitrés ou sulfonés.

Les carbures gras ne sont que peu ou pas attaqués par
ces acides concentrés (paraffines). Les oléfines forment des
dérivés d'addition sans élimination d'eau.

3° Les oxydants attaquent difficilement les paraffines ;
les carbures aromatiques sont au contraire très facilement
oxydés en formant des acides benzène-carboxyliques.

4° Les dérivés halogénés aromatiques sont plus stables ;

5° Les dérivés hydroxylés aromatiques, $C^6H^5.OH$ sont de fonction plus acide que les correspondants de la série grasse ;

6° Les dérivés diazoïques se rencontrent presque exclusivement dans la série aromatique.

MODES DE FORMATION DES HYDROCARBURES AROMATIQUES. — 1° Traitement par le *sodium* d'un mélange de *carbure bromé* et d'un *bromure* ou d'un *iodure d'un radical alcoolique* en solution dans l'éther :

$$C^6H^5\,Br + CH^3I + 2\,Na = C^6H^5 - CH^3 + NaI + Na\,Br$$

$$C^6H^4\,(Br).\;CH^3 + C^3H^7I + 2\,Na = C^6H^4\,(C^3H^7).\;CH^3 + Na\,I + Na\,Br.$$

2° *Réaction de Friedel et Crafts.* — On fait réagir le chlorure d'un radical alcoolique sur un carbure aromatique, en présence de chlorure d'aluminium.

$$C^6H^6 + CH^3Cl = C^6H^5 - CH^3 + HCl,$$

$$C^6H^6 + 2\,CH^3Cl = C^6H^4{<}^{CH^3}_{CH^3} + 2\,HCl.$$

3° On peut remplacer le chlorure d'aluminium par de la tournure d'aluminium en présence de chlorure mercurique, ou par un mélange de chlorure ferrique et de chlorure de zinc, ou enfin de la poudre de zinc.

Dans certains cas, on réalise la réaction en mettant en œuvre l'alcool lui-même au lieu de son chlorure, en présence de chlorure de zinc et d'acide sulfurique.

4° Traitement de l'*acide sulfoné du carbure*. On peut opérer la scission du groupe sulfo par distillation sèche, ou en chauffant les acides sulfonés avec de l'acide chlorhydrique concentré, à 180°, ou avec de l'acide phosphorique concentré, dans les mêmes conditions.

$$C^6H^5\,(CH^3)^2.\;SO^3H + H^2O = C^6\,H^4\,(CH^3)^2 + HO.\;SO^3\,H.$$

5° Distillation avec la *chaux sodée* des *acides aromatiques carboxylés.*

$$C^6H^5.\ COOH = C^6H^6 + CO^2.$$

$$C^6H^4.\ (CH^3).\ COOH = C^6H^5.\ CH^3 + CO^2.$$

6° Transformer les dérivés amidés en diazoïques ; décomposer ces derniers, à chaud, par l'alcool absolu ou par l'oxyde stanneux en solution alcaline.

7° Distillation des phénols ou des cétones avec de la poudre de zinc.

ALCOOLS

Propriétés générales. — On distingue les trois classes d'alcools, primaire, secondaire et tertiaire, d'après leur *vitesse d'éthérification,* qui est la quantité d'alcool éthérifiée en une heure par un acide déterminé, (BÉHAL). Ces vitesses sont :

Alcools primaires............ 44,5 à 46,7.
 » secondaires .... 16,9 à 23,5.
 » tertiaires .... 0,8 à 2,2.

1° L'*oxydation des alcools* donne des aldéhydes avec les alcools primaires, des cétones, avec les alcools secondaires et un mélange de cétone et d'acides à teneur en carbone inférieure à celle de l'alcool primitif, avec les alcools tertiaires.

2° Sous l'action des *dérivés halogénés du phosphore,* les alcools donnent les dérivés halogénés des carbures correspondants :

$$R.\ CH^2OH + PCl^5 = POCl^3 + HCl + R.CH^2.\ Cl$$

$$3R.\ CH^2OH + POCl^3 = PO^4H^3 + 3\ R.\ CH^2Cl.$$

3° Les *acides*, les *anhydrides d'acides* et les *chlorures d'acides* forment des éthers-sels avec les alcools, par action directe ou sous l'intervention d'un déshydratant :

$$R. CH^2OH + R^I COOH = R. CH^2O. OC. R^I + H^2O$$

$$R. CH^2OH + \begin{array}{c} R^I. CO \\ R^I. CO \end{array}\Big\rangle O = R. CH^2O. OC. R^I + R^I. COOH$$

$$R. CH^2OH + R^I CO Cl = R. CH^2O. OC. R^I + HCl$$

4° Le *sodium* réagit sur les alcools pour donner des *alcools sodés* :

$$R. CH^2OH + Na = R. CH^2O Na + H$$

5ᵉ L'*azotate d'urée* se combine aux alcools pour former des *uréthanes* :

$$R. OH + \begin{array}{c} NH^2 \\ NH^2 \end{array}\Big\rangle CO. NO^3H = CO\Big\langle \begin{array}{c} NH^2 \\ OR \end{array} + NH^4 NO^3$$

6° La *phényl-carbimide* réagit sur les alcools pour donner des dérivés de *la série de l'uréthane* :

$$R. OH + C^6H^5. N : C : O = O : C\Big\langle \begin{array}{c} NH. C^6H^5 \\ OR \end{array}$$

CARACTÉRISATION DE LA FONCTION ALCOOL. — L'essai de saponification montre si l'alcool ou les alcools existent dans l'essence à l'état libre ou combiné, sous forme d'éther.

L'éthérification par l'anhydride acétique confirme la nature de la fonction. Si elle est effectuée avec des acides bibasiques, on obtient des éthers-acides, solubles dans une lessive alcaline, ce qui permet la séparation du composé alcoolique des autres éléments fonctionnels.

Si la fonction est éthérifiée, débarasser l'essence des acides libres par un lavage au carbonate de soude, puis saponifier l'éther par la potasse alcoolique à 5 % à l'ébullition ; conserver les eaux de lavage pour la détermination des acides combinés ; fractionner l'essence saponifiée dans le vide.

Le point d'ébullition donne une première indication sur la nature de l'alcool.

On peut pousser la purification plus loin :

1° par acétylation, fractionnement dans le vide et saponification ;

2° par éthérification par l'anhydride phtalique.

Les alcools primaires forment l'éther phtalique acide par simple ébullition avec l'anhydride phtalique en présence de benzine ; les alcools secondaires réagissent en tubes scellés ; les alcools tertiaires ne donnent pas directement les éthers acides ; on doit passer par l'intermédiaire du dérivé sodé.

RÉACTIONS PARTICULIÈRES. — *Ethers phtaliques acides.* — Chauffer deux heures, au bain-marie, dans un ballon muni d'un réfrigérant à reflux, poids égaux d'alcool et de benzine sèche, avec la quantité d'anhydride phtalique correspondant moléculairement à l'alcool. Filtrer après refroidissement ; épuiser par une solution de carbonate de soude ; laver la solution alcaline plusieurs fois, à la benzine ou à l'éther pour éliminer les portions non éthérifiées.

Décomposer ensuite la combinaison alcaline par l'acide chlorhydrique étendu ; recueillir l'éther phtalique acide par lavage à la benzine, évaporer le solvant et saponifier pour avoir l'alcool pur.

Phényluréthane. — Chauffer à 150° quantités équimoléculaires d'iso-cyanate de phényle et d'alcool ; faire cristalliser et prendre le point de fusion.

Alcool méthylique. — Caractérisé par son point d'ébullition et son éther oxalique qui fond à 54°.

Alcool éthylique. — Caractérisé par l'iodoforme, que l'on obtient en le chauffant avec de l'iode en présence d'un alcali ou d'un carbonate alcalin.

Egalement par le chlorure de benzoïle qui donne du benzoate d'éthyle à odeur caractéristique.

Alcool nonylique. — Donne un éther formique cristallisable et un phényluréthane fusible à 63°.

Alcool phényléthylique. — Soluble dans l'alcool à 30° ; donne une combinaison calcique qui permet de l'isoler.

Géraniol. — Pour préparer le géraniol-diphényluréthane fusible à 82°, chauffer au bain-marie du géraniol avec du chlorure de diphényl-carbamine et de la pyridine. Entraîner la diphénylamine à la vapeur d'eau ; faire cristalliser le résidu dans l'alcool.

Le géraniol donne avec le chlorure de calcium anhydre une combinaison double, insoluble dans la plupart des dissolvants, qui se décompose en ses éléments primitifs au contact de l'eau. C'est un bon procédé de purification. On lave la combinaison cristallisée par un dissolvant avant de la décomposer.

On peut isoler le géraniol des hydrocarbures par sa combinaison avec l'anhydride phtalique en passant par le géraniol sodé.

Le tétrabromure de Nérol cristallise rapidement, tandis que celui de géraniol reste longtemps liquide.

MODES GÉNÉRAUX DE FORMATION DES ALCOOLS. — 1° Décomposition des éthers par ébullition avec les alcalis, ou les acides ou même avec l'eau.

$$R.\ CH^2O.\ OC - CH^3 + KOH = CH^3 - COOK + R.\ CH^2OH$$

2° Chauffer à l'ébullition un dérivé halogéné avec de l'eau seule ou une solution de carbonate de soude.

$$R.\ CH^2Cl + H^2O = R.\ CH^2OH + HCl$$

3° Certains alcools gras se préparent par fermentation des hydrates de carbone.

4° Réduction des aldéhydes au moyen de la poudre de zinc et de l'acide acétique ; on obtient l'éther que l'on saponifie. On obtient ainsi des alcools primaires : Citronellol du citronellal.

5° On peut également obtenir les alcools primaires au moyen des acides, en traitant par l'hydrogène naissant, soit leurs anhydrides, soit un mélange d'anhydride et de chlorure d'acide. On obtient les éthers que l'on saponifie.

6° On prépare les alcools secondaires par réduction des cétones au moyen de l'amalgame de sodium.

7º On obtient des alcools secondaires en faisant agir du zinc-méthyle ou du zinc-éthyle sur une aldéhyde.

8º L'action de combinaisons zinco-alcooliques sur l'éther éthyl-formique donne également des alcools secondaires.

9º On prépare des alcools tertiaires par l'action prolongée de deux molécules de zinc-méthyle ou de zinc-éthyle sur les chlorures d'acides ; puis décomposition par l'eau des composés formés.

Une action insuffisamment prolongée, donnerait seulement des cétones.

10º Méthode BÉHAL par l'acide allophanique.

11º Méthode BOUVEAULT & BLANC par la réduction des éthers-sels au moyen du sodium.

ALDÉHYDES

Propriétés générales. — Les aldéhydes possèdent un certain nombre de propriétés caractéristiques, qui permettent de les différencier et de les préparer à l'état pur.

1º Elles donnent un acide par oxydation.

2º Elles donnent un alcool par réduction.

3º Le chlorure de phosphore les transforme en dérivés dichlorés des carbures d'hydrogène, analogues au chlorure d'éthylidène.

Elles forment facilement des produits d'addition ; elles se combinent :

4º Au bisulfite de soude, en formant des composés cristallisés ;

$$\text{R. C.}{\diagdown_{\text{H}}^{\text{O}}} + \text{SO}^3\,\text{Na H} = \text{R. C.}{\diagup^{\text{OH.}}_{\diagdown\text{H.}}}\text{—SO}^3\,\text{Na.}$$

5º à l'hydroxylamine, pour donner les aldoximes ;

$$\text{R. C.}{\diagdown_{\text{H}}^{\text{O}}} + \text{N}{\diagdown_{\text{OH}}^{\text{H}^2}} = \text{R. C.}{\diagdown_{\text{H}}^{\text{NOH}}} + \text{H}^2\text{O}$$

6° à la phénylhydrazine, pour former les phényl-hydra-zones :

$$R.\,C.\!\!\begin{smallmatrix}O\\H\end{smallmatrix} + C^6H^5.\,NH.\,NH^2 = R.\;C.\!\!\begin{smallmatrix}N.\,NH.C^6H^5\\H\end{smallmatrix} + H^2O$$

7° à la semi-carbazide, en produisant des semi-carba-zones :

$$R.\,C.\!\!\begin{smallmatrix}O\\H\end{smallmatrix} + CO\!\!\begin{smallmatrix}NH.\,NH^2\\NH^2\end{smallmatrix} = CO\!\!\begin{smallmatrix}NH.\,NH.\,C.\,R.\\NH^2\end{smallmatrix} + H^2O$$

8° sous l'action de la potasse alcoolique, les aldéhydes donnent naissance à l'acide et à l'alcool correspondants :

$$2.\,R.\,C.\;\begin{smallmatrix}O\\H\end{smallmatrix} + KOH = R.\,COOK + R.\,CH^2\,OH$$

9° La condensation des aldéhydes et des alcools donne des acétals :

$$R.C.\!\!\begin{smallmatrix}O\\H\end{smallmatrix} + 2.\left(CH^3 - CH^2OH\right) = R.C.\begin{smallmatrix}O.\,CH^2\,CH^3\\-H\\O.\,CH^2.\,CH^3\end{smallmatrix} + H^2O$$

10° Sous l'influence des alcalis étendus, les aldéhydes réagissent à froid sur les aldéhydes, cétones et acides de la série grasse pour former des aldéhydes, des cétones et des acides non saturés.

L'aldéhyde benzylique se soude à l'aldéhyde éthylique pour former l'aldéhyde cinnamique :

$$C^6H^5.\,COH + CH^3.\,COH = C^6H^5.\,CH : CH.\,COH + H^2O$$

Avec l'acétone, elle donne le benzylidène-acétone :

$$C^6H^5.COH + CH^3.\,CO.CH^3 = C^6H^5.CH : CH.CO.CH^3 + H^2O$$

Avec l'acide acétique, l'acide cinnamique :

$$C^6H^5.COH + CH^3.COOH = C^6H^5.CH : CH.COOH + H^2O$$

11° Chauffées avec l'acide pyruvique et la β-naphtyla-mine, les aldéhydes fournissent des acides naphto-cincho-niniques-α-alcoylés.

$$CH^3 . CH^2 . COH + CH^3 . C\!\!<^{O}_{COOH} + C^{10}H^7NH^2 =$$

$$C^{10}H^6\!\!<^{N\,=\,C\,-\,C^2H^5}_{C\,=\,CH} \quad + 2H^2O + H^2$$

$$\underset{COOH.}{|}$$

CARACTÉRISATION DE LA FONCTION ALDÉHYDE. — On caractérise les aldéhydes :

1° par la combinaison bisulfitique ;

2° par l'aldoxime ;

3° par l'hydrazone ;

4° par la réaction de DOEBNER ;

5° par la semi-carbazone.

1° *Combinaison bisulfitique.* — Agiter l'essence avec un ou deux volumes d'une solution saturée et fraîche de bisul-fite de soude. L'addition d'un peu d'éther favorise la réac-tion. Essorer, laver à l'éther.

Régénérer l'aldéhyde en décomposant la combinaison bisulfitique par un alcali ou un acide étendu.

2° *Aldoxime.* — Dissoudre le chlorhydrate d'hydroxy-lamine dans le minimum d'eau. Ajouter l'aldéhyde en quan-tité équimoléculaire, puis de l'alcool à 96° jusqu'à dissolu-tion complète.

Ajouter du carbonate de potasse, molécule pour molé-cule et chauffer au bain-marie. Distiller l'alcool.

Laver et distiller dans le vide.

3° *Hydrazone.* — Chauffer au bain-marie des quantités équi-moléculaires d'aldéhyde et de chlorhydrate de phényl-hydrazine, en solution alcoolique et en présence d'acétate de soude sec.

4° *Réaction de Doebner.* — Dissoudre dans l'alcool absolu de l'acide pyruvique et un excès d'aldéhyde ; ajouter une molécule de β-naphtylamine dissoute dans l'alcool absolu ; chauffer trois heures au bain-marie à reflux. Purifier par lavages et prendre le point de fusion.

Le citral, le citronnellal, l'aldéhyde décylique donnent un acide naphto-cinchoninique.

5° *Semi-carbazone.* — Ajouter l'aldéhyde à une solution alcoolique de chlorhydrate de semi-carbazide et d'acétate de soude.

Abandonner quelque temps le mélange à la température ordinaire. Traiter par l'eau, faire cristalliser et prendre le point de fusion.

L'aldéhyde peut être obtenue très pure en entrainant à la vapeur d'eau les impuretés qui accompagnent l'oxime, l'hydrazone, la semi-carbazone et en décomposant ces dernières par addition d'acide sulfurique dilué, par petites portions ; l'aldéhyde se trouve entraînée par la vapeur d'eau au fur et à mesure de sa mise en liberté.

RÉACTIONS PARTICULIÈRES A QUELQUES ALDÉHYDES. — *Citronnellal.* — Le citronnellal se condense avec l'anhydride acétique pour donner l'éther acétique de l'iso-pulégol, isomère avec le citronnellal. On peut par suite doser le citronnellal par saponification, s'il n'est pas mélangé à des alcools.

Furfurol. — On le caractérise par son point d'ébullition, 162°, sa phényl-hydrazone, fusible à 96° et la réaction colorée très intense qu'il donne avec l'aniline et la toluidine.

PROCÉDÉS GÉNÉRAUX DE PRÉPARATION. — Les aldéhydes grasses peuvent être préparées par les méthodes suivantes :

1° *Oxydation de l'alcool correspondant :*

$$R.CH^2OH + O = R.COH + H^2O.$$

2° *Distillation sèche du sel de baryum ou de calcium de l'acide correspondant avec du formiate de baryum ;* cette réaction donne de meilleurs rendements si elle est effectuée sous la vide :

$$\left.\begin{array}{l} R.\,C.OO \\ R.\,C.OO \end{array}\right\rangle Ba + \left.\begin{array}{l} H.\,COO \\ H.\,COO \end{array}\right\rangle Ba = 2.\,Ba\,CO^3 + 2\,R.\,COH.$$

3º *Méthode de Darzens*, par condensation d'une cétone avec l'éther chloracétique, en présence d'un alcali :

$$\left.\begin{array}{l} H^3C \\ H^3C \end{array}\right\rangle CO + CH^2Cl.\,COO.\,C^2H^5 = \left.\begin{array}{l} H^3C \\ H^3C \end{array}\right\rangle C - \underset{O}{\underset{\diagdown\diagup}{CH}}.CO.C^2H^5$$
$$+ \ HCl$$

en hydrolisant, on obtient :

$$\left.\begin{array}{l} H^3C \\ H^3C \end{array}\right\rangle C - \underset{O}{\underset{\diagdown\diagup}{CH}}.\,COOH.$$

En chauffant ce corps, il se dégage de l'acide carbonique avec une modification moléculaire qui donne l'aldéhyde :

$$\begin{array}{l} H^3C \\ \diagdown \\ C \\ \diagup \\ H^3C \end{array} \begin{array}{l} H \\ \diagup \\ \\ \diagdown \\ COH \end{array} + \ CO^2.$$

4º *Méthode de Bouveault par les magnésiens.* — Appliquée à la préparation des aldéhydes en C^9 et C^{10}. On fait agir un organo-magnésien sur la diméthyl-formi-amide :

$$R.\,Mg.\,Cl + H.\,CO.\,N\!\!\left\langle\begin{array}{l} C^2H^5 \\ C^2H^5 \end{array}\right. = H.\,C\!\!\begin{array}{l} \diagup O.\,Mg.\,Cl \\ - R \\ \diagdown N\!\!\left\langle\begin{array}{l} C^2H^5 \\ C^2H^5 \end{array}\right. \end{array}$$

$$H.\,C\!\!\begin{array}{l} \diagup O.\,Mg.\,Cl \\ - N\!\!\left\langle\begin{array}{l} C^2H^5 \\ \\ C^2H^5 \end{array}\right. \\ \diagdown R \end{array} + H^2O = Mg.Cl.OH + N.H.(C^2H^5)^2 + R.\,COH$$

On peut ainsi passer de l'alcool en C^n à l'aldéhyde d'un même nombre d'atomes de carbone.

5º *Méthode de Bagard.* — En passant par les réactions successives suivantes, on part de l'acide en C^n, pour aboutir à l'aldéhyde ayant le même nombre d'atomes de carbone. L'acide est transformé en alcool par la méthode de BOU-VEAULT ; on fait le bromure ou le chlorure, puis le nitrile, puis l'acide ayant un atome de carbone en plus.

On transforme cet acide en aldéhyde par la méthode de BLAISE.

$$R. (CH^2)^n - COOH \quad \rightarrow R. (CH^2)^n - CO^2 - C^2H^5.$$
$$\rightarrow R. (CH^2)^n - CH^2OH \quad \rightarrow R. (CH^2)^n - CH^2\,Br.$$
$$\rightarrow R. (CH^2)^n - CH^2 - CN \quad \rightarrow R. (CH^2)^n - CH^2 - COOH.$$
$$\rightarrow R. (CH^2)^n - CH - COOH \quad \rightarrow R. (CH^2)^n_a - COH.$$
$$\qquad\qquad\qquad\quad |$$
$$\qquad\qquad\qquad\; Br$$

6° *Méthode de Blaise.* — On traite un acide gras par le Br, qui se substitue en α à un atome d'H.

$$R. CH^2. COOH + 2\,Br. = R - CH - COOH + H\,Br.$$
$$\qquad\qquad\qquad\qquad\qquad |$$
$$\qquad\qquad\qquad\qquad\; Br.$$

L'acide α bromé est saponifié par un alcali ; il se forme un alcool secondaire :

$$R - CH - COOH + KOH = KBr. + R - CH - COOK$$
$$\quad\; | \qquad\qquad\qquad\qquad\qquad\qquad\quad |$$
$$\quad\; Br. \qquad\qquad\qquad\qquad\qquad\qquad\; OH$$

On chauffe à feu nu l'acide-alcool formé, en poussant la température jusqu'à 250°. L'aldéhyde distille en même temps que se dégage l'oxyde de carbone.

On purifie l'aldéhyde par fractionnement :

La réaction s'opère en deux phases ; il se forme d'abord un lactide qui donne de l'aldéhyde et de l'oxyde de carbone :

$$\qquad\qquad\qquad\qquad R - CH - CO$$
$$\qquad\qquad\qquad\qquad\quad |\qquad\; |$$
$$2\,R - CH - COOH = \quad O\quad\; O \quad + 3\,H^2O$$
$$\qquad\quad |\qquad\qquad\qquad\quad |\qquad\; |$$
$$\qquad\quad OH \qquad\qquad\quad CO - CH - R$$

$$R - CH - CO$$
$$\mid \qquad \mid$$
$$O \qquad O \qquad = \quad 2\,CO + 2\,R - COH.$$
$$\mid \qquad \mid$$
$$CO - CH - R.$$

6° *Action de l'hydrogène naissant sur les chlorures de radical acide ou les anhydriques d'acides.*

(1) $\quad CH^3 . COCl + 2\,H = CH^3 . COH + HCl$

(2) $\quad \begin{matrix} CH^3 . CO \\ \\ CH^3 . CO \end{matrix} \Big> O + 4\,H \; = 2 . CH^3 . COH + H^2O$

7° *Catalyse des Alcools primaires à l'état gazeux par de la poudre de cuivre.* — On peut préparer l'alcool par réduction de l'acide gras correspondant. On fait ensuite passer l'alcool à l'état gazeux sur de la poudre de cuivre finement divisée, préparée par réduction de l'oxyde de cuivre.

On chauffe le catalyseur entre 250 et 400° ; il se forme de l'Hydrogène, en même temps que l'aldéhyde ou la cétone.

8° *Méthode catalytique de Sabatier et Mailhe.* — On fait passer les vapeurs d'un mélange d'acide gras et d'acide formique, entre 250 et 300° sur un catalyseur, qui a d'abord été l'acide titanique, puis l'oxyde manganeux, obtenu par réduction du carbonate. Ce dernier catalyseur donne de meilleurs rendements. La température doit, dans ce cas, être maintenue entre 300 et 360°.

CÉTONES

Propriétés générales. — 1° Par oxydation, les cétones se scindent en deux molécules d'acides.

2° Par réduction, elles donnent naissance à un alcool secondaire.

3º Les cétones, possédant un groupement méthyle lié au groupement cétonique, se combinent au bisulfite :

$$R.C\overset{\diagup O}{\diagdown CH^3} + SO^3NaH = R.C\overset{\diagup OH}{\diagdown CH^3} - SO^3Na$$

4º Ainsi que les aldéhydes, elles se combinent à l'hydroxylamine pour donner des cétoximes :

$$R.C\overset{\diagup O}{\diagdown R^I} + N\overset{\diagup H^2}{\diagdown OH} = H^2O + R.C\overset{\diagup NOH}{\diagdown R^I}$$

5º Avec la phénylhydrazine elles donnent des phénylhydrazones :

$$R.C\overset{\diagup O}{\diagdown R^I} + C^6H^5 - NH - NH^2 = H^2O + R.C\overset{\diagup N.NH.C^6H^5}{\diagdown R^I}$$

6º L'acide nitreux réagit sur les cétones pour former des dérivés iso-nitrosés :

$$R.\,CO.\,CH^3 + NO^2H = H^2O + R.\,CO.\,CH : NOH$$

7º Sous l'influence du sodium, les cétones méthylées réagissent sur les éthers-sels pour donner des dicétones :

$$R.CO.CH^3 + R'.COOR'' = R''OH + R.CO.CH^2CO.R'$$

Caractérisation de la fonction cétone : On caractérise les cétones :

1º par la combinaison bisulfitique dans certains cas particuliers.

2º par la cétoxime.

3º par l'hydrazone.

4º par la semi-carbazone.

La préparation de ces dérivés se fait par les procédés décrits pour les aldéhydes.

Réactions particulières à quelques cétones.

Thuyone. — Par ébullition avec l'acide sulfurique étendu, la thuyone se transforme en iso-thuyone.

Carvone. — La formule suivante permet de calculer rapidement et avec une approximation suffisante la carvone contenue dans l'essence de carvi :

A, poids spécifique de l'essence à examiner
B, » » du limonène   0,850
C, » ′ » de la carvone   0,964

La teneur en carvone est :

$$x = \frac{(A - B)\,100}{C - B} = \frac{100\,(A - 0,850)}{0,114} = 877.\,(A - 0,850)$$

Modes généraux de Préparation. — On prépare les cétones :

1º Par oxydation des alcools secondaires.

2º par la distillation des sels de calcium des acides correspondants.

ACIDES

Propriétés générales. — Le perchlorure de phosphore réagit sur les acides pour donner des chlorures, d'acides :

$$R.COOH + PCl^5 = HCl + PO\,Cl^3 + R.CO.Cl$$
$$4.R.COOH + PCl^5 = HCl + PO^4H^5 + 4.R.CO.Cl$$

Sous l'influence de la chaleur, un sel alcalin en présence d'alcali, donne un carbure :

$$R.CH^2 - COONa + NaOH = R.CH^3 + CO^3\,Na^2$$

Dans les mêmes conditions de température, un sel alcalino-terreux et du formiate de calcium, donnent une aldéhyde

$$\begin{array}{c}R.COO \\ R.COO\end{array}\!\!\Big\rangle Ca + \begin{array}{c}H.COO \\ H.COO\end{array}\!\!\Big\rangle Ca = 2.RC\!\!\Big\langle\begin{array}{c}O \\ H\end{array} + 2.CO^3Ca$$

Un sel alcalino-terreux chauffé donne une cétone :

$$\frac{R.COO}{R.COO} \Big\rangle Ca = \frac{R}{R} \Big\rangle Co + CO^3Ca$$

Caractérisation de la fonction acide. — Les acides peuvent se rencontrer dans les essences à l'état libre ou combiné.

Les acides libres sont séparés en agitant l'essence avec une solution de carbonate de soude jusqu'à réaction alcaline ; on lave la solution aqueuse à l'éther, puis on acidifie pour mettre l'acide en liberté. Faire alors le sel d'argent.

Pour caractériser les acides combinés, on opère comme ci-dessus, avec les eaux de lavage provenant de la saponification de l'essence par la potasse alcoolique, en opérant ainsi qu'il a été dit à la caractérisation de la fonction alcool et aux méthodes d'analyse.

ÉTHERS

Propriétés générales. — Les éthers sont saponifiés par l'action de l'eau et des alcalis. La réaction est favorisée par la chaleur. Elle est plus rapide et plus complète en solution alcoolique.

L'acide iodhydrique agit à froid sur les éthers en donnant l'acide et l'iodure de l'alcool de l'éther :

$$R.COO - C^2H^5 + HI = R.COOH + C^2H^5I$$

L'ammoniaque en solution alcoolique donne naissance à l'amide de l'acide et à l'alcool :

$$R.COO.R^1 + NH^3 = R.CO.NH^2 + R^1OH$$

Caractérisation de la fonction éther. — Le point d'ébullition indique si l'éther est pur.

On saponifie l'éther, sépare l'acide et l'alcool, que l'on caractérise par les méthodes données précédemment.

Modes de Préparation. — 1º Action directe de l'acide sur l'alcool, à basse température avec ou sans solvant. Il se forme un état d'équilibre qui limite la réaction.

2º Action de l'acide sur l'alcool à froid en présence d'un catalyseur.

3º Action de l'acide sur l'alcool, à chaud, en présence d'un déshydratant, acide sulfurique ou acide chlorhydrique gazeux, avec ou sans solvant neutre.

4º Contact à chaud de l'alcool et d'un anhydride d'acide, avec ou sans acide sulfurique.

On emploie quelquefois l'acétate de soude comme catalyseur.

$$\begin{matrix} CH^3-CO \\ \\ CH^3-CO \end{matrix} \Big\rangle O + R.CH^2OH = R.CH^2O.OC - CH^3 + CH^3.COOH$$

5º Double décomposition entre un sel minéral de l'acide et un éther de l'alcool, à chaud, avec ou sans pression.

$$\begin{matrix} H.COO \\ \\ H.COO \end{matrix} \Big\rangle Ca + 2C^6H^5.CH^2Cl = 2C^6H^5.CH^2OOC.H + Ca\,Cl^2$$

6ºAction à chaud d'un sel minéral de l'acide sur l'alcool, en présence d'un déshydratant :

$$\begin{matrix} R.COO \\ \\ R.COO \end{matrix} \Big\rangle Ca + 2.CH^3.CH^2OH = 2.R.COO.H^2C - CH^3 + CaO$$
$$+ H^2O$$

7º Contact à froid d'un chlorure du radical acide et de l'alcool. On facilite dans quelque cas la réaction en ajoutant une petite quantité de pyridine ou de diméthylaniline.

$$C^6H^5 - COCl + R.CH^2OH = R.CH^2O.OC - C^6H^5 + HCl$$

8º Action à chaud de l'acide ou du phénol sur un sulfate alcoolique.

$$SO^2\big\langle\!\!\begin{array}{l} O.CH^3 \\ O.CH^3 \end{array} + 2.R.COOH = 2.R.COO.CH^3 + SO^4H^2$$

Phénols

Propriétés générales. — Les phénols sont une fonction intermédiaire entre les acides et les alcools.

1º Comme les acides faibles ils se combinent directement aux bases fortes, alcalines et alcalino-terreuses. Les phénates ainsi formés sont généralement solubles dans l'eau.

$$C^6H^5 - OH + NaOH = C^6H^5 - ONa + H^2O$$

Ces phénates sont ordinairement décomposés par l'acide carbonique.

Les phénols ne se combinent pas directement aux métaux ni aux alcools.

2º Le dérivé sodé chauffé avec un iodure alcoolique donne un éther-oxyde ; c'est le mode de préparation de l'anisol :

$$C^6H^5 - OK + CH^3I = KI + C^6H^5 - O - CH^3$$

3º On combine indirectement les phénols aux radicaux acides en faisant intervenir les chlorures et les anhydrides d'acides ; on peut préparer ainsi l'acétate de phényle et le benzoate de phényle :

$$C^6H^5 - OH + CH^3 - CH^2OCl = C^6H^5 - O - O - CH^2 - CH^3 + HCl$$

$$C^6H^5 - OH + C^6H^5 - COCl = C^6H^5 - CO - O - C^6H^5 + HCl$$

4º Les phénols traités par le penta-chlorure de phosphore donnent un éther chlorhydrique ; on obtient de même le dérivé bromé :

$$C^6H^5 - OH + PCl^5 = POCl^3 + C^6H^5Cl + HCl$$

5° Avec l'acide sulfurique, l'acide nitrique, le chlore, le brome, on obtient des dérivés sulfonnés, nitrés chlorés ou bromés sur le noyau. Ces dérivés conservent la fonction phénol :

$$C^6H^5 - OH + 2.SO^4H^2 = C^6H^3 \begin{cases} SO^3H \\ SO^3H \\ OH \end{cases} + 2.H^2O$$

Acide phénol-disulfoné

$$C^6H^5 - OH + NO^3H = C^6H^4 \begin{cases} NO^2 \\ OH \end{cases} + H^2O$$

$$C^6H^5 - OH + 3.NO^3H = C^6H^2 \begin{cases} NO^2 \\ NO^2 \\ NO^2 \\ OH \end{cases} + 3.H^2O$$

mono et tri-nitro-phénol

$$C^6H^5 - OH + 2. Br = C^6H^4 \begin{cases} Br \\ OH \end{cases} + HBr$$

6° L'acide carbonique réagit sur les dérivés sodés des phénols en formant un acide-phénol.

$$C^6H^5 - ONa + CO^2 = C^6H^4 \begin{cases} CO^2Na \\ OH \end{cases}$$

7° Le chloroforme donne naissance à des aldéhydes-phénols :

$$C^6H^5 - OH + CHCl^3 + 3.KOH = 3.KCl + 2.H^2O$$
$$+ C^6H^4 \begin{cases} COH \\ OH \end{cases}$$

8° L'oxydation transforme les phénols en quinones.

Fig. 27. — Fabrication de Parfums de synthèse.
(L. Givaudan & Ϲᶦᵉ).

Fig. 28. — Fabrication de Parfums de synthèse.
(L. Givaudan & Cᶦᵉ).

$$
\begin{array}{c}
\mathrm{CO} \\
\mathrm{HC} \diagup \quad \diagdown \mathrm{CH} \\
\| \qquad \| \\
\mathrm{HC} \diagdown \quad \diagup \mathrm{CH} \\
\mathrm{CO}
\end{array}
$$

9º Les deshydratants polymérisent les phénols et forment des composés oxygénés complexes, mais non des hydrocarbures.

10º Sous l'influence de catalyseurs appropriés, carbonate de soude, par exemple, les phénols forment des produits de condensation avec les aldéhydes ; c'est de cette façon que l'on prépare les résines synthétiques connues sous le nom de bakélites.

Ces dernières propriétés permettent de distinguer les phénols des alcools tertiaires.

Caractérisation de la fonction phénol. — On lave l'essence au carbonate de soude pour éliminer les acides ; puis on l'épuise au moyen d'une solution aqueuse de soude à 5 %, qui dissout les phénols. On lave cette solution alcaline à l'éther pour la débarrasser de toute trace d'essence non dissoute ; on décompose ensuite le phénate de soude par un acide étendu.

Les phénols sont décantés, lavés à l'eau et au carbonate de soude, séchés et distillés dans le vide.

Le phénol sera caractérisé par ses propriétés, point d'ébullition, point de fusion, coloration avec le perchlorure de fer, etc.

En solution alcoolique les phénols prennent les colorations suivantes au contact du perchlorure de fer :

Thymol	*rien*
Carvacrol...............	*vert*
Chavicol	*bleu*
Eugénol	*bleu*
Iso-eugénol	*vert olive*
Bétel-phénol	*bleu-vert intense*

En solution aqueuse, avec de l'acide sulfurique, le thymol donne une coloration violette.

TABLEAU

DES

CARACTÉRISTIQUES

DES

CONSTITUANTS

ET

PRODUITS ARTIFICIELS

HYDROCARBURES ALIPHATIQUES

Hydrocarbures	Isoprène	Heptane N.	Octylène	Myrcène	Ocimène
Synonyme ...					
Formule	$C^5 H^8$	$C^7 H^{16}$	$C^8 H^{16}$	$C^{10} H^{16}$	$C^{10} H^{16}$
Poids moléc.	68	100	112	136	136
Constitution	H^2C, CH^3 / C / CH / CH^2	CH^3 / $(CH^2)^5$ / CH^3	CH^3 / CH / $(CH^2)^5$ / CH^3	$CH^3CH^3CH^3CH^3$ / C ou C / CH, CH^2 / CH^2, CH^2 / CH^3, CH^2 / H^2C·C, C=CH^2 / CH, CH / CH^2, CH^2	H^2C, CH^3 / C / CH / CH^2 / CH^3 / CH / O-CH^3 / CH / CH^2
Caractéristiques					
P. Fusion					
P. Ebullition	37°	98°–99°	123°–124°	167	172
P. Spécifique		0.688	0.7275	0.801	0.803
P. Rotatoire.					
I. Réfraction			1.4066	1.470 (19°	1.485
Réactions caractéristiques.	facilement polymérisé	Insensibilise		Tétrabromure de Dihydro-Myrcène 88° Polymérisé fac.	→ Ociménol dont le P. uréthane fond à 72° Chaleur → Allo-Ocimène
État naturel	Décomposition de la térébenthine et du caoutchouc	Pinus sabiniana P. Jeffreyi etc. Pétroles légers	Bergamote Citron Linaloé (?)	Myrcia-Bay Lippia citriodora Lemongrass Linaloé	Basilic (Java) Estragon (?)
Préparation...	Pyrogénation de terpènes. Caoutchouc				
Odeur		Orange, puissante et très volatile		de l'essence de Bay.	
Emplois				Donne le Cyclodihydro. Myrcène odorant.	

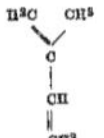

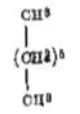

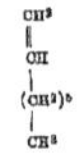

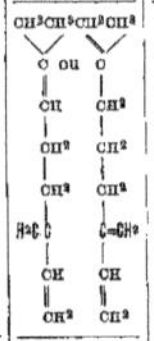

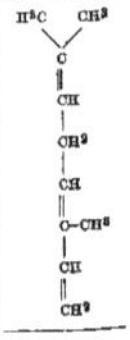

	H. AROMATIQUES CYCLIQUES			H. AROMATIQUES ALICYCLIQUES		
	Styrolène	Santène	Cymène-p	Camphène	Carène	Crithmène
Synonyme	Styrol	Norcamphène	Thymène			
Formule	$C^8 H^8$	$C^9 H^{14}$	$C^{10} H^{16}$	$C^{10} H^{16}$	$C^{10} H^{16}$	$C^{10} H^{16}$
Poids moléc.	104	122	134	136	136	136
Constitution	*(formule développée)*	*(formule développée)*	*(formule développée)*	*(formule développée)*	*(formule développée)*	*(formule développée)*
P. Fusion				50°–52		
P. Ebullition	140°–145°	140°	175°–176°	159°–161°	168°-169° (705%	178°–180°
P. Spécifique	0.9074	0.870	0.860–0.803	0.8555 (40°	0.8586 (30°	0.8658
P. Rotatoire	0°	0°	0°	± 104°	+7° 69	
I. Réfraction	1.5403	1.469	1.480–1.490	1.4550 (50°	1.4690 (30°	1.4806
Réactions caractéristiques	Dibromure PF. 74°-74°5 Polymérisé P. chaleur et acides	Nitroso-chloruro P F. 80°-81°	Acide sulfonique Attaqué difficilement par $KMnO^4$	Assez stable Dibromure 90° Chlorhyd. 155° Oxydé → Iso-bornéol		Nitrosochlorure α | β 101°-102° | 103°-104° Nitrosite 89°-90. Nitrosate 104°-105. Dichlorure 52°
État naturel	Styrax, Résine de Xanthorrée	Santal, Santal des Indes occid^{les}, Aiguilles de Pin de Suède, Epicéa.	Cert. térébenthines, Thym, Ajowan, Cyprès, Badiane, Muscade, Boldo, Cannelle Ceylan, Citron, Coriandre, Cumin, Angélique, Monarde, Origan, Sauge, Ansérine.	I. Citron, Kesso, Valériane, Artemise, d. Cyprès, Pin de Sibérie, Muscade, Gingembre Citron, Camphre, Petit grain doux, Néroli, Portugal Aspic, Eucalyptus globulus, Bergamote Citronelle, Romarin, etc...	Pinus longi-folia	Crithmum Maritimum (Sardaigne)
Préparation	du Styrax	du Santal	Fractionnement de l'Ajowan.	Chlorure de bornyle Bromure »	Térébenthine des Indes	id.
Odeur	Balsamique Peu tenace		Agréable et légère de thym, peu tenace.	Camphrée		
Emplois	Parfumerie Mat. prem. du Bromo-styrol β		Savonnerie			

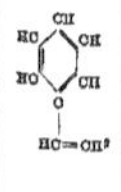

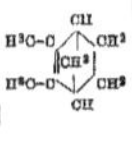

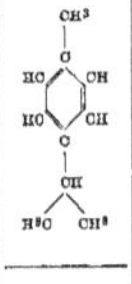

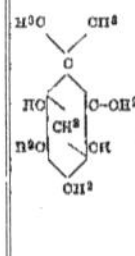

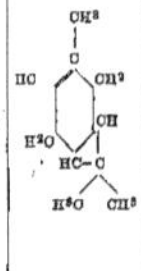

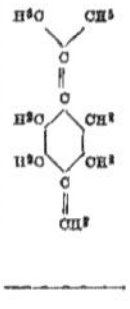

HYDROCARBURES AROMATIQUES

Hydrocarbures	Dacrydène	Dipentène	Fénène D. l.	Fénène-Iso	Firpène
Synonyme …		Limon racémique		Iso-Pinène	
Formule ……	$C^{10}H^{16}$	$C^{10}H^{16}$	$C^{10}H^{16}$	$C^{10}H^{16}$	$C^{10}H^{16}$
Poids moléc.	136	136	136	136	136
Constitution.		_(formule développée)_	_(formule développée)_	_(formule développée)_	
Caractéristiques					
Pt Fusion……					
Pt Ebullition	165°-166°	175°-176°	154°-156°	154°-156°	152°-153°,5
Ps Spécifique	0.8524 (22°	0.844	0.866-0.867	0.866 (20°	0.8598 (20°
Pr Rotatoire.	+12°3	0°	±21°		-47°2'
I. Réfraction	1.4749 (22°	1.47194	1.4660-1.4680	1.47045	1.45299
Réactions caractéristiques.	Nitrosochlorure P. F. 120°-121°	Stable di-chlorhydr. 50° di-bromhydr. 64° di-iodhydr. 77°-81° tetrabromure 124°,5	Stable dibromure 87°-88° Uréthane 100-107° — Nombreux isomères	Chlorhyd. 35°-37°	Chlorhyd. 130-131° Bromhyd. 102°
État naturel …	Pin de Tasmanie (Dakrydium Franklini)	Térébenthines, Epicés, Palmarosa, Lémongrass, Citronelle, Ginger grass, Poivre Cardamome Cubèbe, Muscade, Camphre, Bergamote, Néroli Encens, Elémi, Ajowan, Cumin, Coriandre, Fenouil	— Traces dans la térébenthine et l'Eucalyptus Globulus.	Synthétique	Térébenthine du Western Fir.
Préparation …		Chaleur sur Pinène. Déshydratation de Linalol	de l'alcool pénylique.		
Odeur ………		Térébenthinée	Camphrée		
Emploi ………		Geraniol Caoutchouc			

SABINÈNE ALICYCLIQUES = TERPÈNES — Formule $C^{10}H^{16}$ - Poids moléc. 136.

	Limonène	Origanène	Phellandrène α	Phellandrène β	Sabinène	Sylvestrène
Synonyme						Carvestrene
Formule	$C^{10}H^{16}$	$C^{10}H^{16}$	$C^{10}H^{16}$	$C^{10}H^{16}$	$C^{10}H^{16}$	$C^{10}H^{16}$
Poids moléc.	136	136	136	136	136	136
Constitution	_(formule développée)_	Constitution analogue à celle de l'α Terpinène	_(formule développée)_	_(formule développée)_	_(formule développée)_	_(formule développée)_
Pt Ebullition	175°-176°	160°-164°	173°-176°	57° sous 11%	162°-166°	176°-180°
Ps Spécifique	0.847-0.850	0.847	0.848	0.854	0.846	0.851
Pr Rotatoire	±105°	+1°50'	-84°+40°	+14°-+18°	+66	+60°-+80°
I. Réfraction	1.4746-1.4750	1.4800	1.4730-1.4769	1.4788	1.4675	1.4757-1.4779
Réactions caractéristiques	2 Nitrosochlorures 2 anilides 112°-153° Tétrahydrom. 104°-105° 2 nitrolpiperidines 94°-110° Ac. sulfurique → Terpine	Nitrosochlor. 91°-94 Nitro-piperidine 198	instable Nitrite 112°-113°	instable Nitrito 98°-105°	Sabinène-Glycol 54°	Très stable dibromhydr. 72° diiodhydr. 66°-67° tetrabromure 135°-136° Nitrosochlor. 103°-107°
État naturel	d) Orange, Citron, Bergamotte Mandarine, Limette Néroli, Petit-grain, Camphre, Elémi, Céleri, Carvi f. Térébenthine Monarde, Pouliot, Menthe am. russe, Verveine Rue, Myrrhe	Origanum hirtum.	Fenouil, Aneth, Cannelle Ceylan, Cannelle Seychelles, Elémi, Eucalyptus, Badiane, etc.	Fenouil d'eau Citron, Badiane, Eucalyptus amygdalina, Coriandre, Cumin, etc.	Sabine Marjolaine Cardamome	Rare Essences de Pin Térébenthine Cyprès
Préparation	De l'orange et du carvi					
Odeur	Citronnée agréable, peu tenace.	Citronnée				Citronnée agréable.
Emploi	avec citron et orange. (falsification)				Essence de Sabine (30 %	b De la térébenthine suédoise.

HYDROCARBURES AROMATIQUES — ALIPHATIQUES = TERPÈNES — HYDROCARBURES

CONSTITUANTS	Iso Sylvestrène	Pinènes α	Pinènes β	Terpinènes α	Terpinènes β	Terpinènes γ	Terpinolène	Thuyène	Salvène	Azulène	Di-Phényl-Méthane
Synonyme	Carvestrène	Térébenthène	Nopinène								
Formule	$C^{10}H^{16}$	$C^{10}H^{16}$	$C^{10}H^{16}$	$C^{10}H^{16}$	$C^{10}H^{16}$	$C^{10}H^{16}$	$C^{10}H^{16}$	$C^{10}H^{16}$	$C^{10}H^{18}$	$C^{15}H^{18}$	$C^{13}H^{12}$
Poids moléc.	136	136	136	136	136	136	136	136	138	198	168
Constitution	(formule développée)	(formule développée)	(formule développée)	(formule développée)	(formule développée)	(formule développée)	(formule développée)	(formule développée)	(formule développée)		(formule développée)
Caractéristiques Pt Fusion											26°5
Pt Ebullition	178°	155°-156°	164°-166°	175°-181°	59°-62°s/10%	177°-178°	183°-185°	151°-152°5	142°-145°	295°-300°	261°
Ps Spécifique		0.864-0.845	0.865	0.842-0.846	0.845	0.8485	0.854	0.822-0.827	0.800 (20°	0.9738 (25°	
Pr Rotatoire		± 48°6	− 19°20'			+ 0°32'	0°	+ 100°	+ 1°40'		
I. Réfraction		1.4656	1.4755	1.4720-1.4800	1.4800	1.4765	1.484	1.448-1.450	1.4438		
Réactions caractéristiques	Dichlorhydr. 52°,5 Dibromhyd. 48°-50°	Oxyd. → Ac. pinique Nitrosochlorure 103 Nitrosochlor. 103° à 115° Dibrom. 169°-170° Ac. sulfur. dilué → Terpine	Oxyd. → Ac. nopinique P. F. = 126°	Nitrosite 155° Dichlorhydrate 52° Dibromhydr. 59° Di-iodhydrate 76°		Erythrite 237°	Tétrabromure P. F. 116°-117° Dibromure 69°-70° Erythrite 148°150	Avec de l'Acide sulfurique dilué donne du Terpinénol 4		Couleur bleue Picrate 122°	Résistant Cristallisé
Etat naturel		Térébenthines, Aiguilles de Pins, Sapin, Mélèze, Cyprès Thuya Galanga, Badiane, Ylang, Muscade, Cumin, Romarin, Petitgrain, Néroli, Citron, Rue, Encens Cannelle Ceylan, Lavande, Pouliot Menthe, etc.	Térébenthines Pins - Citron Coriandre Cumin hysope Muscade	Cardamome Semen-contra - Elémi - Anéth. - Marjolaine - Coriandre		Ajowan Citron Coriandre		Synthétique	Sauge		Synthétique
Préparation		Extrait de la térébenthine	de l'Hysope	Action des acides sur pinène phellandrène, linalol, geraniol terpine, cinéol, etc...		dipentène, terpinéol,	Désyhdratation du Terpinéol, Linalol	Du Xanthogénate de Thuyyle			Chlorure de benzyle, Benzine et Zinc
Odeur		Térébenthinée								Odeur phénolique anal. au thym	Feuilles de Géranium
Emplois		Mat. prem. du Terpinéol.									Géranium synthétique pour savons

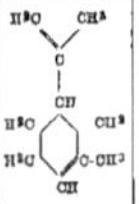

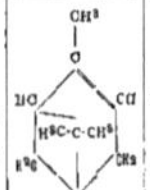

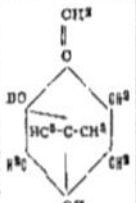

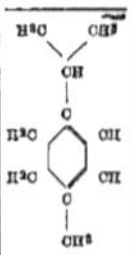

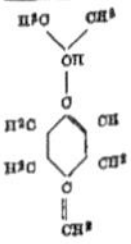

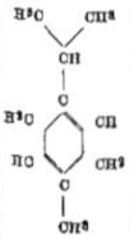

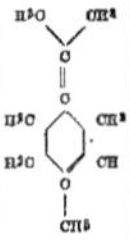

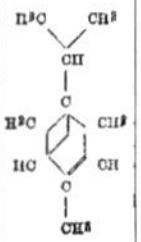

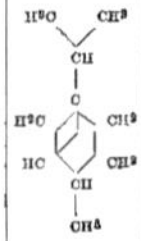

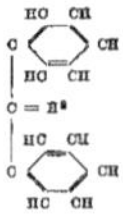

HYDROCARBURES — SESQUITERPÈNES	SESQUITERPÈNES ALIPHATIQUES — Sesquiterpène Citronalis Ceylan	SESQUITERPÈNES MONO-CYCLIQUES			SESQUI- ATRACTYLÉNE
		BISABOLÈNE	ELÉMÈNE	ZINGIBÉRÈNE	ATRACTYLÉNE
Synonyme... Formule...... Poids moléc.	HC. oléfinique $C^{15}H^{24}$ 204	$C^{15}H^{24}$ 204	$C^{15}H^{24}$ 204	$C^{15}H^{24}$ 204	$C^{15}H^{24}$ 204
Constitution.				[formule développée]	
Caractéristiques P. Fusion..... P. Ebullition P. Spécifique P. Rotatoire. I. Réfraction	 280° 0.8643 +1° 28' 1.5185	 261°-262° 0.8798-0.8813 -41°31'-0° 1.4904	 115°-117° à 10 % 0.8707 (20° 1.4971	 270° 0.873 (20° -73° 1.49399	 125°-126° à 10 % 0.9101 (20° 1.50893
RÉACTIONS CARACTÉRISTIQUES.		Trichlorhy- drate P|F. 79°-80°		Nitrosoclor. 96°-97° Dichlorh. 168°-169° Nitrosite 97°-98° Nitrosate 86°	
ETAT NATUREL	Citronelle de Coylan	Myrrhe de Bisabol, Aiguilles Pin Sibérie, Camphre, Limette, Citron, Bergamote, Opoponax, Piper Volkensii	Synthétique de l'Essence d'Elémi de Manille	Gingembre	Synthétique de l'Essence d'Atractylis Ovata
PRÉPARATION...			Réduction de l'Elémol		Déshydratation de l'Atractylol
ODEUR				Presque inodore	
EMPLOIS					

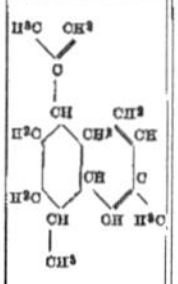

TERPÈNES BICYCLIQUES — $C^{15}H^{24}$ P.M. 204 — HYDROCARBURES

	CADINÈNE	CADÈNE	CAPARRAPÈNE	CARYOPHYLLÈNES
Formule Poids moléc.	$C^{15}H^{24}$ 204	$C^{15}H^{24}$ 204	$C^{15}H^{24}$ 204	[formules développées : βc, αc, TERP. C., LIM. C.] 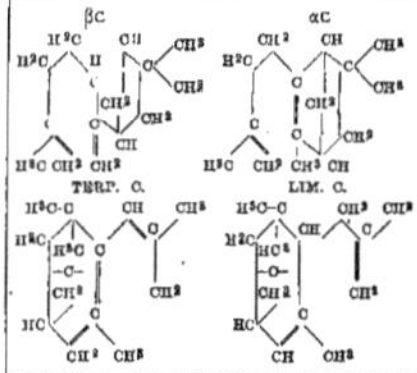
Caractéristiques P. Ebullition P. Spécifique P. Rotatoire I. Réfraction	271°-275° 0.9225 -111° -105° 1.5065-1.5073	262°-266° 0.9204 (20° 1.5159	240°-250° 0.9019 -2° 21' 1.4953	258°-261° 0.905-0.910 -7° -9° 1.5010
RÉACTIONS CARACTÉRISTIQUES	Réaction colorée av. ac. sulfurique Dichl. rhydr. 117°-118° Dibromhyd 124°-125 Diiodhyd. 105°-10 Nitrosoch. 105°-110		Dichlorhy- drate P. F. 83°	Chlorhydrate 69° Nitrosoc. 158°-163 Nitroso. 116°-120° Nitrosite 115°
ETAT NATUREL	Cade, Cèdre Atlas, Santal I. Occid., Cade, Cyprès, Cubèbe, Pins, Epicea, Sabine, Genièvre, Cèdre, Lémongrass, Poivre, Bétel, Ylang, Camphre, Oliban, Copahu Af. Galbanum, Menthe Amérique, Absinthe, Patchouli	Cade	Synthétique de l'Essence de Caparrapi	Girofle - Copahu - Poivre - Bétel - Cannelle de Ceylan - Piment - Lavande.
PRÉPARATION	Essence de Cade	Cade	Déshydratation du Caparrapiol	du Girofle (α et β)

SESQUITERPÈNES BICYCLIQUES

	Gayène	Gonostylène	Humulène	Minjarène	Ocotène
Synonyme ...					
Formule...... / Poids moléc.	$C^{15}H^{24}$ 204	$C^{15}H^{24}$ 204	$C^{15}H^{24}$ 204	$C^{15}H^{24}$ 204	$C^{15}H^{24}$ 204
Constitution.					
Caractéristiques — Pt Fusion.....					
Pt Ébullition	124°-128° sous 13 %m	137°-139° sous 17 %m	263°-266°	249°-251°	136°-142° sous 12 %m
Ps Spécifique	0.910 (20°	0.9183 (20°	0.9001	0.923	0.915
Pr Rotatoire.	-40°35'-66°1'	+40°	-0° 5'	-9° 9'	+7°46'
I. Réfraction	1.5010	Réf. mol. 66-7	1.5021		1.505
Réactions caractéristiques.			Nitrosochlor 164°-165 Nitrosato 162°-163 Nitrosito 120° et 167° Anal. av. Caryophyllène	Se résinifie rapidement Chlorhydrate 114° Anal. au Cadinène	Dichlorhydrate P.F.116°-117°
État naturel	Synthétique du Gayac	Synthétique du Gonostylus Miquelianus	Houblon Bourgeons de Peuplier	Baume de Minjak-Lagam	Écorce d'Ocotea Usabarensis
Préparation...	Déshydratation du Gayol	Déshydratation du Gonostylol			
Odeur............					
Emplois					

	Santalène β	Sélinène ortho α	Sesqui-Camphène	Vétivène bicycl.	Zingibérène
Synonyme ... / Formule / Poids moléc.	$C^{15}H^{24}$ 204	(formule développée) $H^3C\ CH^3$ ... H^2C H CH^3 ... HC H OH ... CH^3	$C^{15}H^{24}$ 204	$C^{15}H^{24}$ 204	(formule développée) $H^3C\ CH^3$ ... HC HC CH^3 ... CH^4
Constitution.					
Caractéristiques — Pt Fusion.....					
Pt Ébullition	125°-127°	128°-132° s/11 %m	129°-133° s/ 8 %m	128°-132°	270°
Ps Spécifique	0.892-0.894	0.010	0.0015	0.932	0.873 (20°
Pr Rotatoire.	-35° -41°	+61° 36'	+3°	-12° 36'	-73°
I. Réfraction	1.4932-1.4916	1.5002	1.50058	1.52164	1.49399
Réactions caractéristiques.	Nitroso-chlorure 2 formes P.F. 152° et 106°	Dichlorhydrate 72°-74° Réduit donne Tetrahydro-selinène $C^{15}H^{26}$			Dichlorhydrate 168°-169° Nitrosochlor 96°-97° Nitrosito 97°-98° Nitrosato 86°
État naturel	Santal	Céleri	Camphre	Vétiver	Gingembre
Préparation...	Chaleur s/Isoprène et s/l. a. phellandrène	Du Céleri	Du Camphre	Du Vétiver	Du Gingembre
Odeur............					pr. inodore
Emplois					

SESQUITERPÈNES TRICYCLIQUES.

	Cédrène	Clovène	Copaène	Cypressène	Gurjunène α	Gurjunène bicycl. β	Hérabolène	Patchoulènes I	Patchoulènes II	Santalène α	Vétivène tricycl.	Winterène
Synonyme ...												
Formule...... Poids moléc.	$C^{15}H^{24}$ 204	$C^{15}H^{24}$ 204	$C^{15}H^{24}$	$C^{15}H^{24}$ 204	$C^{15}H^{24}$ 204							
Constitution.	(formule développée)		(formule développée)									
Caractéristiques Pt Fusion..... Pt Ebullition	262°-263°	261°-263°	119°-120° s/ 10 %	295°-300°	119° s. 12 %	113°,5-114° s/ 7 %	130°-136° s/ 16 %	264°-265	273°-274	252°	124° 125° s/ 9 %	260°-270°
Pd Spécifique	0.9354	0.930 (18°)	0.9077 (17°			0.9329	0.943 (20°	0.9335	0.930	0.9132	0.9290	0.9344
Pr Rotatoire.	-55°		-13° 35'	+ 6° 53'	-61°	> +19°	-14° 12'	58°-25'	+ 0°45'	-3° 34'	-2°	+ 11°2
I. Réfraction	1.50233	1.50066	1.48943			1.50526	1.5125			1.49205	1.5130	
RÉACTIONS CARACTÉRIS- TIQUES.	Oxydé → Cédréno- Glycol P. F. 160°		Chlorhydrate 117°-118°				Dichlorhy- drate 98°- 99°			Nitrosochl. 122°		
ÉTAT NATUREL	Cèdre	Synthétique Girofle	Copahu africain	Cyprès du Sud (Taxodium Distichum)	Baume de Gurpin	← id.	Myrrhe Hérabol	Patchouli		Santal	Vétiver	Écorce de Winter
PRÉPARATION...	Du Cèdre	Déshydrata- tion du Caryophyl- lène	Du Copahu africain	Cyprès du Sud	Du Baume de Gurpin	id.	id.	id		id.	id.	id.
ODEUR	Cèdre											
EMPLOIS												

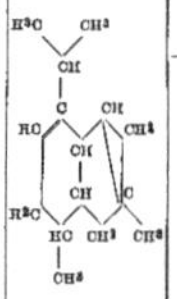

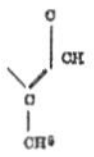

SESQUITERPÈNES MAL DÉFINIS

MONOCYCLIQUES ?	P. R.	P. S.	P. R.	I. R.	C	H	ÉTAT NATUREL	OBSERVATIONS
Carlinène	139°–141° s/ 20 %ₘ	0.8733 (23°		1.492	15	24	Carline	
Chanvrène	258°–260°	.898 (18°	—8° 0'		»	»	Résine de chanvre	
Citronellène Sesqui	272°–275°	.912	+5° 50'		»	»	Citronelle de Ceylan	
Ferulène	126°–128° s/ 10 %ₘ	.8687 (20°	+6°	1.4837	»	»	Peucedanum Ammoniacum	
Globulène I	247°–248°	.8956	—55° 48'	1.49287	»	»	Eucalyptus Globulus	
Opoponène	260°–270°	.8708	± 0°	1.48873	»	»	Opoponax	—Chlorhydrate P. F. 80°.
BICYCLIQUES ?								
Amorphène	250°–260°	.916		1.50652	»	»	Amorpha fructicosa (feuilles)	
Araliène	260°–270°	.9086 (20°	— 7° à –8°	1.49936	»	»	Aralia nudicaulis (rhizomes)	
Aromadendrène I	260°–265°	.9222	+ 4° 7'	1.4964	»	»	Divers Eucalyptus	
Cascarillène I	255°–257°	.911 (20°	+23° 49'		»	»	Cascarille	
» II	260°–265°	.924 (20°	+ 7° 36'		»	»	»	
Citronellène	170°–172° s/ 16 %ₘ	.912	+ 5° 50'		»	»	Citronelle de Ceylan	
Costène α	122°–126° s/ 12 »	.9014 (21°	—12°	1.49807	»	»	Racines de Costus	
Costène β	144°–149° s/ 19 »	.8728 (19°	+31°	1.4905	»	»	» »	
» iso	130°–135° s/ 12 »	.906 (21°	+31°	1.50246	»	»	» »	
Eudesmène	129°–132° s/ 10 »	.9204 (20°	+49°	1.50738	»	»	Divers Eucalyptus	Déshydratat. de l'eudesmol.
Galipène	255°–260°	.912 (19°	± 0°	1.50513	»	»	Ecorces d'Angostura	
Gurjunène	115°–118° s/ 7 %ₘ	.922	–35° à –130°	1.50252	»	»	Baume de Gurjun	
Globulène II	265°–266°	.9236	+58° 40'	1.50602	»	»	Eucalyptus Globulus	
Laurиène	env. 250°	.925	— 7°	—	»	»	Baies de laurier.	
Léptospermène	—	.9024		1.5052	»	»	Leptospermum Liversidgei	
Maaliène	271°	.9190	+131° 99	1.52252	»	»	De l'alcool de Maali	
Pittosporène	263°–274°	.910	± 0°	1.5030	»	»	Pittosporum undulatum	
Salviène	264°–270°	.9072 (24°	+ 3° 14'		»	»	Sauge	
Semencontrène	255°	.917	—10° 34'		»	»	Semen-contra	
Suginène		.918			»	»	Cèdre japonais	
Aplotaxène	153°–155° s/ 11 %ₘ	.831 (21°	± 0°	1.4830	»	»	Racines de Costus	

SESQUITERPÈNE	P. E.	P. S.	P. R.	I. R.	C	H	ÉTAT NATUREL	REMARQUES
Tricycliques ?								
Aromandrène II	—	0.9240	— 3° 7'	1.4964	15	24	Divers Eucalyptus	
Calamène	255° – 258°	.9323			»	»	Racines de Calamus	
Cannabène	256° – 258°	.9280 (0°	— 10°81'		»	»	Chanvre	
Cédrolène	263° – 264°	.9367	— 85°57	1.40798	»	»	Dérivé du Cédrol	
Galangène	230° – 240°	.9320 (20°	— 27°12	1.4922	»	»	Galanga	Dichlorhydrate - 51°.
Lédonène	264°	.9349			»	»	Dérivé du Lédol	Camphre de Lédon.
Libro-cédrène	270°	.9290 (20°	+ 6°4'	1.4994	»	»	Librocedrus decurrens	(Californie).
Longifolène	254°-256 (706	.9284 (30°	+ 42°73	1.4950	»	»	Térébenthine indienne	Pinus longifolia.
Patchoulène I	264°-265°	.9335	— 58°45		»	»	Patchouli	
— II	273°-274°	.9300	+ 0°45		»	»	»	
Pinchinène	92°93° (2.5%m	.9408	+ 47° 3	1.5031	»	»	Pin de Chine	Monochlorhydr. 58°-59°.
Sandaraquène	200°-280	.9380		1.5215	»	»	Résine de Sandaraque	
Agératène	260°						Agoratum	
Argéliquène	240°-270°						Baume d'Angélique	
Boldène	265°-275°		— 7°				Feuilles de Boldo	
Conimène	264°						Résine de Conima	
Cubèbène	262°-263°						Cubèbes	
Erechtène	240°-310°						Erechthites hieracifolia	
Kessoène	260°-280°						Racines de Kosso	
Lavandène	130° s. 15 %m						Lavande	
Linaloène	130°-140°s.10						Linaloé	
Valériène	160°-165°s.50		— 9°,2				Valériane	

	MÉTHYLIQUE	ÉTHYLIQUE	PROPYLIQUE N.	PROPYLIQUE sec	BUTYLIQUE N.
Synonyme …					
Formule…… / Poids moléc.	$CH^4\,O$ — 32	$C^2H^6\,O$ — 46	$C^3H^8\,O$ — 60	$C^3H^8\,O$ — 60	$C^4H^{10}\,O$ — 74
Constitution.	H | H–C–O.H | H	H^3C–CH^2·OH	CH^3 | CH^2 | CH^2–OH	H^3C CH^3 \ / CH | OH	CH^3 | CH^2 | CH^2 | CH^2–OH
Caractéristiques P. Ebullition P. Spécifique P. Rotatoire L Réfraction Solubilité……	66° 0.789 (0° Eau. Toutes prop.	78°,4 0.8002 (0° .7940 Eau t. prop.	97°,4 0.8066 Eau t. prop.	85° 0.791 Eau t. prop. P. Oxyd. = Acétone	116°,9 0.8242 Eau 12 p. Phényluri-thane 55° 56°
ÉTAT NATUREL ……	Wintergreen (Salicylate) Heracleum Giganteum (Butyrate) Oranger (Anthrany-late, etc.	Indigofera Rose Heracleum gigant. Eucalyptus amygdalina Éthers ·			Camomille romaine
PRÉPARATION…	Distillation sèche du bois, des Vinasses	Fermentation du sucre	Eaux de vie mauvais goût	De la Glycé-rine et de l'Acétone	Eaux de vie mauvais goût
ODEUR ………	Pyroligneuse				Acre provoque la toux
EMPLOIS ………	Solvant Ethers méthyl.	Solvant Ethers	Ethers	Ethers	Ethers

	ISO-BUTYLIQUE	ISO-AMYLIQUE	AMYLIQUE ACTIF	HEXYLIQUE N.	HEXYLÉNIQUE	ÉTHYL-MÉTHYL-PROPANOL
Synonyme …						
Formule…… / Poids moléc.	$C^4H^{10}\,O$ — 74	$C^5H^{12}\,O$ — 88	$C^5H^{12}\,O$ — 88	$C^6H^{14}\,O$ — 102	$C^6H^{14}\,O$ — 102	$C^6H^{14}\,O$ — 102
Constitution.	H^3C CH^3 \ / CH | CH^2–OH	H^3C CH^3 \ / CH | CH^2 | CH^2–OH	H^3C CH^3 \ / CH | OH | CH^3OH	CH^3 | CH^2 | CH^2 | CH^2 | CH^2 | CH^3–OH		CH^3 | CH^2 H^3C / CH | CH^2 | CH^2–OH
Caractéristiques P. Ebullition P. Spécifique P. Rotatoire L Réfraction Solubilité……	108°4 0.8055 Eau 10 p. Phényluré-tane 80°	134° 0.825 (0° Eau 39 p. Ph.ureth. 52°-53° Vénéneux		157° 0.8204 (20° Oxyd. = Ac. Caproïque		154° 0.829° +8°,2'
ÉTAT NATUREL ……	Eucalyptus amygdalina	Eucalyptus Geranium Bourbon Lavande Menthe franc. other Eucalyptus Camomille romaine Cognac		Ether, Berce, Fougère mâle Heracleum giganteum	Feuilles de thé	Ether angélique dans la camomille romaine
PRÉPARATION…	Alcools mauvais goût Pommes de terre	Fermentation de l'amidon et des grains	← id.	Hexane et Ac. caproïque		
ODEUR ………	Alcool mauvais goût	Acre. Provoque la toux				
EMPLOIS ………	Ethers	Ethers		Ethers		

	Heptylique sec	Heptylique N.	Éthyl.Amyl. Carbinol	Octylénique	Méthyl. Heptènol
Formule / Poids moléc.	$C^7H^{16}O$ 116	$C^7H^{16}O$ 116	$C^8H^{18}O$ 130	$C^8H^{16}O$ 128	$C^8H^{16}O$ 128
Constitution	CH^3 CH^2 CH^2 CH^2 $H^3C\quad CH^2$ $CH{-}OH$	CH^3 $(CH^2)^5$ $CH^2\,OH$	CH^3 CH^2 CH^2 $H^3C\quad CH^2$ $H^3C\quad CH^2$ $CH{-}OH$		$H^3C\quad CH^3$ O OH CH^2 CH^3 $CH{-}OH$ CH^3
Caractéristiques					
P. Fusion					
P. Ebullition	157°-158'	175°-177°	168°-172		178°-180
P. Spécifique	0.8244	0.8356 (0°	0.8247 (20°		0.8579
P. Rotatoire			+6° 79		—1° 34
I. Réfraction			1.4252		1.4495
Solubilité	Oxydé = Méthyl. n-Amylcétone dont la semi-carbazone fond à 122-123°	Eau insol. Alcool œnanthique par oxyd.	Phtallate 66°-68° Semi-carbazone 112°		
État naturel	Girofle		Menthe du Japon	Gaultheria	Linaloé Bois de rose
Préparation	Girofle	De l'huile de ricin	Chauff.-Ac. caproïque N et ac. propionique N		Réduction de la Méthylheptenone
Odeur					Rosée, assez délicate
Emplois					Parfumerie Roses

	Nonylique N.	Nonylique sec.	Méthyl-Heptylène Carbinol	Allylique	Propargylique
Formule / Poids moléc.	$C^9H^{20}O$ 144	$C^9H^{20}O$ 144	$C^9H^{18}O$ 142	C^3H^6O 58	C^3H^4O 56
Constitution	CH^3 $(CH^2)^7$ CH^2OH	CH^3 $CH.OH$ $(CH^2)^6$ CH^3	CH^2 $CH.OH$ $(CH^2)^3$ CH CH^3	CH^2 CH $CH^2.OH$	CH C $CH^2.OH$
Caractéristiques					
P. Fusion					—17°
P. Ebullition	213.5	198°-200°	185°-187°	96°,4-96°,5	114°-115°
P. Spécifique	0.840	0.8273	0.848 (20°	0.8573	
P. Rotatoire		—3° 44'	±0°		
I. Réfraction	1.43582		1.4458	1.41051	1.42796
Solubilité	Phényl-uréthane 62-64°	Méthyl-heptyl Carbinol			
État naturel	Orange douce (Ether caprylique)	Rue d'Algérie Girofle	Synth.	Esprit de bois Oignon (sulfo-cyanure) Ail (bisulfure d'Allyl-propyle)	Synth.
Préparation		De la rue	Réduction de la Méthyl-Heptylène Cétone	Réduction de l'Acroléine	Alcool allylique mono bromé et KOH
Odeur	Rose et orange		Rose et Linalol	Piquante lég. ailliacée	Agréable
Emplois			Parfumerie Rose-Muguet	Essence d'ail artif.	

ALCOOL OCTYLIQUE NORMAL

CONSTITUTION. — Série grasse.

$$CH^3 - (CH^2)^6 — CH^2. OH$$

Poids moléculaire : 130.

CARACTÉRISTIQUES.

Point de Fusion : –15°.
Point d'ébullition : 196 à 197°.
Poids spécifique à 15° 0.8270.
Pouvoir rotatoire.
Indice de réfraction.
Solubilité : Alcool à   °.
Liquide. Incolore. Résiste aux alcalis. Inoffensif.

ETAT NATUREL. – Essence de Berce (acétate, caproate, caprinate, laurinate).
Essence d'Heracleum Giganteum (Acétate).
» Panais (Propionate, Butyrate).
» Fougère. (Butyrate, Iso-Valérianate).

PRÉPARATION. — Extrait de l'huile de Coprah.

ODEUR. —· Odeur grasse et genre Opoponax.
Ténacité moyenne.
Goût. — Légère amertume.

EMPLOIS.— *Parfumerie.*— Elément de liaison apportant sa note propre au corps du parfum·

ALCOOL NONYLIQUE NORMAL

CONSTITUTION. — Série grasse.

$$CH^3 - (CH^2)^7 — CH^2 OH$$

Poids moléculaire : 144.

CARACTÉRISTIQUES.

Point d'ébullition : 213°,5 - 100° sous 12 $^m/_m$.
Poids spécifique (15°) - 0.8400.
Pouvoir rotatoire : ± 0°.
Indice de réfraction : 1.43582.
Solubilité dans l'alcool.
Le Phényluréthane fond à 63°.
Liquide. Incolore. Résiste aux alcalis. Inoffensif.

ETAT NATUREL. — Essence d'orange.

PRÉPARATION. — Extrait de l'Essence d'Orange Portugal ou de l'huile de ricin.

ODEUR. — Grasse, rose et orange.
Tenace.
Goût. — Agréable.

EMPLOIS. — *Parfumerie.* — Composition à la rose. Caractère doux et gras de l'orange.
Alimentation. — Composition de fruits.

ALCOOL NONYLIQUE SECONDAIRE

CONSTITUTION. — Méthyl-heptyl-carbinol.

$$CH_3-(CH_2)_6 \diagup \overset{CH_3}{\diagdown} CH-OH.$$

Poids moléculaire : 144.

CARACTÉRISTIQUES

Point d'ébullition : 198 à 200°.
Poids spécifique : 0.8267.
Pouvoir rotatoire : $10\,^c/_m$. $-7°\,30'$.
Indice de réfraction :
Solubilité :
Semi-carbazone fusible à 118°-119°.
Liquide. Incolore.

ETAT NATUREL. — Essence de rue d'Algérie.
Essence de girofle.

PRÉPARATION. — Extrait de l'essence de rue.

ODEUR. — Peu intéressante.

EMPLOIS. — Pas intéressant.

ALCOOL DÉCYLIQUE

CONSTITUTION. — Série grasse,

$$CH_3 - (CH_2)_8 - CH_2 - OH$$

Poids moléculaire : 158.

CARACTÉRISTIQUES.

Point de fusion : —10°.
Point d'ébullition : 119° sous $15\,^m/_m$, 110° sous $13\,^m/_m$.
Point spécifique : 0.8389.
Pouvoir rotatoire :
Indice de réfraction :
Solubilité :

ETAT NATUREL.

PRÉPARATION. — Extrait de l'huile de coprah par saponification. Fractionnement et épuration.

EMPLOIS. — S'allie bien aux parfums de fleurs auxquels il donne un caractère de produit naturel. Employé dans les essences de fleurs synthétiques.
Alimentation. — Essences de fruits.

ALCOOL UNDÉCYLIQUE

CONSTITUTION. — Série grasse.

$$CH_3-(CH_2)_9 - CH_2-OH$$

Poids moléculaire : 172.

CARACTÉRISTIQUES.

Point de fusion : —11°.
Point d'ébullition : 231–233°.
Point spécifique : 0.8334.
Pouvoir rotatoire :
Indice de réfraction : 1,4392.
Solubilité :

ETAT NATUREL. — Essence de rue.
Essence de Trawas.

PRÉPARATION. — Extrait de l'essence de rue.

ODEUR. — Chaude et tenace.

EMPLOIS. — *Parfumerie.* — Liant et fixatif.

ALCOOL UNDÉCYLÉNIQUE

CONSTITUTION. — Alcool non saturé.

$$CH_2 = CH-(CH_2)_8-CH_2OH$$

Poids moléculaire : 170.

CARACTÉRISTIQUES.

Point de fusion : -12°.
Point d'ébullition : 128 sous 13 $\frac{m}{m}$.
Poids spécifique : 0.860.
Pouvoir rotatoire :
Indice de réfraction :
Solubilité :

ETAT NATUREL. —

PRÉPARATION. — De l'huile de ricin.

ODEUR. — Analogue à celle de l'alcool décylique. Tenace.

EMPLOIS. — Mêmes emplois que l'alcool décylique. Donne le caractère de fleurs, lie et
fixe.

ALCOOL DUODÉCYLIQUE

CONSTITUTION. — Série grasse.

$$CH^3-(CH^2)^{10} - CH^2-OH$$

Synonyme : Alc. laurique.
Poids moléculaire : 162.

CARACTÉRISTIQUES.

Point de fusion : +14°.
Point d'ébullition : 142° sous 13 $\frac{m}{m}$.

Poids spécifique : 0.8909. D^{24}_{4}

Pouvoir rotatoire :
Indice de réfraction :
Solubilité :
Liquide. Résiste aux alcalis. Inoffensif.

ETAT NATUREL. — Coprah sous forme d'éthers.

PRÉPARATION. — De l'huile de Coprah.

ODEUR. — Odeur grasse de fleur. Très tenace.

EMPLOIS. — *Parfumerie.* — Fixatif des parfums de fleurs. S'allie bien à la tubéreuse
au Narcisse et au Néroli. (Fleur d'oranger).

GÉRANIOL. C^{10} H^{18} O.

CONSTITUTION. — Alcool terpénique aliphatique. primaire.

$$CH^3 \diagdown$$
$$C = CH - CH^2 - CH^2 - C = CH - CH^2 OH$$
$$CH^3 \diagup \qquad\qquad | $$
$$CH^3.$$

ou

$$H^3C \diagdown$$
$$C - CH^2 - CH^2 \ etc...$$
$$H^2C \diagup$$

Poids moléculaire : 154.

CARACTÉRISTIQUES.

Point de fusion :
Point d'ébullition : 229°-230° - 110-111° sous 10 $\frac{m}{m}$.
Poids spécifique : 0.880-0.883.
Pouvoir rotatoire : 0°.
Indice de réfraction : 1.476 – 1.478.
Solubilité : Alcool à 70°   1.
                  65°   1,7.
                  60°   2,6.

RÉACTIONS CARACTÉRISTIQUES.

P. oxydat. = Citral.
Géranyl-phtalate d'Argent fond à 133°.
Diphenyluréthane fond à 82°.
Naphtyluréthane fond à 47-48°.
Tetrabromure cristallisé fond à 70-71°.
Liquide incolore. Résiste aux alcalis. Inoffensif.

GÉRANIOL *(suite)*

ETAT NATUREL. — Palmarosa. Rose. Geraniums. Citronelles. Lemongrass. Gingergrass. Serpentaire. Ylang. Champaca. Feuilles de lauriers. Feuilles de Sassafras. Fleurs de cassie. Néroli. Petit grain. Coriandre. Bois de rose. Linaloé. Lavande. Aspic. Verveine.

PRÉPARATION. — Extrait du Palmarosa, des citronelles de Ceylan et de Java.

ODEUR. — Géranium et rose. Assez tenace. Bon goût de pomme.

EMPLOIS. — *Parfumerie.* — Le produit très épuré est employé dans les parfums à la rose.

 Savonnerie. — Savons à la rose. Donne d'excellents résultats. Permet de réduire la proportion de geranium.

 Alimentation. — Bons résultats dans les éthers de fruits.

ISO-GERANIOL $C^{10} H^{18} O$.

CONSTITUTION. — Alcool terpenique aliphatique primaire, isomère du géraniol.

$$
\begin{array}{ccc}
H^3C & & CH^2 \\
& \diagdown\diagup & \\
& C & \\
& | & \\
& CH^2 & \\
H^2C \diagup & & \diagdown CH^2 - OH \\
H\;O \diagdown & & \diagup CH^2 \\
& C & \\
& | & \\
& CH^3 &
\end{array}
\qquad ou \qquad
\begin{array}{ccc}
H^3C & & CH^2 \\
& \diagdown\diagup & \\
& C & \\
& | & \\
& CH^2 & \\
H^3C \diagup & & \diagdown CH^2 - OH \\
H^2C \diagdown & & \diagup CH^2 \\
& C & \\
& \| & \\
& CH^2 &
\end{array}
$$

CARACTÉRISTIQUES.

 Point d'ébullition sous $9 \frac{m}{m}$: 102°-103°.
 Point spécifique à 20° 0.8787.
 Pouvoir rotatoire :
 Indice de réfraction : 1.47325.
 Diphenyluréthane. P. F. 73°.
 Tétrabromure (liquide).
 Phényluréthane (liquide).

ETAT NATUREL. — Synthétique.

PRÉPARATION. — Réduction de l'Enocitral.

ODEUR. — Très agréable odeur de rose.

LINALOL $C_{10} H_{18} O$

CONSTITUTION. — Alcool terpénique, aliphatique, tertiaire.

$$CH_3\!\!\diagdown\!\!\diagup CH_3 \quad C = CH - CH_2 - CH_2 - C - CH = CH_2$$

avec CH_3 et OH sur le carbone central.

Isomère du Géraniol et Nérol.

Poids moléculaire : 154.

CARACTÉRISTIQUES.

Point d'ébullition : 157-199°. 85-87 sous 10 $\frac{m}{m}$.
Poids spécifique : 872-875.
Pouvoir rotatoire : $\pm 12°-\pm 20°$.
Indice de réfraction : 1.462-1.466.
Solubilité Alcool 70°.   1.5 p.
  »   65°.   2.
  »   60°.   3.5
  »   50°.   10.

Liquide incolore. Inoffensif. Résiste aux alcalis.

RÉACTIONS CARACTÉRISTIQUES.

Donne du citral par oxydation.
Acétylé et saponifié donne du Geraniol.
Phényl-uréthane fond à 65°.
Naphtyl-uréthane fond à 53°.
Homo-linalol.

ÉTAT NATUREL. — Bois de rose. Linaloé. Serpentaire. Muscade. Wartara. Orange douce· Coriandre. Ylang. Champaca. Canelle de Ceylan. Feuilles de Sassafras, de laurier. Rose. Geranium Bourbon. Bergamote. Néroli. Citron. Petitgrain. Limette. Aspic. Thym. Sauge sclarée. Basilic. Citronelle. Houblon. Kuromoji, etc.

Sous forme d'*Acétate.* Lavande. Bergamote. Petitgrain, Sauge sclarée. Jasmin, etc.

Sous forme de *Butyrate.* Lavande.
  »   *Iso-Butyrate.* Cannelle de Ceylan.
  »   *Iso-Valérianate.* Sassafras (feuilles).
  »   *Benzoate.* Ylang.

PRÉPARATION. — Du bois de rose et du linaloé.

ODEUR. — Caractéristique du bois de rose, tient de l'oranger et du muguet, un peu vert et sec, avec parfois une odeur rêche de bois.

EMPLOIS. — *Parfumerie-Savonnerie.* — Caractère muguet. Oranger. Elément de liaison d'un emploi fréquent.

NÉROL $C_{10} H_{18} O$

CONSTITUTION. — Alcool terpénique, aliphatique, primaire.
Isomère du Géraniol (stéréoisomère) et du linalol,

$$\begin{array}{l} CH_3 \\ \diagdown \\ \diagup \\ CH_3 \end{array} C=CH-CH_2-CH_2-C=CH-CH_2OH$$
$$|$$
$$CH_3$$

Poids moléculaire : 154.

CARACTÉRISTIQUES.
Point d'ébullition : 224–225° - 125° sous 25 $\frac{m}{m}$.
Poids spécifique : 0.8815.
Pouvoir rotatoire : + 0°.
Indice de réfraction :
Solubilité : Anal. au Géraniol.
Tétrabromure. Point de fusion : 118–119°.
Diphenyluréthane.   »   52– 53°.
Liquide incolore.

ÉTAT NATUREL. — Essence d'Hélichryse. Petitgrain. Néroli. Rose. Bois de rose. Linaloé.

PRÉPARATION. — On l'extrait de l'essence de petitgrain Paraguay et de l'essence d'Hélichryse. — Isomérisation du Géraniol.

ODEUR. — Odeur fine et agréable rappelant la rose. Au début odeur caractéristique
d'huîtres portugaises. Ténacité moyenne. Bon goût fruité.

EMPLOIS. — *Parfumerie.* — Roses synthétiques. Néroli et Oranger synthétiques.

CITRONELLOL $C_{10} H_{20} O$.

CONSTITUTION. — Alcool terpénique aliphatique, primaire.

$$\begin{array}{l} CH_2 \\ \diagdown \\ \diagup \\ CH_3 \end{array} C-CH_2-CH_2-CH_2-CH-CH_2-CH_2-OH$$
$$|$$
$$CH_3$$

Poids moléculaire : 156.

CARACTÉRISTIQUES.
Point d'ébullition : 225°–226°.   113–114° sous 15 $\frac{m}{m}$.
Poids spécifique : 860–862.
Pouvoir rotatoire : ±4°.
Indice de réfraction : 1.400–1.460.

Solubilité. Alcool : 70°.   1.3
                   65°.   2.
                   60°.   3.
Par oxydation donne du Citronellal.

Citronellyl-phtalate d'argent fond à 125°–126°.
Liquide incolore. Résiste aux alcalis mieux que le Géraniol. Inoffensif.

ÉTAT NATUREL. — Essences de Rose, de Géranium, de Citronelle de Java, de Sabine,
de Barosma Pulchella.

PRÉPARATION. — Préparé industriellement par réduction d Citronellal de la Citronelle.

ODEUR. — Odeur rosée, plus délicate que celle du Géraniol. Goût fruité.

EMPLOIS. — *Parfumerie et Savonnerie. fine.* — Pour donner un caractère rosé. Entre
dans la composition des roses synthétiques.

RHODINOL $C^{10} H^{19} O$.

CONSTITUTION. — Alcool terpénique aliphatique, primaire.
Isomère du Citronellol et longtemps confondu avec lui.

$$\begin{matrix} CH^3 \\ CH^3 \end{matrix}\!\!\diagdown C = CH - CH - CH^2 - CH^3 - CH - CH^2 - CH^3 - CH^2\ OH$$
$$\underset{\displaystyle CH^3}{\big|}$$

Poids moléculaire : 156.

CARACTÉRISTIQUES. — A peu près les mêmes que celles du Citronellol.

Le Rhodinal, Aldéhyde du Rhodinol ne donne pas de nitrile avec l'Anhydride acétique, tandis que le Citronellal en donne.

Liquide incolore.

ETAT NATUREL. — Essences de Rose, de Géranium.

ODEUR. — Fine et rosée.

PRÉPARATION. — Extrait du Géranium Bourbon. Ne se trouve dans le commerce qu'à l'état de mélange avec le Citronellol et le Géraniol.

ODEUR. — Fine et rosée, quelquefois poivrée si la purification est insuffisante.

EMPLOIS. — *Parfumerie* et *Savonnerie. fine.* — Effets de Rose.
Alimentation. — Goût fruité.

ALCOOLS ALIPHATIQUES

	UNCINÉOL	ANDROL.	BUPLEUROL
Formule............. Poids Moléculaire.	$C^{10}H^{18}O$ 154	$C^{10}H^{20}O$ 156	$C^{10}H^{20}O$ 156
Constitution.........			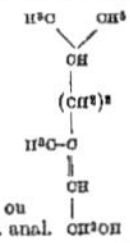 H^3C CH^5 \\ / OH | $(CH^2)^2$ | H^2C-C ‖ CH ou F. anal. CH^2OH
Caractéristiques			
Point de fusion .. Point d'ébullition Poids spécifique.... Pouvoir rotatoire. Indice de réfraction	72°5 +36°,99	 197°-198° 0.858 —7° 10' 1.44091	 209°-210° 0.849 0° 1.4508
RÉACTIONS CARACTÉRISTIQUES		Phén. Uréth. 42°-43°	Phén. Uréth. 45°
ÉTAT NATUREL.........	Cajeput	Fenouil d'eau	Bupleurum fruticosum
PRÉPARATION..........	»		
ODEUR..............	Cajeput	Du fenouil d'eau fraîche	Légère odeur de rose
EMPLOI			

AL. ALIPHATIQUES — ALCOOLS SESQUITERPÉNIQUES ALIPHATIQUES — *ALCOOLS*

MENTHO-CITRONELLOL	FARNÉSOL	NÉROLIDOL	
$C^{10}H^{20}O$ 156	$C^{15}H^{26}O$ 222	Péruviol $C^{15}H^{26}O$ 222	Synonyme Formule............. Poids moléculaire.
	H^3C CH^3 \\ / O ‖ CH | CH^2 | CH^2 | $H^3C-C=CH-CH^2$ — CH^2OH | CH | $C-CH^5$ | CH^2		Constitution.........
			Caractéristiques ....
95°—105 s/ 7 $\%_m$ 0.8315 +2° 1.4471	160° s/ 10 $\%_m$ 0.885 0° 1.4881	276°-277° 0.880 +13° 32'	Point fusible........ Point d'ébullition. Poids spécifique.... Point rotatoire...... Indice réfraction...
		Phényluréth. 37°-38°	RÉACTIONS CARACTÉRISTIQUES
Synth.	Ambrette. Tilleul Acacia. Lime (fleurs) Réséda. Lilas. Cassie.	Fleurs d'Oranger Baume du Pérou	ÉTAT NATUREL
De la lévo-menthone	Ambrette		PRÉPARATION..........
Délicat parfum de rose	Muguet et Cèdre	Orangé. Légère et très fine Bon fixatif	ODEUR..............
Parfumerie Rose	Parfumerie	Parfumerie	EMPLOI ....

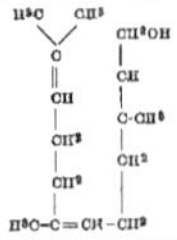

ALCOOLS CYCLIQUES, AROMATIQUES

ALCOOL BENZYLIQUE

CONSTITUTION. — Alcool aromatique cyclique, primaire.

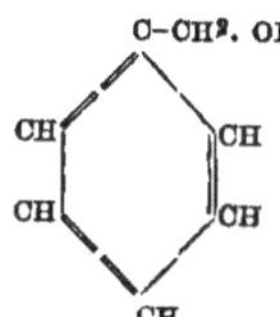

Formule brute : C^7H^8O.
Poids moléculaire : 108.

CARACTÉRISTIQUES.

Point d'ébullition : 206°.
Poids spécifique : 1.0435.   1.0620 à 0°.
Pouvoir rotatoire : ±0°.
Indice de réfraction : 1.53804.
Solubilité. Alcool à 60°.   0.9.
      »   55°.   1,3.
      »   50°.   1.5.
      »   30°.   8.
      Eau   25.
Phényluréthane fusible à 78°.
Benzyl-Phtalate acide, fusible à 106–107°.
Liquide incolore. Résiste aux alcalis.
S'oxyde légèrement à l'air et donne l'Aldéhyde.

ETAT NATUREL. — En petite quantité, dans les essences de Tubéreuse, Ylang, Jasmin, Cassie, Girofle.
    Acètate. — Ylang, Jasmin, Jacinthe, Gardénia.
    Benzoate. — Tubéreuse, Ylang, Baumes du Pérou et de Tolu.
    Cinnamate. — Baumes du Pérou, de Tolu, de Styrax.
    Salicylate. — Ylang.
    Phenylacètate. — Néroli.

PRÉPARATION. — Préparé artificiellement par saponification du Chlorure de Benzyle.

ODEUR. — Bien purifié et débarrassé de Chlorure de Benzyle et d'Aldéhyde benzoïque, il possède une très légère odeur de fleurs. En s'oxydant à l'air prend une odeur d'amande amère.

EMPLOIS. — Excellent solvant de la plupart des parfums et en particulier des Muscs.

ALCOOL PHÉNYL-ÉTHYLIQUE

CONSTITUTION. — Alcool aromatique cyclique, primaire.

$$C–CH^2–CH^2OH.$$

Alcool.
Benzénique.

Formule brute $C^8 H^{10} O$.

Poids moléculaire : 122.

CARACTÉRISTIQUES.

Point d'ébullition : 222° – 104° sous 12 $\frac{m}{m}$ – 93° sous 6 $\frac{m}{m}$.
Point spécifique : 1.023 – 1.024.
Pouvoir rotatoire : $\pm 0°$.
Indice de réfraction : 1.532 – 1.533.
Solubilité.   Alcool 50°   2
            »   30°   18
Eau   60
Phényluréthane fusible à 80°.
Diphenyluréthane fusible à 99°–100°.
Ether phtalique acide fusible à 188°–189°.
Liquide incolore. Résiste aux alcalis.
S'oxyde légèrement à l'air en donnant de l'Aldéhyde phénylacétique.

ETAT NATUREL. — Rose. Aiguilles de pin d'alep. Néroli.
Benzoate et *Phenylacétate*. — Rose. Néroli.

PRÉPARATION. — Préparé par réduction des Ethers phényléthyliques. (Phenylacétate d'éthyle). Purifié par sa combinaison solide avec le Chlorure de Calcium.

ODEUR. — Odeur légère et assez tenace de caractère rosé. En s'oxydant à l'air prend une odeur de miel et de jacinthe.

EMPLOIS. — Rentre dans la composition des roses synthétiques et des parfums à la rose. Se trouve dans l'eau de rose. S'associe bien avec les parfums aux fleurs.

ALCOOL PHÉNYL-MÉTHYL-CARBINOL

CONSTITUTION. — Alcool benzénique, Isomère de l'A. Phényléthylique.

$$OH$$
$$|$$
$$C– CH–CH^3$$

Formule br. $C^8 H^{10} O$.

Poids moléculaire : 122.

CARACTÉRISTIQUES.

Point d'ébullition : 203°.
Poids spécifique :
Pouvoir rotatoire :
Indice de réfraction :
Solubilité :
Liquide incolore.

ETAT NATUREL. — L'*Acétate* se trouve dans le Gardénia.

PRÉPARATION. —

ODEUR. — Odeur particulière. Ne sent pas la Rose.

EMPLOIS. — Peu employé ,sauf dans le Gardénias synthétique sous forme d'Acétate.

ALCOOL CINNAMIQUE

CONSTITUTION. — Alcool benzénique primaire.

Formule brute.
$C^9H^{10}O$
P. M. : 134.
Syn. Styrone.

CARACTÉRISTIQUES.

Point de fusion : 33°.
Point d'ébullition : 258°.
Poids spécifique : (35°) environ 1.020.
Pouvoir rotatoire :
Indice de réfraction : 1.03024.
Solubilité.   Alcool : 60°   2.
       »   50°   4 à 5
       »   30°   50 à 60.
       Eau   250.
Peu soluble dans l'Ether de Pétrole.
Phényluréthane fusible à 90°-91°5.
Diphényluréthane fusible à 97°-98°.
Cristallisé en longues et fines aiguilles blanches.
Résiste aux Alcalis.

117° sous 5 $\frac{m}{m}$.

ETAT NATUREL. — *Acétate.* — Cannelle de Chine.
Cinnamate (Styracine) Styrax. Jacinthe. Baumes du Pérou, du Honduras. Résine de Xanthorée.

PRÉPARATION. — Préparé par saponification de la Styracine du Styrax. Synthétiquement par réduction du Diacétate d'Aldéhyde cinnamique et saponification de l'Acétate de Cinnamyle obtenu.

ODEUR. — Odeur délicate de Jacinthe. Bonne ténacité.

EMPLOIS. — *Parfumerie* et *Savonnerie fine* pour la parfums du genre Jacinthe. — Fixatif.

ALCOOL PHÉNYL-PROPYLIQUE

CONSTITUTION.　　　　Alcool, alicylique, primaire.

$$O-CH^2-CH^3-CH^2\ OH$$

Formule brute
$C^9H^{12}O$
Poids moléculaire 136.

Syn. : Alc. Hydro-cinnamique.

CARACTÉRISTIQUES.
Point d'ébullition : 235°.　　119 sous 12 $\frac{m}{m}$.
Poids spécifique : 1.007.
Pouvoir rotatoire :
Indice de réfraction :
Solubilité.　Alcool : 70° (toutes proportions).
　　　　　　》　　60°.　1.5.
　　　　　　》　　50°.　3.
Insoluble dans l'eau.
Phényluréthane fusible à 47°-48°.
Par oxydation donne de l'Acide hydro-cinnamique qui fond à 49°.
Liquide incolore, épais. Résiste aux Alcalis.

ETAT NATUREL. — Benjoin Sumatra.
Styrax d'Anatolie et d'Amérique.
Baume du Honduras.
Acétate. — Cannelle de Chine.

PRÉPARATION. — Extrait du liquidambar (Styrax d'Amérique).

ODEUR. — Faible mais tenace, rappelant celle de l'alcool cinnamique et de la Jacinthe. Fixatif.

EMPLOIS.　*Parfumerie et Savonnerie fine.* — Parfums de Jacinthe. Bon fixatif.

ISOMÈRES

CONSTITUTION. — CARACTÉRISTIQUES.
Benzyl-Méthyl-Carbinol.

$$C^6H^5-CH^2-CH-CH^2$$
$$|$$
$$OH$$

Point d'ébullition : 215°.

Phényl-Ethyl-Carbinol.

$$C^6H^5-CH-CH^2-CH^2$$
$$|$$
$$OH$$

Point d'ébullition : 221°.

Benzyl-diméthyl-Carbinol.

$$CH^3$$
$$|$$
$$C^6H^5-C-OH$$
$$|$$
$$CH^3$$

Point de fusion : 21°.
Point d'ébullition : 225°.

	Anisique	Santélol	Cuminique	Dihydro-Cuminique	Eudesmol
Formule...... Poids moléc.	$C^9H^{10}O^2$ 138	$C^9H^{16}O$ 140	$C^{10}H^{14}O$ 150	$C^{10}H^{16}O$ 152	$C^{15}H^{26}O$ 152
Constitution.	O-OCH³, HO, OH, HO, OH, O-CH²OH (noyau)	CH³, O, H³C, CH-OH, HO-CH³, H³C, CH³, OH (noyau)	H³C, CH³, CH, O, HO, OH, HO, OH, O, CH²OH (noyau)	ident. à l'A. périllique	probab. tricy-clique
Caractéristiques Pt Fusion..... Pt Ebullition	23° 258°.8 117°-118° s6 m/m	58°-62° 196°-198°	246°.6	226°-229°	79°-80° 156 s/ 10 m/m
Pt Spécifique Pr Rotatoire. I. Réfraction	1.1129 Phényl Uréthane 93°	0°	0.9805 1.5217	0.9510-0.9536 -13°18'+12°5 1.4962-1.4976 2 modif. opt. Naphtyl-urétane 146°-147	0.9884 (20° +38° à +43 1.5160
État naturel	Vanilles de Tahiti	Santal	Cumin	Gingergrass	Divers Eucalyptus
Préparation...					
Odeur					
Emplois					

	Périllique	Pinénol	Pinocarvéol			
Formule...... Poids moléc.	$C^{10}H^{16}O$ 152	$C^{10}H^{16}O$ 151	$C^{10}H^{16}O$ 152			
Constitution.	H³C, CH³, O, CH, H³C, CH³, H³C, CH, O, CH²OH (noyau)		O=CH², OH, HO, OH, H³C·C-CH³, H³C, CH³, CH (noyau)			
Caractéristiques Pt Fusion..... Pt Ebullition	119°/21° s.11 m/m	225°	215°-218°			
Pt Spécifique Pr Rotatoire. I. Réfraction	0.909 (20° -08°,5 1.4996 Napht-urétane 146°-147° Apparenté au limonène	0.9952 (0° -14°,66 1.4970	0.9745 (20° -52° 45' 1.4963 2 Phén. 82°-84° urethanes 94°-95° 2 Semi- 210° Carbazones 320° Mél. prob. de 2 Iso-mères			
État naturel	Gingergrass	Synth.	Eucalyptus globulus			
Préparation...		Vapeurs ni-treuses d. Pi-nène à 0°				
Odeur		Acétate = odeur de lavande				
Emplois		Acétate pr la lavande				

	SABINOL	TÉRÉSANTA-LOL	APOPINOL	CAMPHÉNOL
Synonyme.......				Camphene Hydrate $C^{10}H^{18}O$?
Formule....... Poids moléc.	$C^{10}H^{16}O$ 152	$C^{10}H^{16}O$ 152	$C^{10}H^{14}O$ 154	154
Constitution.	(formule développée)			
Caractéristiques				
P^t Fusion.....		112°-114°		150°-151°
P^t Ébullition	210°-213°		197°-199°	205°
P^s Spécifique	0.9432 (20°		0.8942	
Pr Rotatoire.	+7° 56			
I. Réfraction	1.4880			
		Phtalate 140°	Oxyd.=Citral	Alcool tertiaire
ÉTAT NATUREL	Cyprès Sabine Eucalyptus	Santal	Ess. japonaise	Synth.
PRÉPARATION...				Du Camphène
ODEUR............				
EMPLOI^t				

	DIHYDRO-CARVÉOL	FENYLIQUE	ISOPULÉGOL	PIPÉRITOL	THUYLIQUE
Synonyme.......					
Formule....... Poids moléc.	$C^{10}H^{18}O$ 154	$C^{10}H^{18}O$ 154	$C^{10}H^{18}O$ 154	$C^{10}H^{18}O$ 154	$C^{10}H^{18}O$ 154
Constitution.	(formule développée)	(formule développée)	(formule développée)	(formule développée)	
Caractéristiques					
P^t Fusion.....		45°			
P^t Ébullition	224°-225°	201°	91° s/ 13 $^m/_m$		92.5 s/ 13 $^m/_m$
P^s Spécifique	0.9368	0.933 (50°	0.9154 (17°,5	0.923 (22°	0.9249
Pr Rotatoire.	-6° 14'	-10°, 35'	-2° à -3°	-34. 1°	
I. Réfraction	1.48364		1.47292	1.4700	1.46350
	Phén.-Ureth. active 87° inactive 03°	Ph. uréth. 82° H. Phtal.145° Isofenyl A. fond à 61°-62°	Oxyd - Isopulegone H. Phtalate ac. 121° » inact. 140° Semi-Carbazone act. 172° inac. 182°		
ÉTAT NATUREL	Carvi-spearmint	Huile de Pin amèr. (Yellow Pine)	Synth.	Synth. Pipéritone d. les Eucalyptus du groupe «Menthe»	Absinthe
PRÉPARATION...	Réduction de la Carvone	Réduction de la Fénone	Acides sur citronellal	De la Pipéritone	Réduct. de la thuyone
ODEUR............					
EMPLOI^t					

TERPINEOL α

CONSTITUTION.

Cyclanol. Alcool tertiaire.
Formule brute : $C^{10} H^{18} O$.
Poids moléculaire : 154.

CARACTÉRISTIQUES.

Point de fusion : 35°.
Point d'ébullition : 217° – 104° sous 10 $\frac{m}{m}$.
Poids spécifique : 0.935.
Pouvoir rotatoire : ±0°.
Indice de réfraction : 1.480–1.484.
Solubilité. Alcool : 70°   1.2.
        »   60°   1.8–2.
        »   50°   6 –7.

Le produit commercial est liquide, incolore, résiste bien aux alcalis. C'est un mélange de divers Isomères.

ODEUR. — Parfum frais et agréable du Lilas. Peu tenace.

ETAT NATUREL. — Avec des pouvoirs rotatoires différents a été caractérisé dans : Cardamone, Orange Portugal, Néroli, Petitgrain, Bois de Rose, Linaloé, Marjolaine, Livèche, Térébenthine, Huile de Pin, Serpentaire, Semen contra, Cajeput, Muscade, Boldo, Kuromoji, Citron, Valériane, Gardénia, Melaleuca, Kesso, Erigeron. Parfois sous forme d'*Acétate* et de *Valérianate*.

PRÉPARATION. — Traitement des Essences de Térébenthine et de Pin par un acide dilué. Obtention de Terpine-Hydrate, transformée en Terpinol par un acide dilué. On l'obtient aussi directement sans passer par la Terpine.

EMPLOIS. — *Parfumerie* et *Savonnerie*. — Lilas, Muguet. S'allie bien à la plupart des odeurs. Parfum de tête.

On connaît 12 Isomères du Terpinéol	HYDRATE DE TERPINE	TERPINÉOL α	TERPINÉOL β	TERPINÉOL γ	TERPINÉOL 1	TERPINÉOL 4
Constitution	CH³ C—OH H2C — CH² H2C — CH² CH +H²O C—OH H³C — CH³	CH³ C H2C — CH² H2C — CH² CH C—OH H³C — CH³	CH³ C—OH HC² — CH² H³C — CH² CH C H³C — CH²	CH³ C—OH H2C — CH² H2C — CH² C‖C H³C — CH³	CH³ C—OH H2C — CH² H2C — CH² C C H³C — CH³	CH³ C H2C — CH H2C — CH² C—OH C H³C — CH³
Caractéristiques	Hydrate Anhyd.	Inactif / Actif				Inactif / Actif
Point de fusion	116° 117 104° 105	35° 37° = 38	32°	69–70°		212-214° 209-212°
Point d'ébullition	258	217°–220°	209–210°		208°–210°	.9290 / .9233
Poids spécifique	> 1	.933–.941	0.928		0.9841	±25°4
Pouvoir rotatoire		±0				
Indice de réfraction		1.4800–1.4840	1.4747		1.4781	1.4803 1.4785
Nitroso-Chlorure P. F.		112-115° 107-108°	103°	82°		
Phényl-Uréthane P. F.		113°	85°			
ETAT NATUREL	Dérivé de la Térébenthine	(Voir ci-contre)	Formé en m. t. que l'α Terpinéol	Formé en m. t. que l'α Terpinéol	Fraction de tête du Terpinéol industriel	Genièvre, Cardamome, Muscade, Marjolaine, Semen Contra, Cyprès,
PRODUCTION						
ODEUR	Nulle	Lilas faible		Bonne odeur Lilas		Moins agréable que Terpinéol

MENTHOL

CONSTITUTION.
Cyclanol.
Alcool secondaire.
Formule brute : $C^{10} H^{20} O$.
Poids moléculaire : 156.

CARACTÉRISTIQUES.
Point de fusion : 43°,5–44°5.
Point d'ébullition : 215°.
Poids spécifique : $\dfrac{20°}{4°}$ 0.890 (fondu) – $\dfrac{45°}{4°}$ 0.881 (solide).
Pouvoir rotatoire : –49° à –50°.
Indice de réfraction : 1.4479 (48°).
Solubilité :
Benzoate de Menthyle fusible à 54°.
Phényluréthane fusible à 111°–112°.
Oxalate dimenthylique fusible à 67°–68°.
Cristallise en aiguilles ou prismes incolores.

ETAT NATUREL. — Menthes diverses. Hyptis suaveolens.
Acètate. Isovalèrianate. — Menthes.

PRÉPARATION. — Cristallisation, essorage et lavage de la Menthe du Japon.
Synthétiquement par réduction de la Menthone et de la Pulégone.

ODEUR. — Odeur puissante et fraîche de Menthe. Goût analogue, frais et agréable.

EMPLOIS. — *Parfumerie* dans les Dentifrices. — *Confiserie.* — Pastilles à la Menthe.
Pharmacie. — Crayons anti-migraine.

ISOMÈRES du MENTHOL

	NEO-MENTHOL	MENTHOL INACTIF
Point de fusion	51°	34°
Point d'ébullition	103-105 sous 16 $\frac{m}{m}$	103°–105° sous 13 $\frac{m}{m}$
Poids spécifique	0.787.	
Ether phtalique - Point de fusion	175°–177°	129°–131°
Phényl-uréthane »	114°.	
Ether succinique »	67°–68°	

ODEUR. — Odeur très pénétrante de Menthe.

ETAT NATUREL. — Menthe du Japon.   par réduction du thymol.

MYRTÉNOL

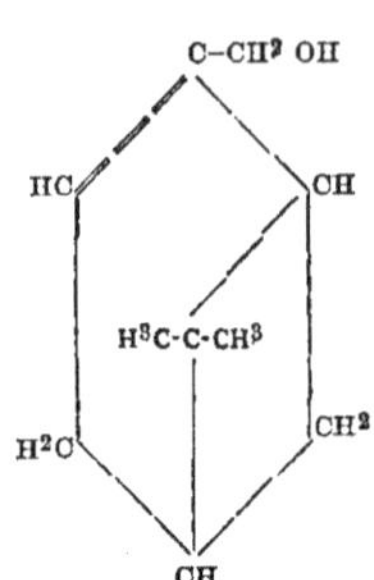

CONSTITUTION.

Cyclanol, primaire
Formule brute : $C^{10} H^{16} O$
Poids moléculaire : 152.

CARACTÉRISTIQUES :

Point d'ébullition : 222°–224° - 102°–105 sous 9 $\frac{m}{m}$.
Poids spécifique : 0.9763.
Pouvoir rotatoire : +45° 45.
Indice de réfraction : 1.49668.
Solubilité :
Point de fusion : Phtalate acide : 114°–115°.
Liquide huileux, incolore.

ETAT NATUREL. — Essence de Myrte, sous forme d'Alcool et d'Acétate.

PRÉPARATION. — Saponification et fractionnement de l'Essence de Myrte. Séparé du Géraniol par cristallisation de l'Ether Phtalique acide.

ODEUR. — Myrte, plus affiné.

EMPLOIS. — Peu employé. Donne l'effet de la Myrte, avec plus de finesse. Eaux de Toilette.

BORNÉOL – ISO-BORNÉOL

CONSTITUTION.

Cyclanol.
Alcool secondaire.
Formule brute : $C^{10} H^{18} O$.
Poids moléculaire : 154.

CARACTÉRISTIQUES.	BORNÉOL	Iso-BORNÉOL
Point de fusion :	203°–204°	212°
Point d'ébullition :	212°	se sublime
Poids spécifique :	1.011	1.020
Pouvoir rotatoire :	± 37° 6 à ±39° 5	± 34°
Solubilité. Benzène à 0°	7	3
Ether de Pétrole à 0°	10 à 11	4 à 4,5
Point de fusion. Phenylurétane	138°	138°
» Menthyl-chloral.	55° à 56°	liquide
» » bromure.	104°–105°	72°
» Ether acétique.	29°	liquide
Cristaux en tables, blancs.		

ETAT NATUREL. — Se trouve dans le Dryobalanops Camphora de Bornéo. Blumea Balsamifera (Ngai-fen). Cardamome du Siam. Muscade Lavande. Aspic. Romarin. Bourgeons de Pin maritime. Thuya. Serpentaire. Coriandre. Yellow Pine. Valériane. Kesso. Matricaire. Mélèze. Feuilles de Cèdre. Gingembre. Camphre. Picea ruben. Piper Camphoriferum. Racines de Cannelle. Sauge. Thym, etc...

Acétate. — Aiguilles de Sapin, Pin, Epicea, Pin noir, Spruce, Picea canadensis, Pin rubens, etc., Coriandre, Valériane, Kesso, etc...

Butyrate. — Valériane.

Iso-Valerianate. — Valériane. — Kesso.

L'Iso-Bornéol n'a pas été rencontré dans les Essences. Obtenu dans la réduction du Camphre, en même temps que le Bornéol.

PRÉPARATION. — On l'extrait du Camphrier de Bornéo.

EMPLOIS. — N'est pas employé pur en parfumerie ni savonnerie. Consommé pour des usages rituels dans certaines contrées d'Asie.

ODEUR. — Odeur camphrée, légèrement ambrée.

SANTALOLS α ET β

CONSTITUTION.

SANTALOL α

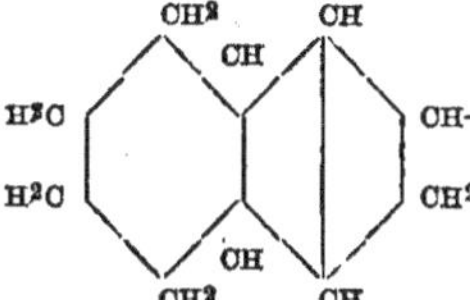

$OH-CH=CH-CH^2-CH^2-CH^2\ OH$

Formule brute : $C^{15}\ H^{24}\ O$.

Poids moléculaire : 220.

SANTALOL β.

$OH-CH=CH-CH^2-CH^2-CH^2-\ OH$.

Alcools sesquiterpénique bicyclique.

CARACTÉRISTIQUES.

	α	β	Commercial
Point d'ébullition............	300°–301°	309°–310°	
Point d'ébullition au vide.	155° s/ 8 $\frac{m}{m}$	169° s/ 10 $\frac{m}{m}$	
Poids spécifique.............	0.979	0.9729	.973–.982
Pouvoir rotatoire...........	+1° 6'	–42°	–14° –24°
Indice de réfraction	1.4990	1.5092	1.504 – 1.509

Liquides incolores, huileux, résistant aux Alcalis.

RÉACTIONS CARACTÉRISTIQUES.

	α	β
Acétate. Point d'ébullition..................	308–312°	316°–317°

Par oxydation donnent les Santalals.

ETAT NATUREL. — Santal des Indes anglaises.

PRÉPARATION. — Le Santalol commercial est extrait de l'Essence de Santal.

ODEUR. — De Santal, plus neutre et plus fin. Tenace.

EMPLOIS. — *Parfumerie.* — Fixatif, donne une finale puissante et agréable.
Employés en Pharmacie.
La Savonnerie doit plutôt utiliser l'Essence de Santal.

ALC. SESQUITERPÉNIQUES BI ET TRICYCLIQUES.

	AMYROL	BÉTULOL	CÉDRENOL
Formule............... Poids moléculaire	$C^{15} H^{24} O$ 220	$C^{15} H^{24} O$ 220	$C^{15} H^{24} O$ 220
Constitution.........		Bicyclique	Tricyclique
			$(C^{13}\ H^{30})$ $\|\quad\ \|$ $C = CH$ $\|$ $CH^2.\ OH$
CARACTÉRISTIQUES .. Point de fusion .. Point d'ébullition Poids spécifique.... Pouvoir rotatoire. Indice réfraction..	300° 0.980–0.982 +27°	284°-288° 0.975 —35° 1.50179	166°-170° s/ 10 ‰ 1.0082 (20° ±0° 1.5212
	Mélange probable de deux Alcools.	Chlorure 147°-148°	Réduit donne le Cédrène
ETAT NATUREL........	Santal des Indes occidentales	Bourgeons de Bouleau	Bois de cèdre (3 %)
PRÉPARATION..........	- id. -		- id. -
ODEUR.................			
EMPLOI................			

ALCOOLS SESQUITERPÉNIQUES BI & TRICYCLIQUES

	JUNIPÉROL	I VÉTIVÉNOL	II VÉTIVÉNOL
Formule............... Poids moléculaire.	$C^{15} H^{24} O$ 220	$C^{15} H^{24} O$ 220	
Constitution.........		Probabl. tricyclique Primaire Une double liaison	Bicyclique Primaire Deux doubles liaisons
CARACTÉRISTIQUES... Point de fusion... Point d'ébullition. Poids spécifique.... Pouvoir rotatoire.. Indice réfraction...	107°	170°-174° s/ 13 ‰ 1.0209 (20° +34° 30' 1.52437	168°-170° s/ 14 ‰ 1.0095 +25° 1.52058 (Mélange des 2 Alcools)
ETAT NATUREL........	Ecorce de Genièvre	Vétiver	Vétiver
PRÉPARATION..........		Fractionnement du Vétiver	
ODEUR.................		De Vétiver, plus fin, un peu plus tenace	
EMPLOI................		Parfumerie fine. On emploie le mélange des 2 Alcools.	

	Amyrol	Atractylol	Cadinol	Caparrapiol	Cédrol
Formule...... / Poids moléc.	$C^{15} H^{26} O$ 222	$C^{15} H^{26} O$ 222	$C^{15} H^{26} O$ 222	$C^{15} H^{26} O$ 222	$C^{15} H^{26} O$ 222
Constitution.		Tertiaire-Tricyclique			$(C^{12} H^{20})$ | | C (OH)–CH^2 | CH^3
Caractéristiques Pt Fusion..... Pt Ebullition Ps Spécifique Pr Rotatoire. I. Réfraction	299° 0.987 +36°	59° 290°-292° 0.9147 ±0° 1.5103		260° 0.9146 -18° 58' 1.4843	86°-87° 201°-294° +0° 31'
	Mélangé à un alcool en $C^{15} H^{24} O$		Chlorhydrate 117°-118°		Phényl-ureth 100°-107°
État naturel	Santal des Indes occid.	Atractylis Ovata (racine	Galbanum	Nectandra Caparrapi	Cèdre Cyprès Est accompagné d'un autre alcool le Pseudo-cédrol analogue.
Préparation...	· id ·				
Odeur		Tient du Muguet			
Emplois					

	Costol	Camphre de Cubèbe	Elémol	Galipol	Gayol	Globulol
	$C^{15} H^{24} O$ 220	$C^{15} H^{24} O$ 222	$C^{15} H^{26} O$ 222	$C^{15} H^{26} O$ 222	$C^{15} H^{26} O$ 222	$C^{14} H^{26} O$ 222
	Bicyclique 2 doubles liaisons		Monocyclique		Bicyclique Tertiaire	
	169°-171° s. 11 % 0.983 +13° 1.5200	68°-70° 248°	152°-156° sous 17 % 0.9411 (20° -5° 1.5030	260°-270° 0.927 20°	91° 147°-140° sous 0 % 0.9714 (20° -29,8° 1.5100	88°,5 283° -35° 29'
				Instable		Forme 2 sesquiterpènes
	Costus (racines)	Cubèbe	Elémi de Manille	Angostura	Bois de Gayac	Eucalyptus globulus
					Extrait du bois de Gayac par dissolvant ou distillation	
					Très faible Tenace	Peu odorant
					Fixatif Falsification de l'Ess. de rose	

ALCOOLS SESQUITERPÉNIQUES

	CLOVOL	CAMPHRE DE LÉDON	CAMPHRE DE MATICO	MAALIOL	OPOPONOL
Formule....... Poids moléc.	$C^{15}H^{26}O$ 222	$C^{15}H^{26}O$ 222	$C^{15}H^{26}O$ 222	$C^{15}H^{26}O$ 222	$C^{15}H^{26}O$ 222
Constitution.	Bicyclique av. 1 double liaison				
Caractéristiques					
Pt Fusion.....		104°	94°	105°	
Pt Ebullition	138°–148° s/ 8 mm	281°		260°	135°–137° s. 2 mm
Ps Spécifique	0.9681 (20°	0.9814 (20°			
Pr Rotatoire.	−17°		−28°,73	+ 18° 33'	
I. Réfraction	1.5070	1.5072			Solide
ÉTAT NATUREL	Girofle	Lédon des Marais	Feuilles de Matico	Résine de Maali	Opoponax
PRÉPARATION...					
ODEUR					
EMPLOIS					

TRICYCLIQUES   ALCOOLS

	CAMPHRE DE PATCHOULI	ZINGIBÉROL		TURMÉROL	ERYTHROXY-LOL	
Formule....... Poids moléc.	$C^{15}H^{24}O$ 222	$C^{15}H^{26}O$ 222		$C^{17}H^{28}O$ 272	$C^{20}H^{32}O$ 288	
Constitution.		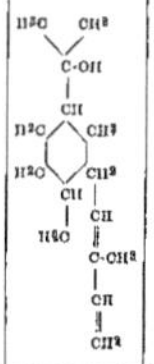 H_2C CH_3 — C-OH — CH — H_2C / CH_3 — H_2C / CH_2 — CH — CH — H_3C ‖ C-CH_3 — CH ‖ CH_2				
Caractéristiques						
Pt Fusion.....	56°				117°–118°	
Pt Ebullition		154°–157° s. 15 mm		285°–290°		
Ps Spécifique				0.9016 (17°		
Pr Rotatoire.	−118°			+33°,52	+32° 28'	
I. Réfraction						
ÉTAT NATUREL	Patchouli	Gingembre		Curouna	Erythroxylon Monogynum	
PRÉPARATION...						
ODEUR		Caractérist. et agréable de Gingembre				
EMPLOIS						

	FORMIQUE	ETHYLIQUE	BUTYRIQUE	VALÉRIANIQUE	ISO-VALÉRIANIQUE	HEXYLIQUE	HEPTYLIQUE	OCTYLIQUE	NONYLIQUE
Synonyme ... Formule....... Poids moléc.	C H² O 30	C² H⁴ O 44	C⁴ H⁸ O 72	C⁵ H¹⁰ O 86	C⁵ H¹⁰ O 86	Caproïque C⁶ H¹² O 100	Œnanthylique C⁷ H¹⁴ O 114	C⁸ H¹⁶ O 128	C⁹ H¹⁸ O 142
Constitution.	H-C=O | H	CH³ | C=O | H	CH³ | CH² | CH² | CHO	CH³ | (CH²)³ | CHO	H³C CH³ \\ / CH | CH² | CHO	CH³ | (CH²)⁴ | CHO	CH³ | (CH²)⁵ | CHO	CH³ | (CH²)⁶ | CHO	CH³ | (CH²)⁷ | CHO
Caractéristiques Pt Fusion..... Pt Ebullition	-21°	+21°	75°	102° 0.8185 s/16‰	92°	128°-131°	155°	60°-61° s. 9 m/m	+5° +7° 92° s. 13 m/m
Pt Spécifique Pr Rotatoire. I. Réfraction	1.6 p. r. à l'air	0.801 (0°	0.9107 (0°		0.8200 1.39488 (20°	0.8335 (20	0.820 1.4150	0.826 1.41955	0.8277 1.42542
Solub.	Se polymérise facilement	Sol. Eau	Sol. Eau 27 P. Phenylhydrazone 91°-92°		Thio-semi-carbazone 52° 53°		Oxime P.F. 50°	Oxime 60° S. Carb. 101°	Oxime 69° Semi-Carbaz. 100°
ÉTAT NATUREL	Apopine	Iris- Camphre Anis - Carvi Menthe Romarin (?) etc.	Cajeput Eucalyptus Globulus		Menthe américaine-franç. Cajeput. Eucalyptus. Girofle. Niaouli. Lavande ?	Eucalyptus Globulus		Citron. Néroli Rose. Oranger	Racine d'Iris Cannelle Ceylan Mandarines. Citron (?) Rose Oranger Néroli
PRÉPARATION...	Oxydation ménagée de l'Alcoolméthylique	Oxydat. ménagée de l'alcool éthylique					Distillation de l'huile de ricin sous pression réduite.	Oxydat. de l'Alcool Octylique N.	de l'Ac. undécylénique (Huile de ricin)
ODEUR	irritante	pénétrante désagréable	Désagréable irritante	Désagréable et irritante	Désagréable et irritante	Désagréable et irritante	Fruits et Cognac	Chaude, puissante et lourde Miel	Chaude d'orange et de rose
EMPLOIS							Alimentation	Parfumerie (en doses très faibles)	Parfumerie

ALDÉHYDES ALIPHATIQUES SATURÉES

	Décylique	Undécylique	Duodécylique	Trédécylique
Synonyme. Formule...... Poids moléc.	$C^{10}H^{20}O$ 156	$C^{11}H^{22}O$ 170	Laurique $C^{12}H^{24}O$ 184	$C^{13}H^{26}O$ 198
Constitution.	CH3 | (CH2)8 | CHO	CH3 | (CH2)9 | CHO	CH3 | (CH2)10 | CHO	CH3 | (CH2)11 | CHO
Caractéristiques Pt Fusion..... Pt Ebullition	+2° à +5° 207°-209°	—4° 116°-117° s/ 18 ᵐ/ₘ	Solide 23-24° 128° s/ 13 ᵐ/ₘ 142-143 s/22 ᵐ/ₘ	155 s/ 23 ᵐ/ₘ
Pt Spécifique Pr Rotatoire. I. Réfraction.	0.828 1.42977			
	Ac. Naptho- cinchonin. 237° Oxime 69° Semi-carb. 102°		Oxydé facil. en acide lau- rique P. F.43° Semi-Carb. 102°	
État naturel	Rose, Oran- ger, Néroli, Cassie, Corian- dre. Iris, Lemongrass Mandarine Portugal		Aiguilles de Sapin, Rue, Laurier	
Préparation...	Du Coprah, distill. sèche du sel de bary- um et du for- miate	du Coprah, de l'ac. laurique	Du Coprah. De l'Ac. lau- rique	
Odeur	Puissante et chaude d'orange et de rose, tenace	Chaude et tenace	Fleurie. Puis- sante et chau- de	Puissante et chaude, tenace
Emplois	Parfumerie	Parfumerie	Parfumerie Parfums de fleurs Conserver en solu- tion. S'oxyde facilement.	Parfumerie

(Saturées) ALDÉHYDES ALIPHATIQUES NON SATURÉES.

	Tétradécylique	Hexylénique	Undécylénique	Oléique	
Synonyme. Formule...... Poids moléc.	$C^{14}H^{28}O$ 212	$C^{9}H^{16}O$ 98	$C^{11}H^{20}O$ 168	$C^{18}H^{34}O$ 266	
Constitution.	CH3 | (CH2)12 | CHO	CH3 | (CH2)2 | CH || CH | CHO	CH2 || CH | (CH2)8 | CHO		
Caractéristiques Pt Fusion..... Pt Ebullition	23° 5 166 s/ 24 ᵐ/ₘ		+5° +7° 118° s/ 13 ᵐ/ₘ	168°-169° 0.8513 1.4557	
		Hydrazone 167°		Semi-Carbo- zone 87°-89°	89°
État naturel		Feuilles de Vignes. Fraises		Iris	
Odeur	Ressemble à l'Ald. C^{13}		Anal. à C^{11}		
Emplois	Parfumerie		Parfumerie		

CITRONELLAL — RHODINAL

CONSTITUTION.— Aldéhydes aliphatiques non saturées.— $C^{10} H^{18} O$ — Poids moléculaire: 154.

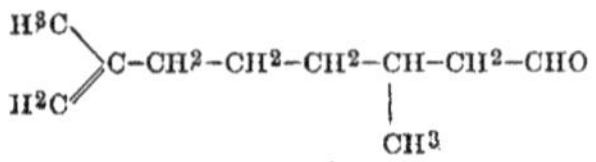	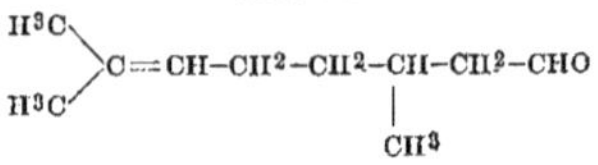
CITRONELLAL	RHODINAL

$$\begin{array}{l} H^3C \\ \diagdown \\ C\text{-}CH^2\text{-}CH^2\text{-}CH^2\text{-}CH\text{-}CH^2\text{-}CHO \\ \diagup | \\ H^2C CH^3 \end{array}$$

$$\begin{array}{l} H^3C \\ \diagdown \\ C\text{=}CH\text{-}CH^2\text{-}CH^2\text{-}CH\text{-}CH^2\text{-}CHO \\ \diagup | \\ H^3C CH^3 \end{array}$$

CARACTÉRISTIQUES.

CITRONELLAL	RHODINAL
Point d'ébullition : 205°-208°.	198°-199°.
Poids spécifique : 0.8538 (17°.5	8.745 (14°
Pouvoir rotatoire : -3° +11°.	
Indice de réfraction : 1.4481.	
Solubilité. Alcool : 75° 2,3.	
» 70° 5.	
» 65° 15.	
Semi-Carbazone 84°-(85°-86°).	83°-84°
Ac. Naphtocinchoninique : 225.	
Ac. Citronellydine-cyanacétique 137°-138°.	
Se combine au Bisulfite.	
Enolisé donne l'Isopulégol.	Enolisé donne la Menthone.

ETAT NATUREL. — Citronelles (Java et Ceylan). Eucalyptus (Maculata, Citriodora, déalbata). Mélisse, etc…

Mélangé au Citronellal.

PRÉPARATION. — Extrait des Essences de Citronelle. Purifié par combinaison bisulfitique.

ODEUR. — Citronnée, fade et peu agréable.

EMPLOIS. — Matière première pour le Citronellol et l'hydroxycitronellal.

HYDROXYCITRONELLAL

CONSTITUTION. — $C^{10}H^{20}O^2$ — Aldéhyde - alcool tertiaire, aliphatique, saturé. —

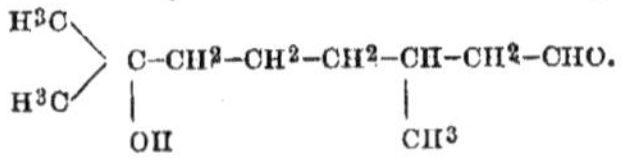

$$\begin{array}{l} H^3C \\ \diagdown \\ C\text{-}CH^2\text{-}CH^2\text{-}CH^2\text{-}CH\text{-}CH^2\text{-}CHO. \\ \diagup | | \\ H^3C OH CH^3 \end{array}$$

CARACTÉRISTIQUES.

Fixe facilement quelques molécules d'eau. Difficile à obtenir pur.

PRÉPARATION. — Du Citronellal, par fixation d'une molécule d'eau sur la double liaison. On peut également partir du Citral.

ODEUR. — Muguet, note profonde, tenace, fleurie.

EMPLOIS. — Parfum de base pour de nombreux extraits.

CITRAL — NERAL

CONSTITUTION. — $C^{10} H^{16} O$. Poids moléculaire : 152.

Aldéhydes aliphatiques non saturées.

Deux Isomères α = CITRAL. Alcool : Geraniol.

β = NÉRAL. » Nérol.

$$\alpha \quad \begin{matrix} H^3C \\ H^3C \end{matrix}\!\!>\!\!C{=}CH{-}CH^2{-}CH^2{-}C{=}CH{-}CHO. \\ \underset{CH^3}{|}$$

$$\beta \quad \begin{matrix} H^2C \\ H^3C \end{matrix}\!\!>\!\!C{-}CH^2{-}CH^2{-}CH^2{-}C{=}CH{-}CHO. \\ \underset{CH^3}{|}$$

CARACTÉRISTIQUES.	CITRAL	α	β
Point d'ébullition	228°–229°	118°–119° s/ 20 $^{m}/_{m}$	117°–118° s/ 20 $^{m}/_{m}$
Poids spécifique.............	0.892–0.8955	0.8898 (20°	0.8888 (20°
Pouvoir rotatoire..........	±0°	±0°	±0°
Indice de réfraction	1.488–1.490	1.4891	1.49001
Point de fusion : Semi-Carbazones.		164°	171°
Ac. Naphto-cinchoninique		199°–200°	
Ac. Citrylidène-Cyanacétique......................		122°	94°–95°

Solubilité. Alcool. 75° 1.5

» 70° 2

» 60° 3,5

L'Oxime et la Phénylhydrazone sont liquides.

Se combine avec le Bisulfite de Soude.

Dosage délicat.

ETAT NATUREL. — Lemongrass (65 à 80 %). — Backhousia Citriodora. Citronelle de **Java.** Gingembre. Roses. Petitgrain Portugal et Citronnier. Citron. Cédrat. Limette. Mandarine. Monarda Citriodora. Mélisse. Divers Eucalyptus. Feuilles de Sassafras. **Bay.** Piment. Verveine.

PRÉPARATION. — Extrait du Lemongrass ou du Backhousia. Purifié par combinaison bisulfitique. L'oxydation du Geraniol donne un rendement de 50 %.

ODEUR. — Odeur fraîche et caractéristique de la Verveine.

EMPLOIS. — *Parfumerie.* — Têtes d'Extraits. Matière première de l'Ionone.

CYCLO-CITRAL — ISO-CITRAL

CONSTITUTION.

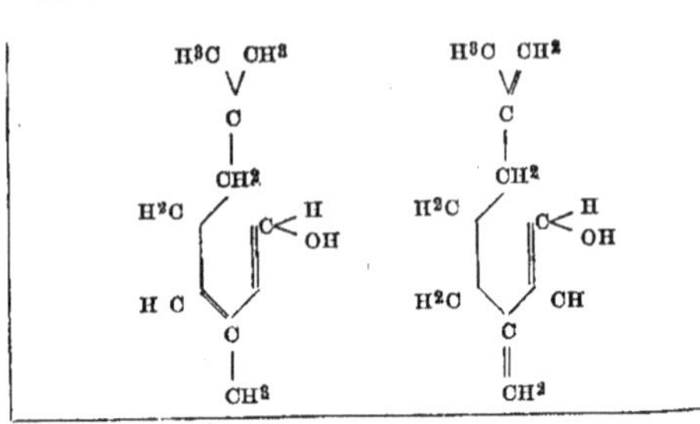

CARACTÉRISTIQUES.

Point d'ébullition :
Poids spécifique :
Pouvoir rotatoire :
Indice de réfraction :

103–108 sous 15 $^m/_m$
0.8976 (20°

1.4810
Ac. β Naphtocinchoninique
Point de fusion : 206°

ETAT NATUREL.

Synthétique.

Synthétique.

PRÉPARATION.

Réduction du Citral par un métal dans un courant d'Hydrogène.

Enolisation du Citral par l'Anhydride acétique à chaud.

ALDEHYDES CYCLIQUES
BENZALDÉHYDE

CONSTITUTION. — $C^8 H^6 O$ – Poids moléculaire : 106.
Aldéhyde
Cyclique.

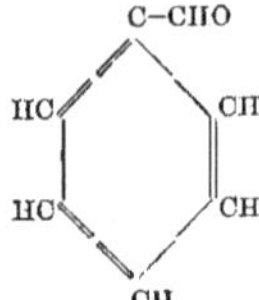

CARACTÉRISTIQUES.

Point d'ébullition : 179°–180°.   45° sous 5 $^m/_m$.
Poids spécifique : 1.052.
Pouvoir rotatoire : ±0°.
Indice de réfraction : 1.5450.
Solubilité. Alcool : 70°   1.2
          »   65°   1.5
          »   60°   2.3.
Semi-carbazone. Point de fusion : 214°.
Phényl-Hydrazone. Point de fusion : 156°.
Oxydée = Ac. Benzoïque. Point de fusion : 121°.
Combinaison bisulfitique.

ETAT NATUREL. — Provient du dédoublement de Glucosides : Amygdaline. Laurocérasine. Prulaurasine. Sambunigrine.
Amandes amères. Ecorce de Cerisier sauvage, de Laurier-Cerise. Cannelle de Ceylan (écorces, feuilles). Cassie (française et romaine) Néroli. Niaouli. Patchouli, etc.

PRÉPARATION. — Essence d'Amandes amères. Synthétiquement par chloruration du Toluène que l'on traite ensuite par la Soude. Oxydation ménagée du Toluène.

ODEUR. — Caractéristique de l'Amande amère, chaude et puissante, herbacée. Peu tenace.

EMPLOIS. — *Parfumerie* (à faible dose). Tête. *Savonnerie.*

ALDÉHYDE CINNAMIQUE

CONSTITUTION. — $C^9 H^8 O$.   Poids moléculaire : 132.

Aldéhyde Cyclique.

CARACTÉRISTIQUES.

Point de fusion : $-7°,5$.
Point d'ébullition : $252°-254$. $128°-130°$ sous 20 $^m/_m$.
Poids spécifique : $1.0540-1.0570$.
Pouvoir rotatoire : $\pm 0°$.
Indice de réfraction : 1.6195.
Solubilité. Alcool : 70°.   1.8.
     »   65°.   3.5.
     »   60°.   7.
Synoxime. Point de fusion : 138°.
Antioxime. Point de fusion : 64°.
Phénylhydrazone. Point de fusion : 168°.
Semi-Carbazone. Point de fusion : 208°.
Combinaison bisulfitique.

ÉTAT NATUREL. — Cannelle de Ceylan (écorces, feuilles, racines). Cannelle de Chine.
Myrrhe. Patchouli.

PRÉPARATION. — Des Cannelles par combinaison bisulfitique et distillation.
     Synthèse. — Condensation de la Benzaldéhyde et de l'Acétaldéhyde en présence de Soude caustique.

ODEUR. — Caractéristique des Cannelles, mais plus fine.

EMPLOIS. — *Parfumerie.* — Dentifrices. A faible dose dans les Extraits.
     Savonnerie fine. — Il est préférable d'employer les Cannelles.

ALDÉHYDES MÉTHOXY-CINNAMIQUES.

CONSTITUTION. — $C^{10} H^{10} O^2$.   Poids moléculaire : 162.

O. METHOXY.

CARACTÉRISTIQUES.

Point de fusion : 45°.
Point d'ébullition : 295°.
Poids spécifique :
Pouvoir rotatoire :
Indice de réfraction :
Phénylhydrazone : 116°.
Oxime : 125°-126°.
Semi-Carbazone :
Oxydation — → Ac. Méthylsalicylique.
     Point de fusion : 99°.
     Instable.

ÉTAT NATUREL. — Cannelle de Chine.

P. METHOXY.

170° sous 14 $^m/_m$.
1.137

138°
138°
220° (?)
Ac. Anisique
184°

Tarrago.
Chlorocodon.

ALDÉHYDE PHÉNYLACÉTIQUE

CONSTITUTION. — $C^8 H^8 O$.   Poids moléculaire : 120.
Aldéhyde.
Cyclique.

CARACTÉRISTIQUES.
Point d'ébullition : 205°-207°.   78° sous 11 $^m/_m$.
Poids spécifique : 1.085.
Pouvoir rotatoire : +0°.
Indice de réfraction : 1.5300.
Solubilité. Alcool : 70°.   3
S'oxyde facilement à l'air et donne de l'Ac. Phénylacétique.
Attaque la peau.

ETAT NATUREL. — Synthétique.

PRÉPARATION. — En partant de l' α-Bromostyrol. de l'Ac. Phényl α chloro ou bromo-lac-
tique. Réduction de l'Alcool phényléthylique en vapeur, par la poudre de cuivre
à 250°.

ODEUR. — Très puissante de Jacinthe. Tenacité 40 à 50 jours.

EMPLOIS. — *Parfumerie.* — Extraits, tête et corps. A conserver en solution. S'oxyde facilement. A éviter dans les préparations à appliquer sur la peau.

VANILLINE

CONSTITUTION. — $C^8 H^8 O^3$.   Poids moléculaire : 152.

Aldéhyde Cyclique.
Méthyl-proto-catéchique.

CARACTÉRISTIQUES.
Point de fusion : 81°-82°, pure 82°-84°.
Point d'ébullition : 285° d'un courant de CO^2.
170° sous 15 $^m/_m$.
Poids spécifique :
Pouvoir rotatoire :
Solubilité. Alcool : 70°   4
Eau froide : 100.
Bromo-Vanilline.   Point de fusion : 160°-161°.
Iodo-   »   »   174°.
Oxime   »   »   121°-122°
Éther Méthylique   »   42°-43°
     »   Éthylique.   »   64°-65°
Dérivé Acétylé.   »   77°.

ETAT NATUREL. — Probabl. sous forme de Glucoside. Vanille. Reine des Prés. Baume du
Pérou. Girofle. Benjoin. Opoponax. Maté. Écorce du Tilleul. Pelure de Pommes de
Terre. Résine de Mélèze. Liège. Bulbes de Dahlias. Sucre de Betterave.

PRÉPARATION. — Oxydation de l'Eugénol. (Girofle). en passant par l'Iso-Eugénol. — Traitement du Gaiacol.

ODEUR. — Très fine de Vanille. Tenacité moyenne.

EMPLOIS. — *Parfumerie.* — Corps et queue des Extraits. Crèmes et Poudres.
Alimentation.

	SALICYLIQUE	ANISIQUE	HÉLIOTROPINE	AROMADENDRAL
Formule...... Poids moléc.	C⁷ H⁶ O³ 122	C⁸ H⁸ O² 136	C⁸ H⁶ O³ 150	C⁹ H¹⁶ O 136
Constitution.	CH / HC—CH / HC—COH / C–CHO	CO–CH³ / HC—CH / HC—CH / C–CHO	C–CHO / HC—CH / HC—CO / CO — CH³	
Caractéristiques Pt Fusion..... Pt Ebullition Pt Spécifique Pt Rotatoire. I. Réfraction.	Aldéhyde-Phénol -20° 196°-197° 1.170	-4° 245°-246° 1.1275 ±0° 1.5730	35°-36° 236°-263°	a b 210° 218°-219 0.9478 0.9576 -49°12' -90°25 1.5141
Solub.	Alcool 70° 1.5 » 65° 3 » 60° 5 Oxime 57° Ph. hydr. 96° Oxydé=Ac. salicyl. 155°-156	Alcool 70° 1 » 65° 2 » 60° 3 » 50° 7 2 Oximes 63° et 132° Semi-carbazone 203°-4 S'oxyde facilement	Alcool : 70 10-12 Mono-bromur. 129° Sem.-carb. 224°-5 Anilide : 65° Thiosemi-car. 185°	Oxime : 85° Ph. hydrazone 194°5 Ac. N-Cinel. 247°
État naturel	Reine des Pré Hamalium tomentosum Crépis foetida	Badiane Anis Fenouil Cassie	Reine des prés	Divers Eucalyptus
Préparation...	Phénol, Chloroforme et lessive de soude.	Oxydation de l'Anethol → p. Oxybenzaldehyde que l'on methyle. S.-produit de la Coumarine.	Oxydation de l'Iso-Safrol	a - de l'Euc. Hémiphloia b - de l'Euc. Salubris
Odeur	Puissante et complexe	Aubépine	Héliotrope assez tenace	Agréable, analogue à l'Aldéh. cuminique
Emplois	Parfumerie A servi de mat. prem. p' la coumarine	Parfumerie : Aubépine. Foin coupé. La coumar. bisulfitique = Aubépine cristallisée.	Parfumerie. Extraits Corps et savon	

	HYDRO-CINNAMIQUE	ASARYLIQUE	CRYPTAL	CUMINIQUE	
Formule...... Poids moléc.	C⁹ H¹⁰ O 134	C¹⁰ H¹² O⁴ 196	C¹⁰ H¹⁶ O 152	C¹⁰ H¹² O 148	
Constitution.	CH / HC—CH / HC—CH / C / CH² / CH²·CHO	CH³ C–CHO / O C—CH / HC—C–O / C / CH³ / H³C–O		C–CHO / HC—CH / HC—CH / C / CH / H³C CH³	
Caractéristiques Pt Fusion..... Pt Ebullition Pt Spécifique Pt Rotatoire. I. Réfraction.	221°-224° sous 744 m/m	Aldéhyde Ether phénol. 114°	100° s/ 10 m/m 0.9426-0.9431 -76°,2-76°,02 1.4830	235°-236° 0.982 1.5301	
Solub.	Semi-Carb. 130°-1	Oxydée → Ac. asarique 144°	Semi Carbaz. 176°-177°	Oxime : 58°-9 Sem.-Carb. 210°-1 Phényl. hydr. 126°-7 Oxyd. ﹥Ac. Cumin 114°-5	
État naturel	Cannelle de Ceylan	Calamus	Eucalyptus	Cumin. Boldo Cannelle (Ceylan). Cassie. Myrrhe. Ciguë Eucalyptus.	
Préparation...				Du Cumin (40 à 50 %)	
Odeur				Odeur puissante du Cumin	
Emplois				Parfumerie	

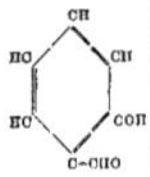

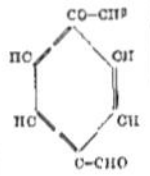

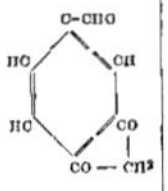

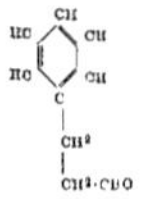

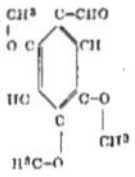

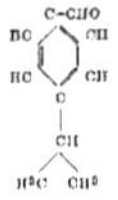

	MYRTÉNAL	PARA-MÉTHYL HYDRO-CINNAMIQUE	PÉRILLIQUE	PHELLANDRAL
Formule...... / Poids moléc.	$C^{10}H^{14}O$ / 150	$C^{10}H^{13}O$ / 147	$C^{10}H^{14}O$ / 150	$C^{10}H^{16}O$ / 152
Constitution.	CHO–C, HC, CH, H³C-C-CH³, H²C, CH², CH	CH³, C, HC, CH, HC, CH, C, CH², CH²-CHO	H³C, CH³, C, CH, H²C, CH², C, CHO	H³C, CH³, CH, CH, H²C, CH², C, CHO
Caractéristiques				
Pt Fusion..... / Pt Ébullition	87°-90° sous 10 mm		237° ; 104°-105 s. 10 mm	89° s/ 5 mm
Ps Spécifique	0.9876		0.9617 (18°	0.9445
Pr Rotatoire.			-146°	-36°30'
L. Réfraction	1.5042		1.50746	1.4911
	Oxime 71°-72 / Semi-Carbazone 230°		2 Oximes α 102° β 129° / α est 2.000 fois plus sucré que le sucre / Phénylhydraz. 107°5 / Ac. périllique 130°-, / Dibromure 166°-7	Oxime 87°-8 / Semi-carbaz. 204-5 / Phenyl hydr. 122°.3 / Ac. tétra-hydro-cuminique 144°5
ÉTAT NATUREL	Perilla nankinensis	Synthétique	Perilla nankinensis	Fenouil d'eau
PRÉPARATION...	id. ou Réduction du Myrténol		id.	Oxydation du β Phellandrène.
ODEUR.............		Puissante odeur de Lilas		Sent le Cumin
EMPLOIS		Parfumerie Lilas		

	NOR-TRI-CYCLO EKSANTAL	SANTALAL	FARNÉSAL	FURFUROL
Formule / Poids moléc.	$C^{11}H^{16}O$ / 164	$C^{15}H^{22}O$ / 218	$C^{15}H^{24}O$ / 220	$C^{5}H^{4}O^{2}$ / 96
Constitution.	H³C, CH²CHO, C, HO, C-CH³, H³C, CH	CHO-CH²-CH²-CH, OH, H²C, CH², OH, CH, H²C, CH², CH	H³C, CH³, C, CHO, HC, OH, H²C, H³C-C, H²C, CH³, C–CH–CH³, CH³	HC, CH, HC, O-CHO, O
Caractéristiques				
Pt Fusion / Pt Ébullition	86°-7 (5 mm) / 92°-4 (11 mm)	152°-155° sous 10 mm	173° s/ 14 mm	160°,5
Ps Spécifique	0.9938 ... 0.9964	0.995 (20°	0.893 (18°	1.1594 (20°
Pr Rotatoire	-38°48' ... -30°,8	+13°,+14°	±0°	
L. Réfraction	1.48303 ... 1.48301	1.51056	1.4995	
	S.-Carbazone 224° / Acide Teresantalique 148°-150°	Oxime : 104°5 / Sem.-Carbaz. 230°	S.-Carbaz. 133°-5	Soluble dans l'eau / S.-Carbazone 197° / Ph. hydrazon. 97°-8 / Ac. pyromucique 132°-3
ÉTAT NATUREL	Santal	Santal		Pin. Cade Iris (tête). Girofle. Cannelle Ceylan. Petit Grain. Cyprès. Sabine. Vétiver, Café grillé, etc.
PRÉPARATION...			Oxydation du Farnésol	
ODEUR.............				Puissante. Peu agréable. Pyrogénée. Fugace.
EMPLOIS				

Caractéristiques	Acétone	Méthyl-Amyl. C.	Éthyl-Amyl. C.	Méthyl Hepténone	Pumilone
Formule....... Poids moléc.	C^3H^6O 58	$C^7H^{14}O$ 114	$C^8H^{14}O$ 128	$C^9H^{16}O$ 126	$C^9H^{14}O$ 126
Constitution.	$H^3C-CO-CH^3$	CH^3 | CO | $[CH^2]^4$ | CH^3	CH^3 | CH^2 | CO | $[CH^2]^4$ | CH^3	H^3C CH^3 \\/ C || CH | CH^2 | CH^2 | CO | CH^3	
P' Fusion..... P' Ebullition P' Spécifique P' Rotatoire. I. Réfraction	56°,5 0.800	151°-152° 0.836	170° 0.8254 1.4154	173°-174° 0.855 - 0.865 ±0° 1.4380	216°-217° 0.9314 —15° 1.4616
Solubilité......	Eau - Alcool Ether			Par réduction → Méthyl hepténol	
Oxime P. F. S.-Carbazone	59°-60°	122°-123°	117°,5	136°-138°	
	P. Bromo-Phényl Hydrazone 94°		Oxyd. → Ac. » Caproïque	Bromure 98°-99°	
Bisulfite de *Na*.			Pas de comb. cristalline av. le bisulfite	Se comb. au bisulfite	
État naturel	Eaux de distillation. Cèdre (Atlas). Coca. Girofle. Patchouli, etc	Girofle Cannelle de Ceylan	Lavande française	Linaloé Citronnelle Lemongrass Citron Palmarosa	Pin Pumilio
Préparation...	Distillation sèche de l'Acétate de chaux.				
Odeur	Ethérée et fraîche	Têtes de Girofle		Pénétrante. Anal. à l'acét. d'Amyle	Pin Pumilio
Emplois	Fabrication de certains synthétiques				

Caractéristiques	Méthyl-Heptyl. C.	Méthyl-Nonyl. C.	Diacétyle	Pseudo-Ionone
Formule....... Poids moléc.	$C^9H^{18}O$ 142	$C^{11}H^{22}O$ 170	Dicétone $C^4H^6O^2$ 86	$C^{13}H^{20}O$ 192
Constitution.	CH^3 | CO | $[CH^2]^6$ | CH^3	CH^3 | CO | $[CH^2]^8$ | CH^3	CH^3 | CO | CO | CH^3	H^3C CH^3 \\/ C CH^3 || | CH CO | | CH^3 CH | || CH^2 CH | $H^3C-C = CH$
P' Fusion..... P' Ebullition P' Spécifique P' Rotatoire. I. Réfraction	-17° 196° 0.835 1.42791	+13° 233° 0.8295	88° 0.9790-0.9831 1.39303 Sol. d. l'Eau	143-145° s/ 12 %m 0.000 1.5334
Oxime P. F. S.-Carbazone	Liquide 118°-119°	46°-47° 123°-124°		
	Ox. → Ac. Caprylique	→ Ac. Caprylique	Mono phényl hydrazone 133-134° Diacétyl-hydrazoxime 158° Osazone 243°	P. Bromo-Phenyl hydrazone 102-104
Bisulfite de *Na*.	Se comb. lent. au bisulfite	Se comb. au bisulfite		
État naturel	Rue d'Algérie (90 %) Rue (France-Espagne) Girofle	Rue française et espagnole	Eaux de distillation Cyprès. Sabine Iris. Vétiver Santal 1. Oc. Bay Carvi. Pin de Finlande	Artific.
Préparation...	de la Rue d'Algérie	De la Rue F ou. E. réfrigération ou bisulfite	Produit de décomposition	Condensation du Citral et de l'Acétone
Odeur	de la Rue. Peu agréable	Analogue à la précédente	Quinonique	Faible
Emplois	Mat. prem. pour fabric. chimiques	→ id		Mat. prem. des Iouones

	Méthyl-Hexanone	Acéto-Phénone	Méthyl-Acéto-Phénone	Santénone	Tri-Méthyl-Hexanone	Benzylidène-Acétone	Sabinone	Umbellulone
Formule	C⁷ H¹² O	C⁸ H⁸ O	C⁹ H¹⁰ O	C⁹ H¹⁴ O	C⁹ H¹⁶ O	C¹⁰ H¹⁰ O	C¹⁰ H¹⁴ O	C¹⁰ H¹⁴ O
Poids moléc.	112	120	134	138	140	146	150	150
Constitution	CH3 / CH / H2C—CH9 / H2C—CO / CH2	CH3 / CO / C / HC—CH / HC—CH / CH	CH4 / CO / C / HC—CH / HC—CH / C / CH5	CH3 / C / H2C—CO / H2CCCH3—CH4 / CH	H3C CH3 / O / H3C—CO / H3C—H / CH3	CH=CH-CO-CH3 / C / HC—CH / HC—CH / CH	H2C CH3 / CH / C / H2C—CH3 / HC—CH2 / CO	H2C CH3 / CH / C / H3C—CO / HC—CH / C / CH3
Caractéristiques								
Pt Fusion		20° 5	+28°	58°-61		42°		
Pt Ebullition	167°-168°	200°-202°	224°-225°	193°-195°	178°-179°	260°-262°	218°-219°	219°-220°
Ps Spécifique	0.911 (18°	1.0329	1.0062-1.013		0.922 (0°	1.0377	0.953	0.054
Pr Rotatoire	+11° 21'			-4° 40'	±0°		-24° 41'	-36° 30'
I. Réfraction		1.53017	1.52		1.4494		1.4700	1.48325
Solubilité								
Oxime P. F.	43°-44°	56°-60°	88°		106°	115°-116°		240°-243°
Semi-Carbazone PF	182°-183°	185°-187°	97°	222°-224°	220°-221°	Caustique attaque la peau	141°-142°	
					Bromure 41°			
ÉTAT NATUREL	Pouliot	Labdanum - Stirlingia latifolia 90 %	Synthétique	Santal	Labdanum	Synthétique	Synthétique	Umbellularia Californica
PRÉPARATION	Décomposition de la Pulégone	Benzine et chlorure d'Acétyle-Chlor. d'Al.	Toluène. Chlorure d'Acétyle et Chlorure d'Aluminium.			Aldéhyde benzoïque et Acétone. Soude	Oxydation de l'Ac. Sabinénique	
ODEUR	Aromatique	Très puissante. Un peu benzine très vulgaire	Très puissante. Chaude. Plus agréable que la précédente			Puissante. Cassie et mimosa. Dure		
EMPLOIS		Savonnerie genre foin coupé	Savonnerie			Savonnerie Mimosa	Fabrication de Cétones	

	Verbénone	Dihydro-carvone	Carvone	Camphre
Formule....... Poids moléc.	$C^{10} H^{14} O$ 150	$C^{10} H^{16} O$ 152	$C^{10} H^{14} O$ 150	$C^{10} H^{16} O$ 152
Constitution.	OH H²C···CO H³C-C-CH³ HO···CH C CH³	H³C CH² O CH H²C···CH² H³C···CO CH CH³	H³C CH³ O CH H²C···CH² H C···C O C CH³	OH H²C···CH³ H³C-C-CH³ H²C···CO O CH³
Caractéristiques				
P^t Fusion.....				176°,3–176°5
P^t Ébullition	103-104 à.16ᵐ/ₘ	221°-222°	230°-231°	205–207°
P^s Spécifique	0.974 (17°	0.930-0.931	0.964	0.985
Pr Rotatoire.	+66°	-16°	±59° 30'	±44°
I. Réfraction	1.4995	1.4711	1.5020	
Solubilité......				P. réduct = Bornéol
Oxime P. F.	77°-78°	89° (act.)–115° (racém.)	Active 72° - racém. 93°	118°
Semi-Carba-zone P. F.	220°-221°	201-202° Dibromure 69°-70°	162°-163 Phenylhydra-zone 109°	236–238° Br. Phen. hydrazone 101°
Bisulfite de Na		Comb. au bi-sulfite	Comb. av. sulfite neutre de Na	Ne comb. pas au bisulfite
État naturel	Verveine	Carvi	Carvi (50 à 60 %) Aneth. (50 à 60 %) Kuromoji. Gingergrass	Camphrier Cardamome Sassafras Romarin - Aspic Sauge - Basilic
Préparation...	Auto-oxyda-tion de la térébenthine	Réduction de la Carvone		Du camphrier Synthèse, de la térébenth.
Odeur		Menthone et Carvone	Caractéristiq. du Carvi	Camphrée
Emplois				Celluloïd Poudre sans fumée

	Menthénone	Pino-Camphone	Pipéritone	Pulégone	
Formule....... Poids moléc.	$C^{10} H^{16} O$ 152	$C^{10} H^{16} O$ 152	$C^{10} H^{16} O$ 152	$C^{10} H^{16} O$ 152	
Constitution.	H³C CH³ CH CH H²C···CO H³C···CH O CH³	OH H³C···CH³ H³C-C-CH³ HO···CO O CH³	O-C³H⁷ HO···CO H²C···CH² CH CH³	H³C CH³ O O H²C···CO H²C···CH² OH CH³	
Caractéristiques					
P^t Fusion.....					
P^t Ébullition	235°-237°	211°-213°	229°-230°	221-222°	
P^s Spécifique	0.9382	0.966	0.938	0.940	
Pr Rotatoire.	+1° 30'	-13° 42'	-50°	+22, 89°	
I. Réfraction	1.4844	1.4742	1.4837–1.4850	1.4880	
Solubilité......					
Oxime P. F.		86-87°	110-111°	123°-124°	
Semi-Carba-zone P. F.		2sc.182°-228° Dibromure 92-93°	219°-220°	172° P. réduct = pulegol	
Bisulfite de Na				Comb. au bisulfite et sulfite neutre de Na	
État naturel	Menthe du Japon	Hysope	Eucalyptus	Pouliot (80%) Dictamne Menthes Marjolaine	
Préparation...					
Odeur			Chaude, poivrée	De Menthe et de Menthone	
Emplois			Mat. prem. pr Thymol et Menthol		

— 212 — CONSTITUANTS — CÉTONES

	Fénone	Thuyone	Menthone	Jasmone
Synonyme ...				
Formule.......	$C_{10}H_{16}O$	$C_{10}H_{16}O$	$C_{10}H_{18}O$	$C_{11}H_{16}O$
Poids moléc.	152	152	154	164
Constitution.	H_3C CH_3 / O / HC—CO / CH_3 / H_3C—O / H_3C | CH_6	H_3C CH_3 / CH / O / H_3C CH_3 / HC—CO / CH | CH_3	H_3C CH_3 / CH / CH / H_3C—CO / H_3C CH_3 / CH | CH_4	
Caractéristiques				
P⁴ Fusion.....	+5° à +0°			
P⁴ Ébullition	192–193°	200–201°	207°–208°	257–258°
Pˢ Spécifique	0.950	0.9125	0.894-0.899	0.945
Pʳ Rotatoire.	± 70°	−10° 23'	−26°	
I. Réfraction	1.4630	1.4510	1.4495	
Solubilité ,.....				
Oxime P.F.	Act. 164-165° inact.158°-160°	54-55° (½ th.)	l. 60–61°	45°
S.-Carbazone	Act. 182°-183° Inact. 172°-173° P. réduct. → Alc. fénylique	186-188° (α 174-175° (β Tribrom. 121-122°	184°	201–204'
Bisulfite de *Na*	Ne se comb. pas av. le bisulfite	Se comb. au bisulfite	P. Réduct. Menthol Ne se comb. pas avec le bisulfite	
État naturel	Fenouil, Thuya Lavande Stoechas Iso-fenone	Absinthe. Sauge. Tanaisie. Thuya. 2 Isomères α β. leuthuisane.	Pouliot Bucco Géranium Bourbon Menthe	Jasmin Néroli
Préparation...		De l'Absinthe par la combinaison bisulfitique.		
Odeur	Fenouil	Fraîche, assez agréable. Odeur de vert	Menthe sans fraîcheur amère	Puissante odeur de Jasmin
Emplois		Liqueurs Parfumerie		Parfumerie

— 213 — CYCLIQUES — CONSTITUANTS — CÉTONES

	Santalone	Benzophénone	Ionone α	Ionone β
Synonyme ...				
Formule.......	$C_{11}H_{16}O$	$C_6H_5\text{-}CO\text{-}C_6H_5$	$C_{13}H_{20}O$	$C_{13}H_{20}O$
Poids moléc.	164	182	192	192
Constitution.	CH CH / HC—C / CH CH / O=C / CH CH / HC—C / CH CH	CH CH / O=O / CH CH / HC—C / CH CH	CH_3 / CO / H_3C CH_3 / CH / O / H_3C CH-OH / H_3C—C-CH_3 / CH	CH_3 / CO / H_3C CH_3 / CH / O / H_3C CH-CH / H_3C—C-CH_4 / CH_2
Caractéristiques				
P⁴ Fusion.....		48°		
P⁴ Ébullition	214–215°	307°	127–128 sous 12 m_m	134–135° sous 12 m_m
Pˢ Spécifique	0.9906	1.1108	0.934	0.949
Pʳ Rotatoire.	−62°			
I. Réfraction		1.6020	1.4990	1.5198
Solubilité ,.....	75° 175°		89–90° 107°	liquide 148-149°
Oxime P.F.				
S.-Carbazone			Para-bromo-phényl.Hydrazone. 142°-143° Se comb. à chaud	116°-118° Se combine à chaud
Bisulfite de *Na*				
État naturel	Santal	Synthétique	Synthétique	Synthétique
Préparation...		Distill. du Benzoate de Ca.Condensation de la Benzine et du Chlorure de Benzyle.	Condensation du Citral et de l'Acétone Isomérisation.	
Odeur		Odeur puissante.	Violette et Vigne en dilution. Plus fleurie que β	Violette et Vigne en dilution. Plus feuille que α
Emplois		Savonnerie	Parfumerie Violette Savonnerie fine	Parfumerie Violette

	Méthyl-Ionone	Irone	Gurjunone	Muscone	Civettone	Méth-Naphtyl-Cétone			
Formule...... / Poids moléc.	$C^{14}H^{22}O$ 206	$C^{13}H^{20}O$ 192	$C^{15}H^{22}O$ 218	$C^{15}H^{28}O$ 224	$C^{17}H^{30}O$ 250	$C^{13}H^{10}O$ 186			
Constitution.	CH³ CH² CO H³C CH³ — CH H³C CH-CH H³C C-CH³ CH	CH² CO H³C CH³ CH C CH-CH HO CH-CH³ CH³				CH³ C⁵ CO CH OH CO HO O HO OH CH CH			
Caractéristiques									
P⁴ Fusion.....			43°		32°,5	52°			
P⁴ Ebullition	155-160 s/24 ⁗ₘ	144 s/ 16 ⁗ₘ	163-166° s/10 ⁗ₘ	327-330°	342° s/741 ⁗ₘ	170° s/10 ⁗ₘ			
P⁵ Spécifique	0.935 (20°	0.940	1.017		204-205° s/17 ⁗ₘ				
Pʳ Rotatoire.		+40°	+123°						
L. Réfraction	1.5007 β	1.5011	1.527						
Solubilité......									
Oxime P. F.		121,5°		46°	92°	143-144°			
S.-Carbazone		70-80°	234°	133-134°	187°	236°			
P. bromo-phényl-hydrazone.........		174-175°				Picrate 85°			
Bisulfite de *Na*									
État naturel	Synthétique	Iris	Gurjun	Musc (jusqu'à 2 %	Civette	Synthétique			
Préparation...	Condensation du Citral et de la Méthyléthyl-cétone.	Extr. de l'Iris Condensat. de l'Acétone avec le Δ⁴ Cyclo-citral.				Du β Naphtol			
Odeur	Violette avec note spéciale	Iris et Violette	Gurjun.	Puissante odeur de musc	Odeur de Civette	De fleur d'oranger tenace			
Emplois	Parfumerie Violettes Extraits, Poudres, etc.	Parfumerie Violette				Parfumerie			

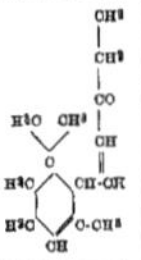

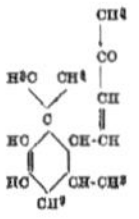

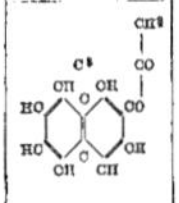

Some cells of this table contain structural chemical diagrams, transcribed here only by their visible atom labels.

	Oxy-Acéto-phénone	Acéto-vanillone	Paeonol	Anisone	Elsholtzione	Diosphénol	Diméthyl-Phloracéto-phénone	Kaempferione
Formule....... Poids moléc.	$C^8 H^8 O^2$ 136	$C^9 H^{10} O^3$ 166	$C^9 H^{10} O^3$ 166	$C^{10} H^{12} O^3$ 164	$C^{10} H^{14} O^2$ 166	$C^{10} H^{16} O^2$ 168	$C^{10} H^{12} O^4$ 196	$C^{24} H^{28} O^4$ 380
Constitution.	O–CO–CH³ ; ring : HO, C–OH, HO, OH, OH	O–CO–CH³ ; ring : HO, CH, HO, O–O–CH³, C–OH	C–CO–CH³ ; ring : HO, C–OH, HO, OH, C–O–CH³	O=C–CH³ ; CH³ ; O ; ring : HC, CH, HO, OH, C–O–CH³	H³C, CH³ ; ring : HO, CH·CH, CH³, C, O, CH³, C–CO	H³C, CH³ ; CH ; CH ; ring : H²C, CO, H³C·O, COH, C, CH³	CH³ ; CO–C, COH ; ring : HO, CO, O, CH³, R³C–O	—
Caractéristiques P^f Fusion......			50°			83°–84°	82–88°	102°
P^t Ebullition	160–165° sous 13 $^m/_m$	295–300°		263°	210°	232°		
P^s Spécifique	0.850		1.1310 /81°2	1.095 à 0°	0.9817			
Pr Rotatoire.					0°	±0°		+198° 20'
I. Réfraction			1.54322 /81°2		1.4842			
Oxime P. F.	112°			72°	54°	125°	108–110°	166°
S.-Carbazone P.F.........	108°				171°	219–220°		
	Fondue avec KOH → Ac. salycilique		Phényl-hydrazone : 170°			Phénylur. 41° Vert foncé av. Perchlor. Fo.	Bromure 187	
État naturel	Chiono glabra	Apocynum Andosaemi folium	Paeonia Moutan	Fenouil Anis russe Badiane	Elsholtzia cristata	Feuilles de Bucco	Blumea balsamifera	
Préparation...								
Odeur						Anal. à la Menthe		
Emplois								

ACIDES

	FORMIQUE	ACÉTIQUE	PROPIONIQUE	BUTYRIQUE N	ISO-BUTYRIQUE
Formule...... / Poids moléc.	$C H_2 O_2$ / 46	$C_2 H_4 O_2$ / 60	$C_3 H_6 O_2$ / 74	$C_4 H_8 O_2$ / 88	$C_4 H_8 O_2$ / 88
Constitution.	$H-CO-OH$	$CH_3-CO-OH$	CH_3 | CH_2 | $CO-OH$	CH_3 | CH_2 | CH_2 | $CO-OH$	$H_3C\ \ CH_3$ \\ / CH | $CO-OH$
Caractéristiques Pt Fusion.....	8°	16,7°	–24°	–6°	155°
Pt Ébullition	101	118°	141	162–163°	
Ps Spécifique	1.223	1.0514 (20°	1.017	0.9627	0.953
Pr Rotatoire.					
I. Réfraction					
	Vésicant attaque la peau				
ÉTAT NATUREL	Cardamome Muscade Thuya Ylang Myrrhe Carotte Pouliot Valériane etc.	Lavande Bergamote Petit grain etc... très répandu	Camomille Panais Lavande	Eucalyptus globulus Niaouli Lavande Valériane Pouliot, etc...	Laurier-feuilles - Arnica - Camomille
PRÉPARATION...	Oxydation du sucre, de l'Amidon	Par oxydation de l'alcool éthylique			
ODEUR	Forte et vibrante	Vinaigre	Rance	Beurre rance	
EMPLOIS	Préparation d'éthers organiques				

ACIDES

	Valérianique Iso	Méthyl-Éthyl-Acétique	CAPROÏQUE	ISO-HEPTYLIQUE	CAPRYLIQUE	CAPRIQUE
Formule...... / Poids moléc.	$C_5 H_{10} O_2$ / 102	$C_5 H_{10} O_2$ / 102	$C_6 H_{12} O_2$ / 116	$C_7 H_{14} O_2$ / 130	$C_8 H_{16} O_2$ / 144	$C_{10} H_{20} O_2$ / 172
Constitution.	$H_3C\ \ CH_3$ \\ / CH | CH_2 | $COOH$	CH_3 | $HC_2\ \ \ CH_2$ \\ / CH | $COOH$	CH_3 | $(CH_2)_4$ | $COOH$	$H_3C\ \ CH_3$ \\ / CH | $(CH_2)_3$ | $COOH$	CH_3 | $(CH_2)_6$ | $COOH$	CH_3 | $(CH_2)_8$ | $COOH$
Caractéristiques Pt Fusion.....			–2°		16°–17°	31°–32°
Pt Ébullition	174°	175°	205°		236–237°	268° 4
Ps Spécifique	0.947	0.946	0.932		0.9288/0°	0.895
Pr Rotatoire.						
I. Réfraction						1.43078
ÉTAT NATUREL	Cyprès Citronelle Laurier-Niaouli Menthe amer. Valériane Absinthe	Champaca Angélique Café	Lemongrass Palmarosa Lavande Berce Panais	Pouliot amer.	Semen-contra Pouliot amer Muscade Camphre Orange Portugal Artémise	Lemongrass Berce Pouliot Camomille Kobushi Artémise
PRÉPARATION...						
ODEUR						
EMPLOIS						

	ACIDES GRAS				ACIDES	NON SATURÉS			OXY-ACIDES		AC. Bibasique
	LAURIQUE	MYRISTIQUE	PALMITIQUE	STÉARIQUE	MÉTHACRYLIQUE	ANGÉLIQUE	TIGLIQUE	OLÉIQUE	OXY-MYRISTIQUE	OXY-PENTADÉCYLIQUE	SUCCINIQUE
Formule.......	$C^{12}H^{24}O^2$	$C^{14}H^{28}O^2$	$C^{16}H^{32}O^2$	$C^{18}H^{36}O^2$	$C^4H^6O^2$	$C^5H^8O^2$	$C^5H^8O^2$	$C^{18}H^{34}O^2$	$C^{14}H^{28}O^3$	$C^{15}H^{30}O^3$	$C^4H^6O^4$
Poids moléc.	200	228	256	284	86	100	100	282	244	258	118
Constitution.	CH^3 | $(CH^2)^{10}$ | $COOH$	CH^3 | $(CH^2)^{12}$ | $COOH$	CH^3 | $(CH^2)^{14}$ | $COOH$	CH^3 | $(CH^2)^{16}$ | $COOH$	CH^2 ‖ $C–CH^3$ | $COOH$	CH^3 | CH ‖ $C–CH^3$ | $COOH$	CH^2 | CH ‖ $C–COOH$ | CH^3	CH^3 | $(CH^2)^7$ | CH ‖ CH | $(CH^2)^7$ | $COOH$			$CO–OH$ | CH^2 | CH^2 | $CO–OH$
Caractéristiques P^t Fusion.....	43°, 6	53°, 8	62°	69°, 2	15–16°	45–45°5	64°, 5	14°	51°–81°,5	84°	180°
P^t Ebullition	225° s/100ᵐᵐ	250°.5 s/100ᵐᵐ	339–356° 271,5 s/100ᵐᵐ	359–383°	100°, 5	185°	198°, 5	223° (s. 10ᵐᵐ)			235 (anh.)
P^s Spécifique	0.883 (20°)	0.8622 (57.8)	0.8527	0.9408 (20°)	1.0153 (20°)	0.9539 (76°)	0.9641 (76)	0.898			1.552
P^t Rotatoire.											
I. Réfraction	1.41740 (78.5) n z	1.43075 (60) n D	1.42710	1.42024		1.42755 (76°)	1.43207 (76)				
							Isomérique de position avec le précédent.				Soluble dans l'eau chaude
ÉTAT NATUREL	Baies de laurier Berce Fèves de pichurim	Noix Muscade Racines d'Iris	Serpentaire Badiane Japon Myrrhe Cascarille Ambrette (?) Piment-Graines Persil, Céleri, Carottes, Arnica, etc...	Cascarille	Camomille romaine	Racines d'Angélique. Camomille romaine	Géranium		Angélique graines Cevadille graines	Angélique racine	Bois de Goupia Tomentosa
PRÉPARATION...											
ODEUR											
EMPLOIS											

ACIDES

ACIDES

	CITRONELLIQUE	BENZOÏQUE	SALICYLIQUE	ANTHRANILIQUE	PHÉNYLACÉTIQUE	ANISIQUE	CINNAMIQUE		
Formule....... Poids moléc.	$C^{10} H^{18} O^2$ 170	$C^7 H^6 O^2$ 122	$C^7 H^6 O^3$ 138	$C^7 H^7 O^2 N$ 137	$C^8 H^8 O^2$ 136	$C^8 H^8 O^3$ 152	$C^9 H^8 O^2$ 148		
Constitution.	H^2C—CH^2 \\ O | $(CH^2)^2$ | CH—CH^3 | $(CH^2)^2$ | COOH	C—COOH / HC···CH ring HC···CH / CH	CH / HC···CH ring HC···CH-OH / COOH	C—NH² / HC···COOH ring HC···CH / CH	CH^2-COOH | C / HC···CH ring HC···CH / CH	O—CH^3 | O | HC···CH ring HC···CH | O | COOH	CH=CH-COOH | O | HC···CH ring HC···CH / CH		
Caractéristiques									
Pt Fusion.....		121°, 4	155–157°	179°	76–76°,5	184°	133°		
Pt Ebullition	257°–263°	249°, 2	Subl.		266°		300°		
Pds Spécifique	0.939	1.0838	1.443				1.0565		
Pr Rotatoire.	+5° 2'								
I. Réfraction	1.45611								
				Dérivé acétylé 186°					
	Amide 81-82°								
ÉTAT NATUREL	Barosma pulchella	Vétiver. Tubéreuse, Jacinthe. Champaca Ylang. Benjoin. Tolu. Néroli. Girofle. Jasmin	Wintergreen Ecorce de Bouleau Ylang. Pouliot Spicewood, etc.	Néroli Petit grain Jasmin Mandarine Petit grain mandarinier	Néroli	Anis. Vanille de Tahiti Badiane	Alpinia Xanthorrée Styrax Liquidambar Cannelle de Chine		
PRÉPARATION...		Hydrolyse du Chlorure de Toluène.	Phénol sodé et co² Chauffer sous pression	S. produit de l'Indigo synthétique	Du chlorure de Benzyle		Chlorure de Benzyle et Acétate de Na		
ODEUR		Légère. Balsamique	Nulle	Sans odeur	Rose et miel Très tenace	Inodore	Légère odeur balsamique		
EMPLOIS		Lotions et Eaux de Toilettes.	Pharmacie Microbicide	Mat. prem. p' les éthers.	Parfumerie		Lotions Cinnamates		

ACIDES

	HYDRO-CINNAMIQUE	VÉRATRIQUE	PARA-MÉTOXY CINNAMIQUE	TÉRÉ-SANTALIQUE	EUDESMIQUE
Formule....... Poids moléc.	$C^9 H^{10} O^2$ 150	$C^9 H^{10} O^4$ 182	$C^{10} H^{10} O^3$ 178	$C^{10} H^{14} O^2$ 166	$C^{14} H^{18} O^2$ 218
Synonyme ... Constitution.	$CH^2\text{-}CH\text{-}COOH$ / HC–CH / HO–CH / OH (noyau)	COOH / HC–C-O-CH³ / HC–C-O-CH³ / CH (noyau)	O–CH³ / HO–CH / HC–CH / CH=CH-COOH (noyau)		
Caractéristiques					
Pt Fusion.....	47°–48°,7	179–181°	171°	167° 150° s/ 11 ‰	160°
Pt Ébullition	280°				
Pds Spécifique	1.07115				
Pr Rotatoire				–70° 24'	
I. Réfraction					
				Acide cyclique hydrogéné	Dibromure 102–103° non saturé
État naturel....	Artificiel	Semences de Sévadille	Kœmferia Galanga	Santal	Eucalyptus Agregata
Préparation...	Réduction p. *Na* de l'Ac. Cinnamiquo	Semences de Sévadillo			
Odeur	Rosée, douce puissante, tonaco				
Emplois	Parfumerie Sachets				

AROMATIQUES

ACIDES

	ATLANTOIQUE	COSTIQUE	VÉTIVÉNIQUE	CÉDANONIQUE	SÉDANOLIQUE
Formule....... Poids moléc.	$C^{15} H^{22} O^3$ 250	$C^{14} H^{22} O^2$ 234	$C^{15} H^{18} O^2$ 234	$C^{12} H^{18} O^3$ 210	$C^{12} H^{20} O^3$ 212
Synonyme ... Constitution.	$C^{14}H^{20}$ <OH / CO-OH			CH² / H³C–CH-CO–C⁴H⁹ / HC²–C-COOH / CH (noyau)	CH / H³C–C–C⁴H⁹ / OH / H²C–CH-COOH / CH² (noyau)
Caractéristiques					
Pt Fusion.....	94°		202° à 205° sous 13 ‰	113°	88°–89
Pds Spécifique		1.0501			
		Acide bicyclique non saturé	Ac. tricyclique non saturé Ether méthyl. P. F. 170° à 173° s/ 18 ‰		
État naturel....	Elecampene	Costus	Vétiver	Céleri	Céleri

ÉTHERS	C	H	O	Pds.Moléc.	Point de Fusion	Point d'Ébullition	Poids Spécifique	Pouvoir Rotatoire
FORMIATES.								
Amyle	6	12	2	116				
Géranyle	11	18	2	182		114 s/15 ‰	0.924°-6	0°
Linalyle	11	18	2	182		190°		
Citronellyle	11	20	2	184		100° s/10‰	0.910°-12	-1°-1° 30'
Rhodinyle	11	20	2	184				
Terpényle	11	18	2	182		137° s/40‰	0.998	±69°
Bornyle	11	18	2	182		225°-230	1.0170	±48° 35
ACÉTATES.								
Ethyle	4	8	2	88		76°	0.908	
Butyle-Iso	6	12	2	116				
Amyle-Iso	7	14	2	130		138°	0.876	
Hexyle	8	16	2	144				
Heptyle	9	18	2	158		170°	0.886	
Octyle	10	20	2	172		207°	0.885	
Nonyle	11	22	2	186				
Décyle	12	24	2	200		187-190°		
Undécyle	13	26	2	214				
Duodécyle	14	28	2	228		150°,5-151°,5		
Géranyle	12	20	2	196		242°-5	0.917	
Linalyle	12	20	2	196		220° décomp.	0.913	±6°
Citronellyle	12	22	2	198		120° s/15‰	0.8928	-2°30'..2°30'
Rhodinyle	12	22	2	198				
Benzyle	9	10	2	150		215°	1.0598	
Phényléthyle	10	12	2	164		217-220	1.050	
Cinnamyle	11	12	2	176				
Phényl propyle	11	14	2	178		227-228		
Pinényle	12	17	2	193		150° s/40‰		
Terpényle	12	20	2	196		140° s/40‰	0.9828	±52 30'
Menthyle	12	22	2	198		227°8	0.9208	-73°
Bornyle	12	20	2	196	29°	98° s/10‰	0.991	±40°
Homo linalyle	13	22	2	210				
Pinoglycyle	10	18	2	170	97-98°	127° s/13‰		
Phényl-éthyl-glycol	10	12	3	180				
Toluique								
PROPIONATES.								
Géranyle	13	22	2	210				
Linalyle	13	22	2	210		115° s/10‰		
Phényléthyle	11	14	2	178				
Benzyle	10	12	2	164		219-220°	1.0360 (17°	
Cinnamyle	12	14	2	190				
Phényl-propyl	12	16	2	192				
Terpényle	13	22	2	210				
Bornyle	13	22	2	210		110° s/10‰	0.079	±25°
Pinoglycyle	11	20	2	184				
Styrolyle	11	14	3	194				

Indice de Réfraction	Solubilité dans l'Alcool	État naturel	Odeur	Emploi
1.4650	10 p. Alc. 70°		Fruité. Léger. Rose-géranium genre Lavande.	Alimentation. Parfumerie. Parf. Savon.
1.4507-15			Rosé.	Parfumerie.
1.47078		Canelle Ceylan. Valériane. Millefeuille.	Genre Lavande. Pin camphré.	Parfum. Savon. Savon.
	Très soluble	Magnolia (?)	Fr. Peu tenace. Fruité.	Alimentation. »
			Fruité- Poire. »	» »
		Heracleum giganteum.	» »	» »
			Orange.	Alimentat. Parf.
1.4628	7 » 70°	Palmarosa. Lemongrass. Géranium - Petit grain - Néroli - Lavande, etc.	Rosé, fruité,doux	Parfumerie.
		Lavande Bergamote - Petit grain-Néroli-Jasmin-Ylang.	Bergamote. Rosé, frais.	Parfum. Savon. Parfumerie.
1.5034	6 » 60°	Jasmin. Ylang. Gardénia, Jasmin.	Jasmin. Banane. Frais. Feuille.	Parfum. Savon. »
1.5108				
1.4468	5 » 70°	Cyprès.Cajeput.Cardamome Malabar. Menthe.	Lavande. Bergam. Lavande Menthe. Frais.	Parfum. Savon. Savonnerie. Dentifrice.
1.4650-65	3 » 70°	Aiguilles pin. Spruce. Romarin.	Pin frais camphré	Savonnerie.
			Fruité. Tenace. Fleuri. Anal. à Jasmin.	Alimentat. Parf. Parfumerie.
			Bergamote.	Parfumerie.
			Muguet rosé.	»
			Anal. à l'Acétate.	» Jasmin.
			Raisin.	»
			Doux, éthéré.	»
			Anal. à Acétate.	»
			Plus tenace.	»
			Fruité. Tenace.	» Alim.
			Fleuri, puissant,	»
			Tenace.	»

ÉTHERS	C	H	O	Pds. Moléc.	Point de Fusion	Point d'Ebullition	Poids Spécifique	Pouvoir Rotatoire	Indice de Réfraction	Solubilité dans l'Alcool	État naturel	Odeur	Emploi
Butyrates													
Ethyle	6	12	2	116		121°	0.8232					Ananas.	Alimentation.
Amyle	9	18	2	158		184° s	0.8825						
Héxyle	10	20	2	172		205°	0.8527					Fruité, puissant.	Parfum. Aliment.
Heptyle	11	22	2	186		225° 2	0.8692						
Octyle	12	24	2	200		244°	0.9008				Quelques Essences.	Fruité butyreux.	Parfum. Aliment.
Géranyle	14	24	2	224		143° s/13$\frac{m}{m}$						Rosé but.	Parfum. Savon.
Linalyle	14	24	2	224								Rosé fruité.	Parfumerie.
Citronellyle	14	26	2	226									
Rhodinyle	14	26	2	226									
Cinnamyle	13	16	2	204								Fruité. Tenace.	Parfumerie.
Phényl-propyle	13	18	2	206									
Bornyle	14	24	2	224		121° s. 10	0.966	+22°	1.4638			Camphré, fort.	Savonnerie.
Iso-Butyrates													
Géranyle	14	24	2	224		136° s. 13$\frac{m}{m}$						Rose spéciale.	Parfumerie.
Iso-Valerianat.													
Ethyle	7	14	2	130		133°	0.894						
Iso-Butyle	9	18	2	158		168°	0.8735						
Amyle	10	20	2	172		190°	0.8700						
Géranyle	15	26	3	238		136 s./10$\frac{m}{m}$							
Menthyle	15	28	2	240			0.907–8		1.4485		Menthe américaine.	Menthe-Valér.	Médecine.
Bornyle	15	26	2	238		255°–260°	0.954–5	−56° 30'	1.462	4 p. Alc. 80°	Valériane. Kesso.	Camphre-Valér.	Médecine.
Styrolyle	13	18	3	222				−35°				Jasmin-Narcisse	Parfumerie
Caproates (C⁶).													
Méthyle	7	14	2	130	Ac. 31-32°	150°	0.8977-0.9039						
Ethyle	8	16	2	144	»	166°	0.882 – 0.888						
Heptylates.(C⁷)													
Méthyle	8	16	2	144		172°	0.8806				Artificiel; Ether œnanthique	Cognac.	
Ethyle	9	18	2	158		188°	0.8879					Fruité. Tenace.	Parf. Alimentat.
Amyle	12	24	2	200								Fruité. T. tenace	»
Heptyle	14	28	2	228									Parfumerie.
Octyle	15	30	2	242									
Caprylates (C⁸) (Octylates)													
Méthyle	9	18	2	158	Ac. 16-17°		0.8820					Fruit. Tenace.	Alimentat. Parf.
Ethyle	10	20	2	172	» »	275°-290	0.8538					» »	
Nonylates.(C⁹) (Pélargonates)													
Méthyle	10	20	2	172	Ac. 12-13°	213-214°	0.8918					Fruité. Tenace.	Alimentat. Parf
Ethyle	11	22	2	186	» »	227-228°						» »	» »
Laurates.													
Méthyle	13	26	2	214	+5°	141 s/15$\frac{m}{m}$						Fruité. Fort.	Alimentat. Parf.
Ethyle	14	28	2	228	−10°	269°	0.8675 (12						
Myristates.													
Ethyle	16	32	2	256	10-11°	295°						Intense.	Parfumerie.
Malonates.													
Méthyle	4	6	4	118		181°	1.1602					Fruité.	Alimentat. Parf.
Ethyle	5	8	4	132	−49	198°	1.0680					» Pomme	» »
Iso-Butyle	7	12	4	160		251	1.0049					doux.	
Amyle	8	14	4	174									
Heptyle	10	18	4	202									
Octyle	11	20	4	216									

ÉTHERS	Formule			Pds. Moléc.	Point de Fusion	Point d'Ebullition	Poids Spécifique	Pouvoir Rotatoire
	C	H	O					
ANGELATES.								
Méthyle.........	6	10	2	114				
Ethyle...........	7	12	2	128				
BENZOATES.								
Méthyle.........	8	8	2	136		199°	1.1094	0°
Ethyle...........	9	10	2	148		213°	1.0510	
Iso-Butyle......	11	14	2	178		237°	1.0018	
Amyle...........	12	16	2	192		260°	1.0039	
Géranyle.........	17	22	2	258				
Linalyle.........	17	22	2	258				
Benzyle..........	14	12	2	212	21°	324°	1.1224	
SALICYLATES.								
Méthyle..........	8	8	3	152	8–90	224°	1.1827	0°
Ethyle...........	9	10	3	160	+1°,3	234°	1.1372	0°
Iso-Butyle......	11	14	3	194			1.069	
Amyle...........	12	16	3	208		277°	1.052	+2°
PHÉNYLACÉTATES								
Méthyle.........	9	10	2	150		220°	1.044	
Ethyle...........	10	12	2	164		226	1.0861	
Iso-Butyle......	12	16	3	192		247		
Amyle...........	13	18	2	206				
ANISATES.								
Méthyle.........	9	10	3	166	Crist.			
Ethyle...........	10	12	3	180	Crist.			
CINNAMATES.								
Méthyle..........	10	10	2	162	34°–36°	263°	1.0663 à 40°	
Ethyle...........	11	12	2	176	12°	271°	1.0546	
Iso-Butyle......	13	16	2	204				
Amyle...........	14	18	2	218				
Benzyle..........	16	14	2	238	39°	340° décomp.		
Cinnamyle......	18	16	2	252	44°		1.085	
Phénylpropyle	18	18	2	266				
Terpényle.......	19	24	2	284				
HYDRO-CINNAMATES.								
Méthyle.........	10	12	2	164				
ANTHRANYLATES								
Méthyle...... N	8	9	2	137	24–25°	132° s/14mm	1.108	
Ethyle........ »	9	11	2	151	liq.	260°		
Méthyl-Méth. »	9	11	2	151	+19°à21°	130° s/13mm	1.1238 (20°	0°
MÉTHYL-METOXY RESORCYLATE	20	28	3	316	206°			
MÉTHYL-METOXY SALICYLATE.....	20	28	3	316				

Indice de Réfraction	Solubilité dans l'Alcool	État naturel	Odeur	Emploi
1.5170	4 Alc. 60°	Ylang. Tubéreuse. Girofle.	Fleuri. Ylang fort	Parfum. Savon.
1.5055	2 70°		» plus fin.	Peau d'Espagne.
			Ambré. Tenace.	Parfumerie.
1.5681	10 Alc. 80°	B. de Pérou. Ylang. Tubér.	Faible.	Solvant. Parfum.
1.53750	7 Alc. 70°	Wintergreen. Bouleau (Ecorce). Tubér. Cassie, etc.	Wintergreen fort	Alim. Dentifrice antiseptique
1.52338			» faibl	
1.50550			Orchidée. Tenace	Parfum. Savon.
			Miel rosé.	Parfumerie.
			Miel plus fin.	»
			Cerfeuil.	Alimentat. Parf.
			»	» »
1.56816		Alpinia Malaccensis. Wartara. Camphre. Styrax.	Fruité. Balsam.	Parfum. Lotions.
1.5590 (35			Fort et tenace.	
			Fort. Plus doux.	
	7.5 Alc. 90°	Styrax. Pérou. Tolu.	Balsamique.	Fixatif. Parf.
	Peu soluble.	Styrax. Jacinthe. (=Styracine.)	»	» »
		Styrax. Baume du Pérou	Balsamique lourd et puissant.	Fixatif. Parf.
			Fleuri. Doux	Parfumerie.
		Néroli. Tubéreuse. Ylang. Jasmin. Gardénia.	Oranger.	Parf. Savon.
			id. moins acre. Colore moins.	» »
				» »
		Primula officinalis.		

	PHÉNATE DE MÉTHYLE	PHÉNATE D'ÉTHYLE	MÉTA-CRÉSOL	PARA-CRÉSOL	MÉTHYL-PARA CRÉSOL	PHLOROL	MÉTHYL-PHLOROL	ISO-BUTYL PHLOROL
Synonyme ...	Anisol	Phénétol						
Formule......	$C^7 H^8 O$	$C^8 H^{10} O$	$C^7 H^8 O$	$C^7 H^8 O$	$C^8 H^{10} O$	$C^8 H^{10} O$	$C^9 H^{12} O$	$C^{12} H^{18} O$
Poids moléc.	108	122	108	108	122	122	136	178
Constitution.	C-O-CH3 HC—CH HO—CH CH	C-O-CH2-CH3 HC—CH HO—CH CH	C-CH3 HC—CH HO—COH OH	C-CH3 HO—CH HC—CH C-OH	C-CH3 HC—CH HC—CH C-O-CH3	C-CH2-CH3 HC—O-OH HC—CH CH	C-CH2-CH3 HC—C-O HC—CH3 HO—CH CH	C-CH2-CH3 HO—C-O HC—C4H9 HO—CH CH
Caractéristiques Pt Fusion..... Pt Ebullition Ps Spécifique Pr Rotatoire. I. Réfraction	152° 0.991	172° 0.973	4° 201°	36° 190°	175° 0.9868	225-226°		
			Tribromure 82°		Oxydé=Acide Anisique(180°			
ÉTAT NATUREL	Artificiel	Artificiel	Myrrhe Goudrons de houille	Jasmin Cassie Houille	Ylang	Huile de Pin	Arnica	Arnica
PRÉPARATION...	Phénate de Na et Iodure de Méthyle	Phénate de Na et Iodure d'éthyle	Des goudrons de Houille	Des goudrons de houille	Méthylation du P. Crésol			
ODEUR	Puissante éthérée	Puissante Ethérée	Phénolique	Phénolique	Acre, puissante, phénolique.			
EMPLOIS	Parfumerie	Parfumerie			constituant de l'Ylang synthétique			

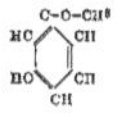

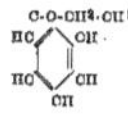

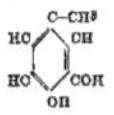

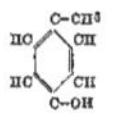

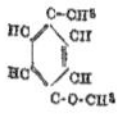

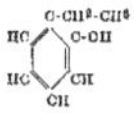

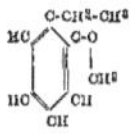

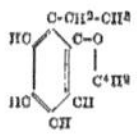

PHÉNOLS ET DÉRIVÉS *Phénols :*

	CHAVICOL	METHYL-CHAVICOL	ANÉTHOL	TASMANOL	AUSTRALOL	THYMOL	THYMOLATE DE MÉTHYLE	CARVACROL	
Synonyme	p. Allylphénol.	Estragol							
Formule / Poids moléc.	$C^9H^{10}O$ 134	$C^{10}H^{12}O$ 148	$C^{10}H^{12}O$ 148		$C^9H^{12}O$ 136	$C^{10}H^{14}O$ 150	$C^{11}H^{16}O$ 164	$C^{10}H^{14}O$ 150	
Constitution	C-OH / HC CH / HC CH / C / CH²-CH=CH²	C-O-CH³ / HC CH / HC CH / C / CH²-CH=CH²	C-O-CH³ / HC OH / HC OH / C / OH=CH-CH³		C-OH / HC CH² / HC CH² / O / CH²-CH=CH³	H²C CH² / OH / C / HC C-OH / HC CH / C / CH³	H²C CH² / OH / C / HO C-O-CH³ / HO CH / O / CH³	H²C CH / CH / C / HO CH / HO C-OH / C / CH³	
Caractéristiques									
Pt Fusion			22–23°		62°	50.5–51°.5		+0.5°–+1°	
Pt Ebullition	237°	215–216°	233–234°	268–273°	115 116° à10 $^m/_m$	232°	214–216°	236°	
Ps Spécifique	1.035	0.972	0.985	1.083	0.9971 (20°)	0.979	0.954 ($\frac{0°}{4°}$)	0.981	
Pr Rotatoire	±0°	0°	±0°	±0°				±0°	
I. Réfraction	1.5441	1.5220	1.5600	1.5209	1.5195	1.5227		1.5240	
DÉRIVÉS CARACTÉRISTIQUES	P. Méthylation Méthylchavicol- Perchlorure de Fe colore en bleu.	Bouilli avec KOH alcoolique donne Anethol	Oxydé → Acide anisique 184° Dibromure 67° Nitrite 121° Nitroso-chlor. 128°			Phényl-uréthane P. F. 107° Sels alcalins solubles dans l'eau Nitrosite 160–162°		Phényluréthane 141° Combin. benzoylé du Nitroso 110° Nitroso 153°	
ÉTAT NATUREL	Noix de betel Bay (feuilles)	Estragon. Bay. Fenouil. Huile de Pin. Cerfeuil. Badiane. Anis. Basilic. Pine oil	Anis Badiane. Fenouil	Eucalyptus linearis	Eucalyptus	Thym Ajowan Origan Monarde	Chrithmum maritimum	Monarde Sarriette Serpolet Origan	
PRÉPARATION			de la Badiane			De l'Ajowan			
ODEUR	Très odorant	Odeur caractér. de l'Estragon, anisée	Anis doux	Analogue au Carvacrol	Analogue au Phénol	De thym		Anal. au thym plus acre	
EMPLOIS	Antiseptique,	Parfumerie Alimentation	Liqueurs à l'Anis. Mat. prem p. l'Ald. anisique			Pharmacie			

PHÉNOLS

	MÉTHYL- β NAPHTOL	ETHYL- β NAPHTOL	BUTYL- β NAPHTHOL	DIPHÉNYL- OXYDE
Synonyme ...	Yara-Yara	Néroline	Fragarol	
Formule	$C^{11}H^{10}O$	$C^{12}H^{12}O$	$C^{14}H^{16}O$	$C^{12}H^{10}O$
Poids moléc.	158	172	200	170
Constitution.	(structure : méthyl-β-naphtol)	(structure : éthyl-β-naphtol)	(structure : butyl-β-naphtol)	(structure : diphényl-oxyde)
Caractéristiques				
P¹ Fusion	72°	37°	33°	27-28°
P¹ Ebullition	274°	282°		252-253°
P⁹ Spécifique		10.51 (50°)		
P⁴ Rotatoire.				
I. Réfraction				
ETAT NATUREL	Artificiel	artificiel	artificiel	artificiel
PRÉPARATION...	Naphtolate de Na et Iodure de Méthyle	→ id. et Iodure d'Ethyle	β Naphtol. Alcool butylique et HCl.	
ODEUR	Analogue à l'Oranger	Oranger fruité Plus fin que le Yara	Fruitée Tenace	Geranium Très puissant et tenace
EMPLOIS	Parfumerie et Savonnerie ordinaires	→ id.	→ id.	Savonnerie

PHÉNOLS

	GUAICOL	ETHYL- HYDRO QUINONE	THYMO-HY- DROQUINONE	DIMETHYL- THYMO-HY- DROQUINONE
Formule	$C^7H^8O^2$	$C^8H^{10}O^2$	$C^{10}H^{14}O^2$	$C^{21}H^{18}O^2$
Poids moléc.	124	138	166	194
Constitution.	(structure : guaicol)	(structure : éthyl-hydroquinone)	(structure : thymo-hydroquinone)	(structure : diméthyl-thymo-hydroquinone)
P¹ Fusion	31°	66°	143°	248-250°
P¹ Ebullition	205°	246-247	190°	
P⁹ Spécifique	1.143			0.9913 (à 20°)
I. Réfraction				1.5134
		Soluble dans l'eau chaude	Soluble dans l'eau chaude P. oxydat. → thymoquinone	
ETAT NATUREL	Pine Oil Céleri	Badiane	Monarda fistulosa Thuya articulata Fenouil d'Algérie	Eupatorium triplinerve — Arnica (racines) — Ayapana
PRÉPARATION		Hydroquinone et Iodure d'Ethyle avec KOH. à reflux	Thymoquinone et Acide sulfureux	

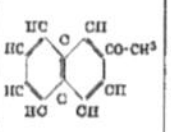

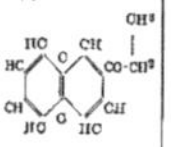

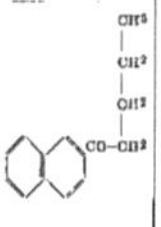

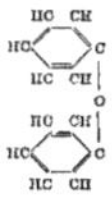

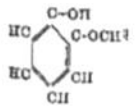

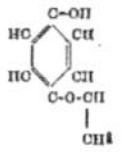

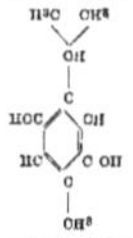

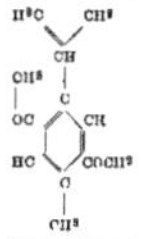

	ALLYL-PYROCATÉCHINE	DIMÉTHYL PYROGALLOL	EUGÉNOL	ISO-EUGÉNOL	ACÉT-EUGÉNOL	MÉTHYL-EUGÉNOL	MÉTHYL-ISO-EUGÉNOL	SAFROL	ISO-SAFROL
Formule....... Poids moléc.	$C^9H^{10}O^2$ 150	$C^8H^{10}O^3$ 154	$C^{10}H^{12}O^2$ 164	$C^{10}H^{12}O^2$ 164	$C^{12}H^{14}O^3$ 206	$C^{11}H^{14}O^2$ 178	$C^{11}H^{14}O^2$ 178	$C^{10}H^{10}O^2$ 162	$C^{10}H^{10}O^2$ 162
Constitution.	(cycle) HO·O–OH, HO·OH, O–CH²·CH=CH²	(cycle) O–OH, HO·O–O–CH³, HO·O–O–CH³, OH	(cycle) HO·C–O–CH³, HO·OH, O–CH³·CH=CH³	(cycle) HO·C–O–CH³, HO·CH, O–CH=CH·CH³	(cycle) HO·O–CO²–CH³, HO·CH, O–CH³·CH=CH³	(cycle) HO·CO–CH³, HO·CH, O–CH³·CH=CH²	(cycle) HO·CO–CH³, HO·CH, O–CH=CH·CH³	(cycle) HO·CO–CH³, HO·CO, O–CH²·CH=CH³	(cycle) HO·CO–CH³, HO·CH, O–CH=CH–CH³
Caractéristiques									
Pt Fusion.....	48–40°	51°–54°		34°	29°			+11°	
Pt Ébullition	130° s/ 4 ‰	262°	252°	262°	282°	248°	263°	233°	254°
Ps Spécifique			1.070	1.0880	1.0842	1.042	1.062	1.105–1.107	1.1255
Pr Rotatoire			±0°	+0	±0°	±0°	±0°	±0°	
I. Réfraction				1.5730	1.5207	1.5380	1.5720	1.5400	1.5780
Solubilité	Sol. d. eau et alcool		Sol. d. 5 vol. alc. 50°	Sol. d. 5 vol. alc. 50°		Oxydé → Ac. Vératrique P. F. 179-180 Tribromure 78° Nitrile 125°	Oxydé → Ac. Vératrique 179-180° Dibromure 101-102	Oxydé p. Mel. chr. donne Héliotropine P. F. 37°	Oxydé=Héliotropine P. F. 37 - Oxydé profond.= Ac. pypéronique 228° Tchabromure 227°
	Par méthylation donne Méthyl-Eugénol Vert av. Perchlorure de Fe.	Dérivé benzoylé P. F. 107-108°	Benzoyl-Eugénol P. F. 69-70° Dibromure 80° Diphenyl-uréthane 107-8° Bleu av. Perchlorure de Fe.	Benzoyl. 103-104° Diphényl-uréthane 112°-113° Acétyl 79-80° Vert olive av. Perch. de Fe.					
ÉTAT NATUREL	Feuilles de Bétel	Plante algérienne Goudron de hêtre	Girofle. Calamus. Galanga. Ylang. Cannelle feuilles. Cassie. Rose. Basilic Patchouli	Ylang Muscade	Girofle	Citronnelle Calamus Bétel. Cassie Bay. Piment Laurier	Asarum	Sassafras Camphre Badiane Cannelle Muscade	Ylang
PRÉPARATION...			Du Girofle p. la Soude	Eugénol chauffé avec KOH	Eugénol acétylé	Méthylation de l'Eugénol	Méthylation de l'Iso-Eugénol	Du Camphre	Safrol et KOH
ODEUR	Faible, analogue à la Créosote		Épicée, brûlante de Girofle	Œillet		Note particulière d'Œillet.		Forte, léger. camphrée	Analogue au Safrol
EMPLOIS			Parfumerie. Matières premières de la Vanilline	Parfumerie. Œillet Oxydé donne Vanilline				Mat. prem. de l'Héliotropine. Savons ordinaires	Oxydé donne de l'Héliotro pine.

	CHAVIBÉTOL	CRÉOSOL	MYRISTICINE	DIMÉTHYL-PHLORACÉTO-PHÉNONE
Synonyme ...	Bétolphénol			
Formule....... Poids moléc.	$C_{10}H_{12}O_2$ 164	$C_8H_{11}O_3$ 131	$C_{11}H_{13}O_3$ 192	$C_{10}H_{12}O_4$ 196
Constitution.	(noyau benzénique : CO-CH³, HO, COOH, HO, OH, C, CH²-CH=CH³)	(noyau benzénique : C-CH³, HO, OH, HO, O-OH, C-OH)	(noyau benzénique : H³O, CO-CH⁹, OC, CO, HC, CH, O, CH²-CH=CH³)	(noyau benzénique : CH³, CH, OC, C-OH, HO, C-CO, OC, CH³, CH³)
Caractéristiques				
Pt Fusion.....	+8°,5	5.5	149°,5 s/15ᵐᵐ	82–83°
Pt Ebullition	255°	220°–221°	1.1450	
Ps Spécifique	1.069	1.1112		
Pr Rotatoire.	+8°, 5°		1.5403	
I. Réfraction	1.5413			
	Benzoyle 49–50° Acétyle 5° Bleu-vert av. Perchlorure de Fe.		Dibrom. 130°	Oxime 108–110° Éther Méthyl. 103° Monobromure 187° Comb. Acétylée 106–107°
État naturel	Bétel	Ylang	Muscade Macis Persil	Blumea balsamifera
Préparation...				
Odeur	Bétel	Odorant phénolique	Puissant	
Emplois				

	ASARONE	ELÉMICINE	APIOL	APIOL D'ANÉTH.	ALLYL-TÉTRA-MÉTHOXY-BENZÈNE
Synonyme ...				Dillapiol	
Formule....... Poids moléc.	$C_{12}H_{16}O_3$ 208	$C_{12}H_{16}O_3$ 208	$C_{12}H_{14}O_4$ 222	$C_{12}H_{14}O_4$ 222	$C_{13}H_{18}O_4$ 238
Constitution.	(noyau benzénique : CO-CH³, HO, CO-CH³, H³C-OC, CH, C, CH=CH-CH³)	(noyau benzénique : OO-CH³, HO³-OC, CO-OH³, HC, CH, O, CH²-CH=CH⁹)	(noyau benzénique : CO-CH³, H³C-OC, CO, HC, CO-CH³, C, CH²-CH=CH²)	(noyau benzénique : CH³, CO-CH³, OC, CO, OC, CH, CH³, C, CH²-CH=CH³)	(noyau benzénique : CH³, CO-CH³, OC, CO-CH², HO, CO-CH³, O, CH²-CH=CH³)
Caractéristiques					
Pt Fusion.....	62°	280°	30°		25°
Pt Ebullition	296°	144-147° 10ᵐᵐ	294°	285°	
Ps Spécifique	1.088	1.066	1.1788	1.1544	1.087 (25°
Pr Rotatoire.					
I. Réfraction	1.5719	1.5287	1.5380	1.5278	1.5146 (25°
	Dibromure 85–86°		Tribromure 88-89° Av. KOH→Iso-Apiol P. F. 55-56°	Dibromure 110°	Oxydé p. Perman-gan. ᵐ Ac. tetramé-toxy-benzoïque 87°
État naturel	Asaret Calamus Matico	Elémi de Manille	Persil Matico Camphrier (Vénézuela	Matéco-Anéth. Crithme	Persil
Préparation...			Cristallisé du persil p. refroidissement		Refroidissement du Persil
Odeur	Inodore		Faible odeur de persil		
Emplois					

LACTONES

LACTONES

	Coumarine	Citraptène	Sédanolide	Lactone du Costus	Alantolactone	Angélique Lactone			
Formule....... Poids moléc.	$C^9H^6O^2$ 146	$C^{11}H^{10}O^4$ 206	$C^{12}H^{18}O^2$ 194	$C^{15}H^{20}O^2$ 232	$C^{15}H^{20}O^2$ 232	$C^{16}H^{16}O^2$ 244			
Constitution.	CH HC / \ CH HC \ / CO C | CO | CH = CH	C–O–CH³ HC / \ CH CO \ / CO C CO | CH³ CH = CH	C⁴H⁹ CH | H³C / C–CH O H²O \ CH–CO CH³		C¹⁴H²⁰ < O / CO				
Caractéristiques									
Pt Fusion..... Pt Ebullition	67–68° 208°	146–14	88–89°	205–211 sous 13 ᵐᵐ	76° 275°	83° 250°			
Ps Spécifique Pr Rotatoire. I. Réfraction				1.0939 +24° 1.53043					
Solub.	Sol. d. l'eau chaude. Sol. 10 vol. Alc. 70° Transformée par la lumière en hydrocoumarine.	Dibromure 250–260°			Hydrochlorure 117° Hydrochlorure 106°	Dibromure 143–5°			
État naturel	Fèves Tonka. Dipteryx. Mellilot. Liatrix odoratissima, etc.		Céleri	Costus	Inula belenium	Angélique (racines)			
Préparation...	De l'Aldéhyde salicylique, ou de l'ortho-hydroxy-benzylidene chlorure.								
Odeur	De fève tonka. Foin. Chaude et tenace. Saveur ambrée.	Inodore	Caractéristique du Céleri						
Emploi	Parfumerie. Savonnerie. Foin coupé								

	PINOL	CINÉOL	ASCARIDOL	MONOXYDE DE GERANYLE	DIOXYDE DE GERANYLE	BERGAPTÈNE	Xanthotoxine	ANHYDRIDE SEDANONIQUE
Synonyme ...		Eucalyptol						
Formule ...... Poids moléc.	$C^{10}H^{16}O$ 152	$C^{10}H^{18}O$ 154	$C^{10}H^{16}O^2$ 168	$C^{10}H^{16}O^2$ 170	$C^{10}H^{18}O^2$ 186	$C^{12}H^8O^4$ 216	$C^{12}H^8O^4$ 216	$C^{12}H^{18}O^5$ 210
Constitution.		(structure)	(structure)	(structure)	(structure)	(structure)	(structure)	(structure)
Caractéristiques P.f Fusion.....		$+1°$				188°	145-146°	
P.é Ebullition	183-184° s/50%	176-177°	83° s/5%	157-158° s/25%	180-183° sous 25%			
P.s Spécifique	0.9697	0.930	1.008	0.9618	1.0472			
P.r Rotatoire.	-92°	±0°	-4°14'					
I. Réfraction	1.4708	1.4590	1.4731	1.4681	1.4653			
	Dibromur. 94°	Hydrobromure 56° Iodure 112°	Dibenzoate 117°	Ether acétique PE-208 s/25%		Solide	Dibromure 164° Dérivé nitré 230°	
État naturel	Artificiel	Eucalyptus (divers) Cajeput. Niaouli Semen-contra Safran. Galanga Gingembre Badiane, etc.	Chenopodium ambrosoides	Artificiel	Artificiel	Bergamote	Fagara Xanthoxyloides	Céleri
Préparation...	Du Pinène	De l'Eucalyptus globulus		du géraniol p. oxydation	Oxydation du Géraniol p. O. actif			
Odeur		Camphrée		faible	Inodore	Inodore		
Emplois.........		Médecine						

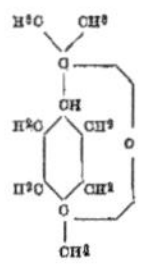

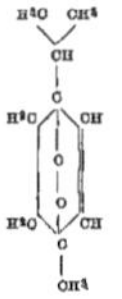

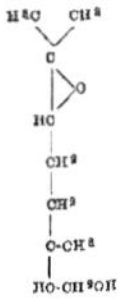

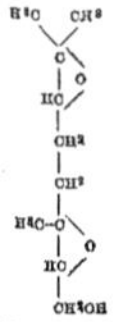

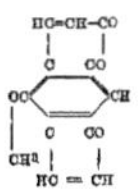

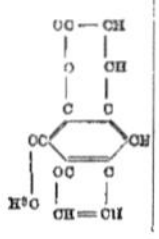

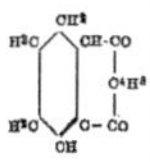

	Diphényl-Oxyde	Oxyde de Carline	Dicitronel-lyl-Oxyde	Monoxyde de Linalyle	Dioxyde de Linalyle
Formule...... / Poids moléc.	$C^{12}H^{10}O$ / 170	$C^{14}H^{10}O$ / 182	$C^{20}H^{34}O$ / 290	$C^{10}H^{18}O^2$ / 170	$C^{10}H^{18}O^3$ / 186
Constitution.	(structure)	(structure)		(structure)	(structure)
Caractéristiques					
Pt Fusion.....	27–28°				
Pt Ebullition	252–253°	167–168 sous 20 m/m	182–183° sous 12 m/m	193°–194°	
Ps Spécifique		1.0678	0.9239	0.9442	
Ps Rotatoire.		±0°	–4°	–5° 26′	
I. Réfraction		1.5860	1.49179	1.45191	
		Oxidé=Ac. benzoïque			
Etat naturel	Artificiel	Carlina Acaulis	Citronelle de Java		
Préparation..	Phénol et Chlorure d'Al.			Oxydation du Linalol	
Odeur	Puissante de Géranium. Tenace				
Emplois	Savonnerie Parfumerie				

NITRILES — COMPOSÉS AZOTÉS

	Ac. Cyanhy-drique	Cyanure d'Allyle	Cyanure de Benzyle	Nitrile Phé-nyl-propio-nique
Synonyme ...	Acide prussique			
Formule....... / Poids moléc.	$C\,H\,N$ / 27	C^4H^5N / 67	C^8H^7N / 117	C^9H^9N / 131
Constitution.	$H-C\equiv N$	(structure)	(structure)	(structure)
Caractéristiques				
Pt Fusion.....				
Pt Ebullition	26°,5	120°	231°5	261°
Ps Spécifique	0.700	0.8365	1.0170	
Ps Rotatoire.				
I. Réfraction				
	Violent poison	Av. KOH= Acide crotonique P.F. 72°	Av. KOH= Acide phényl-acétique	Av. KOH= Acide phényl.propionique
Etat naturel	Amandes amères Laurier-cerise etc. sous forme de glucoside	Moutarde	Cresson Néroli (?) Capucine (?	Cresson
Préparation...	Des cyanures des goudrons de houille			
Odeur			Forte désagréable	
Emplois	Médecine			

AMIDES / COMPOSÉS AROMATIQUES AZOTÉS

	AMIDES		COMPOSÉS AROMATIQUES AZOTÉS	
	INDOL	SCATOL	NITRO-BENZÈNE	DAMASCÉ-NINE
Synonyme			Mirbane	
Formule... ... Poids moléc.	$C^8 H^7 N$ 117	$C^9 H^9 N$ 131	$C^6 H^5 NO^2$ 123	$C^{10} H^{13} NO^3$ 195
Constitution..	*(structure : noyau benzénique fondu au pyrrole)* OH ; HC, C, CH ; HC, C, CH ; CH, NH	*(structure)* CH³ ; CH ; HC, C, C ; HC, C, CH ; CH, NH	*(structure)* CH ; HC, CH ; HC, CH ; C ; NO²	*(structure)* CO-CH³ ; HC, C-NH-CH³ ; HC, C-CO-O ; CH ; H³C
Caractéristiques				
Pt Fusion.....	52°	95°	+5°	26°
Pt Ebullition	253-254	265-266°	209°	270°
Ps Spécifique			1.2060	
Pr Rotatoire.				
I. Réfration			1.5520	
Solubilité		Chlorydr 168° Comb. Ac. pi- crique 172-173°		
	Brunit à l'air		P. réduction- Aniline	
ETAT NATUREL..	Néroli Jasmin Produits de la digestion Celtis reticu- losa	Celtis reticu- losa Civette Produit de la digestion	Artificielle	Nigella Da- mascœna (9%)
PRÉPARATION...	Fabrication de l'indigo		Nitration de la benzine	Extrait du Nigella p. HCl
ODEUR	Jasminée Fœcale	Fœcale	Amandes amères. Vulgaire	
EMPLOIS...........	Parfumerie Jasmin	Parfumerie, en petite propor- tion. Civette	Savonnerie ordinaire Cirages	

MUSCS

	MUSC XYLÈNE	MUSC CÉTONE	MUSC AMBRETTE	
Synonyme	Trinitro-butyl toluène	P-Butyl-méta xylyl-méthyl. Cétone dinitrée		
Formule....... Poids moléc.	$C^{12} H^{14} O^6 N^6$ 297	$C^{14} H^{18} O^5 N^2$ 294	$C^{12} H^{16} O^5 N^4$ 313	
Constitution.	*(structure)* H³C, CH³, CH³ ; C ; C ; O²N-C, C-NO2 ; H³C-O, C-CH³ ; C ; NO²	*(structure)* H³C, O³H, CH³ ; C ; C ; CH³ ; O²N-C, C-CO ; H³C-O, C-CH³ ; C ; NO³	*(structure)* H³C, CH³, CH³ ; C ; C ; O²N-C, C-NO² ; H³C-C, C-O ; C ; CH³ ; NO²	
Caractéristiques				
Pt Fusion.....	110–113°	131°	85°	
Pt Ebullition				
Ps Spécifique				
Pr Rotatoire.				
I. Réfraction				
Solubilité de l'alcool 95°.	143 p. 7 gr. p. litre	66 p. 15 gr. p. litre	50 p. 20 gr. p. litre	
ETAT NATUREL	Artif.	Artif.	Artif.	
PRÉPARATION...	Du Métaxylène et Chlorure d'Isobutyle	Du Métaxylène et Chl. d'isobutyle. Condensat. avec le Chlorure d'Acétyle	Du Méta-crésol	
ODEUR	Musc	Musc. Plus fin et faible que le précédent	Musc ambré, plus fin, puissant et tenace que le Xylène.	
EMPLOIS	Parfumerie Savonnerie	Parfumerie	Parfumerie	

	Sulfure de Diméthyle	Sulfure de Vinyle	Disulfure d'Allyle	Disulfure d'Allyl-Propyle	Trisulfure de Diallyle	Iso-Sulfo-Cyanate d'Allyle	Iso-Sulfo-Cyanate de Propényle	Iso-Sulfo-Cyanate de Crotonyle
Formule....... Poids moléc.	$C^2 H^6 S$ — 46	$C^4 H^6 S$ — 70	$C^6 H^{10} S^2$ — 114	$C^6 H^{12} S^2$ — 116	$C^6 H^{10} S^3$ — 130	$C^4 H^5 NS$ — 83	$C^4 H^5 NS$ — 83	$C^5 H^7 NS$ — 97
Constitution.	CH³ | S | CH³	CH² ‖ CH | S | CH ‖ CH²	H²C CH² ‖ ‖ HC CH | | H²C CH² | | S——S	H²C CH³ ‖ | HC CH² | | H²C CH² | | S——S	H²C CH² ‖ ‖ HC CH | | H²C CH² | | S—S—S	CH³ ‖ CH | CH³ | N=C=S	CH³ | CH | CH | N=C=S	CH³ ‖ CH | CH² | CH² | N=C=S
Caractéristiques Pt Fusion..... Pt Ebullition Ps Spécifique Pr Rotatoire. I. Réfraction	37°	101 0.912	80-81° s/ 16% 1.023	66-60° s/ 16% 1.023	112-122° s/16% 1.0845	152° 1.023 0° 1.5285 Sol. d. 8 v. Alc. 70°		174° 0.993 0° 1.52308
État naturel	Menthe d'Amérique Geraniums	Allium ursinum	Ail (60 %)	Ail (5 %)	Ail	Moutarde sous forme de glucoside	Moutarde	Colza sous forme de Glucoside
Préparation...						Iodure d'Allyle et Sulfo-Cyanure de K		
Odeur	Désagréable	Ail Désagréable	Ail	Désagréable	Désagréable	Moutarde irritant		Raifort sauvage
Emplois						Alimentation		

SENEVOLS — ISOCYANATE

	DE BUTYLE SEC	DE BUTYLE	DE BENZYLE	DE PHÉNYL-ETHYLE	DE 6 OXY BENZYLE
Formule....... Poids moléc.	$C^5 H^9 NS$ 99	$C^5 H^9 NS$ 99	$C^8 H^7 NS$ 133	$C^9 H^9 NS$ 147	$C^9 H^7 O NS$ 149
Constitution.	CH^3 — CH^2 — HC—CH^3 — $N=C=S$	H^2C CH^3 \ / CH — CH^2 — $N=C=S$	CH, HC—CH, HO—CH, C, CH^2, $N=C=S$	CH, HC—CH, HC—CH, C, CH^2, CH^2, $N=C=S$	CH, HC—C—OH, HC—CH, C, CH^3, $N=C=S$
Caractéristiques Pt Fusion..... Pt Ebullition Ps Spécifique Pr Rotatoire. I. Réfraction	159--160° 0.9514 Thio. urée 135–136°	162° Thio urée 93°5	Thio urée 162°	Thio urée 137°	
ETAT NATUREL	Cardamine amara Cochléaria s/ forme de glucoside	Artificielle Cochlearia artificiel	Capucine Cresson alié-nois (?)	Réséda (racines) Nasturtium Brassica	Moutarde blanche sous forme de glucoside
PRÉPARATION...					
ODEUR	Irritante sulfurée	Irritante	Cresson	Puissante, Radis	
EMPLOIS		Médecine			

CHAPITRE VI

ESSENCES

Les essences sont groupées par ordre alphabétique. N'ont été décrites que les essences régulièrement sur le marché et utilisée par le parfumeur, le savonnier ou dans l'alimentation.

Pour chaque essence on donne les renseignements suivants:

Botanique (Nom et famille botanique ; indication relative à la nature de la plante).

Habitat.

Industrie

Partie traitée.

Procédé de traitement.

Rendement en essences pour 100 *parties de matière traitée.*

Constantes

Point de fusion. PF.

Point de congelation. PC.

Poids spécifique. PS. à 15°, (sauf indication contraire).

Pouvoir rotatoire. PR. à 15°, (sauf indication contraire).

Indice de réfraction, IR. à 15° (sauf indication contraire).

Indice d'acide. IA.

Indice de saponification. IS.

Indice d'éther. IE.

Indice d'acétylation. IAc.

Solubilité dans l'alcool, Sol (nombre de parties d'alcool à tel degré, nécessaire pour dissoudre une partie d'essence).

Constituants

Ils sont classés par fonctions.

Odeur. (Rien n'est aussi difficile en parfumerie que de définir une odeur par des mots ; j'ai cherché à donner le caractère général, la puissance et la ténacité).

Emplois. (Parfumerie, savonnerie, droguerie pharmaceutique, alimentation).

ABSINTHE   WORMWOOD OIL.

Botanique. — *Artemisia absinthium* (composées).

Habitat. — C'est une plante originaire des régions montagneuses qui entourent le bassin méditerranéen et du nord de l'Asie. Elle est cultivée dans l'Amérique du Nord et plus particulièrement dans les Etats de New-York, Wayne County, Michigan et Indiana. Depuis son interdiction, la culture de l'absinthe a disparu du sud de la France.

Industrie. — On distille la plante entière à la vapeur d'eau pour en obtenir l'essence.

Le rendement moyen est de 0,5 pour cent. Dans la fabrication des liqueurs à l'absinthe, on employait surtout des infusions de plantes sèche dans l'alcool.

Constantes. — P. S.   0,925 à 0,950.
                P. R.
                I. R.   1,466 à 1,475.
                I. S.   30 à   100
                I. Ac.   70 à   160
                Sol., 2 à 4 vol. d'alcool à 80°.
                Couleur, vert-bleu.

Constituants. — *Terpènes :* Pinène, Phellandrène, Cadinène.

Alcools : Thuyol, libre et combiné, 15 à 20 %.

Cétones : Thuyone, 30 à 45 %.

Ethers : Acétate, isovalérianate et palmitate de thuyol. 10 à 15 %.

Acides : des éthers précédents.

La matière colorante paraît être de l'azulène.

Odeur. — Herbacée, fraiche, vireuse, caractère de la thuyone.

Emplois. — L'absinthe est surtout employée dans la fabrication des liqueurs.

AJOWAN   AJOWAN SEED O.

BOTANIQUE. — *Ptychotis ajowan* (ombellifère).

HABITAT. — C'est une plante annuelle, cultivée aux Indes anglaises (Bengale), en Afganistan, en Perse et en Egypte. Récolte en avril-juin.

INDUSTRIE. — On obtient l'essence par distillation de la graine à la vapeur d'eau, avec un rendement de 3 à 4 pour cent. Les Seychelles ont donné une graine dont le rendement atteint 9 %.

CONSTANTES. — P S. 0,910 à 0,930.
                    P R. $+ 1°$ à $+ 5°$.
                    I. R. 1,498 à 1,500.

CONSTITUANTS. — *Terpènes :* Cymène - Pinène α - Dipentène - Terpinène X.

Phénols : Thymol (45 à 60 %).
              Carvacrol (?).

ODEUR. — De thym, due au thymol et au cymène.

EMPLOIS. — L'essence d'ajowan est employée à la fabrication du thymol cristallisé, que l'on obtient par refroidissement et que l'on purifie par fractionnement ou cristallisation.

Les terpènes servent en savonnerie, comme thym bon marché.

Le thymol est utilisé en médecine.

AMANDES AMÈRES   BITTER ALMONDS O.

BOTANIQUE. — *Amygdalus communis* (rosacées).

HABITAT. — L'amandier amer est cultivé dans le sud de l'Europe, en Asie et dans l'Afrique du Nord. On l'a acclimaté en Californie.

INDUSTRIE. — L'essence d'amandes amères est obtenue par la distillation des amandes amères, mais aussi des noyaux de pêche et d'abricot. L'Aldéhyde benzoïque se trouve dans l'amande sous forme de combinaison glucosidique que l'on devra décomposer avant la distillation. Les amandes sont d'abord débarassées de l'huile sous la presse, puis on broie les tourteaux, que l'on fait macérer avec de l'eau pendant 4 à 5 heures. Le dédoublement de l'amygdaline (glucoside) sous l'action de diastases donne de l'Aldéhyde benzoïque et de l'Acide cyanhydrique. On distille ensuite à la vapeur d'eau en évitant de respirer les vapeurs toxiques d'acide cyanhydrique. Le rendement pour cent est 0,5 à 2.

CONSTANTES. — P S   1,045 à 1,065
               P R   0°
               I R   1,532 à 1,545
               Sol.   Eau 300 p.
                         Alcool à 70° 1   à 1,3 p.
                           »   à 65° 1,5 à 2   p.
                           »   à 60°   2,5 p.

Falsifiée avec de l'aldéhyde benzoïque artificielle, qui contient généralement du chlore. On fait l'essai de ce dernier.

En vieillissant l'aldéhyde benzoïque forme de l'acide benzoïque par oxydation à l'air.

CONSTITUANTS. — *Alcools :* Alcool benzylique.
Aldehydes : Aldéhyde benzoïque, 75 à 85 %.
Nitrile : Phényloxy-acétonitrile.
Acides : Acide cyanhydrique, 2 à 10 %.

On a isolé un liquide plus lourd que l'eau, qui n'a pas été identifié. Il est d'odeur agréable et caractéristique ; sa teneur est de 0,2 %.

ODEUR. — Chaude et caractéristique d'amandes amères.

EMPLOIS. — Savonnerie.
Dans l'alimentation on doit employer de l'essence débarassée d'acide cyanhydrique par un traitement à la chaux et au sulfate ferreux.

AMBRETTE AMBRETTE SEED. O.
MUSK SEED O.

BOTANIQUE. — La graine d'Ambrette est produite par une plante, l'*Hibiscus Abelmoschus*, de la famille des Malvacées. C'est une herbe de 1 à 2 mètres de haut, à tiges et feuilles velues, à grandes fleurs jaune soufre avec le centre pourpre. Fruit capsulaire, graines brunes en forme de rein.

HABITAT. — Originaire des Indes, répandue dans toutes les régions tropicales. La production est environ de une tonne à l'hectare.

Les centres principaux de production sont la Martinique (15 à 20 tonnes), les Indes, il en vient également de Java, Madagascar, les Comores.

INDUSTRIE. — La distillation des graines par la vapeur d'eau donne de 0,2 à 0,4 % d'une essence concrète, à cause de la présence de 15 à 25 % d'acide palmitique solide.

Le traitement de l'essence par du carbonate de soude la débarrasse de l'acide libre et donne une essence liquide.

Les graines d'Ambrette contiennent une assez forte proportion d'huile grasse, que l'on dissout dans un traitement par dissolvant volatil, en même temps que des résines. Le rendement en oléo-résine est de 10 à 15 %. Si l'on distille ce produit à la vapeur de'au, on obtient de 0,2 à 0,25 % d'essence entrainable.

Essence concrète

CONSTANTES. — P F $+10°$ à $+20°$
P S   0,880 à 0,905
P R $0°$ à $+2°$
I R
I A   10 à 140
I S   180 à 200
I Ac   180 à 230
Sol. Alcool à 85°,   0,7 à   3
           »   à 80°, 10   à 20

CONSTITUANTS. — *Terpènes.*
Alcools : Farnésol. Totaux   70 à 75 %
                libres   20 à 25 %
Ethers : ....   50 à 60 %
Acides : Acide palmitique   4 à 20 %

ODEUR. — Puissante, chaude, d'un caractère musqué, tenace.

EMPLOIS. — En parfumerie, l'ambrette donne une note très particulière au parfum et joue un rôle important dans la finale. C'est un fixatif.

On peut l'employer en savonnerie fine.

ANGÉLIQUE   ANGELICA O.

BOTANIQUE. — *Angelica officinalis* (ombellifères).

HABITAT. — On cultive l'angélique dans le nord de l'Europe, Laponie, Suède, Norvège, Saxe.

INDUSTRIE. — Toutes les parties de la plante donnent de l'essence, par distillation. On emploie principalement celle qui provient des racines (Rendement 0,5 à 1 %). Les graines rendent 1 % d'essence.

CONSTANTES	RACINES	PLANTE ENTIÈRE	GRAINES
PS	0,854 à 0,918	0,855 à 0,890	0,856 à 0,890
PR..................	$+16°$ à $+41°$	$+ 8°$ à $+25°$	$+10°$ à $+13°$
IR	1,477 à 1,488	1,4770 à 1,4830	1.4868
IA..................	1 à 4	0 à 3	0,5 à 2
IS..................	13 à 44	17 à 25	18,1
IAc..................	50 à 75	51	
Sol. - Alcool 90°	3 à 6	5 à 6 avec louche	6 avec louche.

CONSTITUANTS. — *Terpènes, S. Terpènes.*— Phellandrène *d*. S. T. bouillant de 240 à 270°.................................... Phellandrène.

LACTONES. — $C^{15} H^{16} O^{3}$ (PF: 74 à 77°).

ANHYDRIQUES OXY-ACIDES. — Deux, cristallisés.

ACIDES. — Ac. oxy-penta-décylique ($C^{15} H^{30} O^{3}$) — Ac. Méthyl-ethyl-acétique.
Ac. Valérianique. — Deux acides méthyl-éthyl-acé-   acétique.
tiques... Ac.oxy.myristique.

ODEUR. — Puissante et piquante, caractéristique, herbacée. Quelque analogie avec le céleri et l'opoponax.

EMPLOIS. — Parfumerie. Alimentation (liqueurs).

ANIS   ANISEED O.

BOTANIQUE. — *Pimpinella Anisum* (ombellifères).

HABITAT. — C'est une plante originaire d'Asie-Mineure et d'Egypte. Elle est cultivée en Russie, Espagne, Sud de la France, Grèce, Bulgarie, aux Indes et au Chili. Les plus importants centres de production étaient la Russie et l'Asie-Mineure. L'essence d'Anis est peu à peu remplacée par celle de badiane et l'anéthol qui en est extrait.

On distille les graines à la vapeur d'eau, avec un rendement de 2 à 3 pour cent.

CONSTANTES. — P C. $+ 16^o$ à $+ 18^o$.
            P S   0,9800 à 0,9900.
            P R $- 2^o$ à $- 0^o$.
            I R   1,556 à 1,559
            Sol   Alcool 90° — 2,5 à 3
                    » 85° — 5 à 8
                    » 80° — 10 à 15

CONSTITUANTS. — *Terpènes.*

Aldéhydes : Ald. éthylique (traces).

Cétones : Anisone.

Ethers : Anéthol (80 à 90 %) - Méthyl-chavicol.

ODEUR. — Fraiche, herbacée, suigeneris. Assez volatile, goût frais et agréable. Plus fin que la badiane.

EMPLOIS. — Dentifrices. Liqueurs.

ARNICA ARNICA O.

Botanique. — *Arnica montana* (composées).

Habitat. — C'est une plante de montagne, que l'on récolte dans les Alpes et qui se trouve également dans le nord de l'Asie.

Industrie. — Les feuilles, les fleurs et la racine donnent de l'essence. On traite la plante par distillation ou par infusion dans l'alcool. Le rendement à la distillation est de 1 % en moyenne, il est un peu plus élevé pour les racines.

Constantes. —

	Fleurs	*Racines*
P S	0, 899 à 0,913	0,980 à 1
P R		$+1^o$ à $+2^o$
I R		1,5070 à 1,5080
I A	60 à 130	4 à 10
I S	22 à 23	60 à 100
I Ac		

Couleur : bleue ou verte.
Congèle au froid.

Constituants. — *Ethers :* Isobutyrate de florol - Ether diméthylique de florol. - Ether diméthylique de la thymo-hydroquinone.

Sesquiterpènes : Paraffine.

Odeur. — Puissante, perçante, pharmaceutique.

Emplois. — La fabrication des liqueurs utilise l'arnica surtout sous forme d'infusion de plantes sèches ; il en est de même de la pharmacie.

L'arnica peut donner une note originale de tête et de cœur à une composition de parfumerie.

ASPIC

SPIKE O.

BOTANIQUE. — *Lavandula spica* (labiées).

HABITAT. — L'aspic est une plante de montagne qui pousse spontanément dans les collines calcaires, de moyenne altitude, du sud de la France et de l'Espagne donnant sur le bassin méditerranéen. On en trouve quelque peu en Dalmatie.

INDUSTRIE. — On récolte la plante en juin, juillet et août et on la distille à la vapeur d'eau dans de petits alambics portatifs. Le rendement est de 0,5 à 1 %.

Elle est souvent mélangée de romarin et de sauge, qui croissent dans les mêmes régions. Il en résulte une différence d'odeur et de constantes avec l'essence française.

Quoiqu'il ne soit pas publié de statistiques, on estime que la production d'aspic peut atteindre 100.000 kilos par an.

CONSTANTES.	*Essence française*	*Essence espagnole*
P S.	0,906 à 0,920	0,900 à 0,923
P R.	$+ 1°$ à $+ 6°$	$- 5°$ à $+ 12°$
I R.	1,464 à 1,468	1,464 à 1468,
I A.	0,8 à 1,5	1 à 2
I S.	4 à 9	4 à 27
I Ac.	95 à 110	95 à 105
Sol. Alcool 70°	— 1,8 à 2	2 à 3
» 65°	— 2,8 à 3,5	
» 60°	— 4,8 à 6	

CONSTITUANTS. — *Terpènes :* Pinène - Camphène d. - Un sesquiterpène.

Alcools : Géraniol - *Bornéol* - *Linalol l* - Terpinéol d. - Cinéol - 30 à 50 % d'alcools dans l'essence française. 30 % d'alcools dans l'essence espagnole.

Ethers : Ethers des alcools précédents, 1,5 à 4 % ; un peu plus dans l'essence espagnole.

Acïdes : Acide acétique.

ODEUR. — Camphrée et agreste, avec quelque analogie avec la lavande, — l'essence espagnole est plus grossière, un peu terreuse.

EMPLOIS. — Savonnerie, Art vétérinaire. Solvant industriel, pour émaux.

BACKHOUSIA

BOTANIQUE. — Backhousia *citriodora* (myrtacées).

HABITAT. — Le Backhousia est un petit arbre originaire du Queensland, Australie.

INDUSTRIE. — L'essence s'obtient de la distillation des feuilles, avec un rendement de 0,7 % environ.

CONSTANTES. — PS   0,895   à 0,900
              P R   — 0° 30' à 0°
              I R   1,4860 à 1,4890
              Aldehydes   93 à 96 %

CONSTITUANTS. — *Terpènes.*
S. *Terpènes :* petite proportion de sesquiterpènes.
Aldehydes : Citral (93 à 96 %)

ODEUR. — De citral, plus fine que celle du lemongrass, moins que celle de la verveine, qui est plus herbacée, plus fraîche et agréable.

EMPLOIS. — Fabrication de citral pour parfumerie. Essence trop chère pour servir de matière première à l'ionone.

Le citral est employé dans les eaux de toilette et l'alimentation.

BADIANE   STAR-ANISEED O.

BOTANIQUE. — *Illicium verum* (magnoliacées).

HABITAT. — Le badianier est un arbre de 10 à 12 mètres de haut, cultivé le long de la frontière du Tonkin (Indochine française) et de la Chine, dans les régions de Lang-son et de Long-Tchéou.

INDUSTRIE. — Les indigènes distillent les fruits dans des alambics de construction curieuse, formés de cuvettes de fonte, pièces de terre cuite, cylindre en douves de bois et bambou.

La distillation des fruits, après une fermentation de quelques heures, dure 48 heures et donne un rendement de 3 à 4 % d'essence.

La production se développe régulièrement ; l'exportation se fait par le port indochinois de Haïphong ou par celui de Canton ; l'importance du mouvement par l'Indochine devient prédominante.

De 1893 à 1896 la moyenne annuelle de l'exportation par Haïphong a été de 21.733 kilos.

Elle est passée à :

34. 336 kilos de 1897 à 1900.
44.108   » de 1901 à 1904.
38.200   »   de 1904 à 1907
58.700   »   de 1908 à 1912

avec un maximum de :
100.500 kilos en 1911.

L'exportation dans les années suivantes dev'ent :
230.000 kilos en 1913
53.505   »   » 1914
74.597   »   » 1915
64.881   »   » 1916
102.325   »   » 1917
64.633   »   » 1918

```
183.543 kilos en 1919
 50.780   »    » 1920
 42.600   »    » 1921
117.241   »    » 1922
166.307   »    » 1923
```

Constantes. — P C $+ 15°$ à $+ 18°$
P S   0,9800 à 0,9900 à 25°
P R   faiblement lévogyre de —2° à 0°
I R   1,553 à 1,556
I S   1 à 5
I Ac   20 à 30
Sol. Alcool 90°   2,5 à 5
      »   85°   5   à 7
      »   80° 10   à 15

Constituants. — *Terpènes :* Pinène $d\alpha$ - Phellandrènes $l\alpha$, $l\beta$, $d\beta$ p-Cymène - Dipentène - Limonène l.
Alcools : Terpinéol α.
Aldéhydes : Ald. anisique (dans les essences vieilles).
Cétones : Anisone.
Oxydes : Cinéol.
Ethers : Anéthol (85 à 90 %). Méthyl-chavicol. Ether éthylique de l'hydroquinone. Safrol.
Acide : Acide anisique.

Odeur. — Anisée, moins fine et franche que celle de l'essence de graines d'anis.

Emplois. — Fabrication de l'Anéthol ,employé dans les dentifrices et les liqueurs à la place de l'anis. L'anéthol a l'odeur franche de l'anis.

BASILIC   BASIL O.

BOTANIQUE. — *Ocimum basilicum* (labiées).

HABITAT. — Plante originaire de l'Inde. On la cultive dans le sud de la France, en Espagne et en Algérie. Les quantités les plus importantes d'essence viennent de la Réunion. On trouve encore du basilic à Mayotte et à Java. Il en existe 4 ou 5 variétés.

INDUSTRIE. — On distille la plante entière qui donne un rendement de 0,02 à 0,08 %.

		Essence européenne	*Ess. de la Réunion*
CONSTANTES. —	P S	0,900 à 0,930	0,940 à 0,990
	P R	— 20° à — 6°	+ 1° à + 12°
	I R	1,480 à 1,495	1,5150 à 1,5175
	I A	0,2 à 3	1 à 3
	1 S	33 à 10	8 à 25
	I Ac	100 à 120	170 à 200
	Sol.	Alcool 80° 1	8
		» 75° 1 à 2	
		» 70° 3 à 5	

CONSTITUANTS. — *Terpènes* : Pinène α-d - Ocimène (?)

Alcools : Linalol (60 % dans l'essence française. Ne se trouve pas dans l'essence de la Réunion).

Oxydes : Cinéol.

Cétones : Camphre d.

Ethers : Estragol (methyl-chavicol) (25 % dans l'essence française, 60 à 70 % dans celle de la Réunion).

Phénols : Eugénol (?) - Thymol (?).

ODEUR. — Puissante, éthérée, herbacée, analogie avec l'estragon.

EMPLOIS. — Parfumerie. Effet de tête, à n'employer qu'à faible dose à cause de sa puissance.

BAUME DU PÉROU   BALSAM OF PERU O.

BOTANIQUE. — *Myroxylon Balsamum, var. Pereira* (Légumineuses).

HABITAT. — L'arbre dont les exsudations donnent le baume du Pérou, pousse dans les forêts côtières de l'Etat de San Salvador, Amérique Centrale. En 1861 on en fit quelques plantations à Ceylan et à Java où elles réussirent bien ; mais le baume n'y est pas exploité.

INDUSTRIE. — Le myroxylon ne produit du baume qu'à la suite de traumatismes ; le tronc est écorcé sur une hauteur de 0 m. 25 environ et une largeur de 0 m. 15 ; le baume exsude au bout de quelques jours et est recueilli au moyen de chiffons ; quand l'écoulement cesse, on brûle la surface du tronc avec une torche, le baume se forme de nouveau ; la troisième fois on entaille le bois avec un machete, puis on forme une nouvelle plaie au dessus de la première, et ainsi de suite jusqu'à ce que toute la surface du tronc ait été dénudée. Un arbre rend en moyenne 1 kilo 500 de baume.

Les chiffons sont bouillis dans un chaudron avec de l'eau ; le baume se sépare et se dépose.

— On trouve parfois sur le marché de petites quantités d'un Baume du Pérou blanc, de Honduras, dont on ne connait pas l'origine.

— L'entrainement à la vapeur d'eau du baume du Pérou donne une essence avec un rendement de 60 % environ.

COMMERCE. — Autrefois le Baume du San Salvador était centralisé à Callao, le port du Pérou, avant d'être exporté en Europe, ce qui lui a valu son nom.

La production annuelle est de 20 à 30.000 kilos ; avant la guerre les prix variaient entre 10 et 20 francs le kilo.

CONSTANTES	BAUME DU PÉROU	ESSENCE du BAUME DU PÉROU	BAUME BLANC DU HONDURAS
PS	1,150 à 1,160	1,100 à 1,125	1,089
PR.................		0°30' à +3°	+7°20'
IR		1,571 à 1,580	
IA (acide).........		25 à 48	27,4
IE (éther).........		200 à 254	138,
IAc................			
SOLUBILITÉ........	Presque entièrement soluble dans l'alcool é 96°. 90 % sont solubles dans la benzine.		Presque entièrement soluble dans l'alcool à 96°.

CONSTITUANTS

CONSTITUANTS	BAUME DU PÉROU	ESSENCE du BAUME DU PÉROU	BAUME BLANC DU HONDURAS
TERPÈNES..........			
ALCOOLS	Alcool benzylique. Farnésol. Nérolidol (péruviol).	Alcool supérieur (non défini).	
ETHERS	Cinnaméine (55 à 65 %).	Cinnaméine (80 à 95 %).	Cinnaméine 75 % Cinnamate de hondurèsène.
ALDÉHYDES	Vanilline (traces).		
ACIDES............	Ac. benzoïque, cinnamique.		Acides cinnamique et benzoïque.
	Ac. Dihydro benzoïque.		
RÉSINES...........	Résinotannol.		Résines Hondurésinol $C^{16}H^{26}O^{2}$. Hondurésinotannol $C^{40}H^{45}O^{10}$

La cinnaméine est un mélange des éthers cinnamique et benzoïque de l'alcool benzylique. Son indice d'éthers est 232-242. Le rapport des deux acides est :

$$\frac{\text{Acide cinnamique}}{\text{Acide benzoïque}} = \frac{40}{60}$$

— Le hondurésène a pour formule brute $C^{64}H^{64}O^{20}$ et fond à 310-315°.

ODEUR. — Douce, balsamique, fleurie, légèrement vanillée (moins que le benjoin). Moins puissant et moins épicé que le baume de Tolu. Très tenace. Quelquefois il a une odeur de fumée au début, qui disparaît dans l'essence.

EMPLOIS. — Parfumerie et savonnerie, donne du corps et de la ténacité aux compositions.

Employé en pharmacie comme désinfectant et cicatrisant des plaies et blessures.

BAUME DE TOLU   BALSAM OF TOLU

BOTANIQUE. — *Myroxylon balsamum, Var. Genninum,* (légumineuses).

HABITAT. — Le baume de Tolu est produit par un grand arbre de la même famille que celui qui fournit le baume du Pérou. On le trouve en Colombie, le long du cours inférieur du fleuve Magdaléna, dans les régions de Turbao, Mompax, Tolu et Plato. De même que pour le baume du Pérou, la sécrétion ne se produit que si l'écorce est enlevée et l'arbre blessé. Ce baume est un produit pathologique.

On fait dans le tronc des entailles profondes en forme de V, à l'angle inférieur desquelles on fixe une callebasse où coule la résine. Le baume arrive sur le marché sous forme liquide et solide ; ce dernier dérivant du premier par une plus longue dessication à l'air.

L'entraînement à la vapeur d'eau donne un rendement de 5 à 7 % d'essence.

CONSTANTES.	*Baume*	*Essence*
P S	1,2	0,945 à 1,090
P R		— 2° à + 1°
I R		1,544 à 1,560
I A	45 à 90	5 à 30
I S	150 à 205	175 à 210
P F	du baume sec 60° à 65°	
Sol.	Entièrement soluble dans l'alcool 95°, l'acide acétique, l'acétone, peu dans les huiles volatiles et la benzine.	

CONSTITUANTS. — *Terpènes :* Phellandrène.
Alcools : Farnésol. Alcool benzylique combiné.
Ethers : Benzoate et Cinnamate de benzyle (75 à 90 %).
Aldehydes : Vanilline en traces, on a dosé 0,05 %.
Acides : Acide benzoïque et cinnamique (12 à 15 % libres)·
Résines : Ether des acides benzoïque et cinnamique et d'un alcool tannique.

ODEUR. — Balsamique, fleurie, analogue à celle du B. du Pérou, mais plus aiguë et plus épicée. Jacinthe. Grande ténacité.

EMPLOIS. — Parfumerie, comme fixatif. — Savonnerie.

BAY   BAY O.

BOTANIQUE. — *Pimenta acris* (myrtacées), et variétés de la même espèce.

HABITAT. — L'arbuste qui produit l'essence de bay, croit aux Antilles.

INDUSTRIE. — On distille les feuilles. Par suite de l'irrégularité de la distillation, qui est entre les mains de petits cultivateurs, du plus ou moins de maturité des feuilles, l'essence est irrégulière dans ses propriétés et en particulier dans sa teneur en phénol.

Le rendement pour cent kilos de feuilles, est environ de 0,850 à 1 kilo.

CONSTANTES d'une essence normalement distillée.

P S   0,965 à 0,985   descend parfois à 0,920
PR   — 3° à — 0°30'
I R   1,510 à 1,520
Phénols %   55 à 68   parfois 48 %.

CONSTITUANTS. — *Terpènes :* —Pinène. Dipentène. Phellandrène *l* (?). Myrcène (?) ($C^{10}H^{16}$ — PS. 0,802).

Aldéhydes : Citral.
Phénols : Eugénol. Méthyl-eugénol. Chavicol (55 à 68 %)
Ethers : Méthyl-chavicol.

ODEUR. — Puissante, phénolée, acre, un peu girofle. Peu agréable.

EMPLOIS. — Lotions pour les cheveux (bay-rhum). Bon antiseptique.

BOTANIQUE - HABITAT. — On a cru longtemps qu'il existait trois espèces botaniques d'arbres à benjoin. En 1925 deux d'entre elles ont été identifiées :

1° *Styrax tonkinense Pierre*, dont l'habitat est la région montagneuse du Laos et du Thanhoa (Nord Annam), où il produit du benjoin ; altitude moyenne, 1.000 mètres. On rencontre ce styrax au Tonkin et dans le sud du Laos où il ne donne pas de résine.

2° *Styrax benzoin Dryand*, dans les îles Malaises, Java, Sumatra et dans la presqu'île de Malacca. Il n'est exploité qu'à Sumatra.

Le styrax benzoïdes Craib, est le même que le précédent, d'après M. Guillaumin, du Muséum de Paris. Il est exploité pour la résine à Chieng-Mai (Siam), et on le rencontre dans la partie Est du Cambodge.

INDUSTRIE. — Au Laos, le Styrax tonkinense, pousse spontanément. On le met en exploitation vers l'âge de sept ans, en lui faisant des entailles obliques sur un coté et sur toute la hauteur du tronc, au mois de juillet. La résine est récoltée en novembre-décembre, soit après abattage de l'arbre, soit sur l'arbre vivant. Si l'arbre n'a pas été pris trop jeune, son exploitation peut durer de trois à sept ans.

Le rendement par arbre est variable de un à cinq kilos.

Le benjoin est exporté par Bang-Kok, sous le nom de benjoin du Siam, il prenait autrefois uniquement cette voie. Aujourd'hui il est embarqué à Saïgon et à Haïphong.

Le Styrax benjoin fait l'objet d'une semi-culture à Sumatra, où les Malais en font des plantations dans les riziè res des provinces de Palembang et de Tapanoeli. Le gemmage n'est pratiqué que lorsque les arbres sont âgés de sept ans ; ils ont alors 12 à 15 mètres de haut. L'exploitation est continue, avec parfois un arrêt à la saison pluvieuse. Tous les deux mois et demi, ou tous les trois mois, on fait des incisions distribuées le long de trois génératrices du tronc, également espacées. On recueille le benjoin un peu avant de faire les nouvelles incisions.

La production par arbre est de trois kilos environ ; elle atteint son maximum à l'âge de dix ans et diminue jusqu'à la mort de l'arbre, qui a lieu vers les 18 ans.

Le benjoin produit au Siam, à Chieng Mai, est consommé sur place. On ne possède pas de renseignements sur son mode d'exploitation.

COMMERCE ET STATISTIQUES. — Les benjoins d'Indochine sont classés en sept catégories, suivant la dimension et l'aspect des morceaux : quatre sortes de larmes, blanc jaune, d'aspect cristallin, des grabeaux ou petits morceaux, du massé, formé de débris agglomérés et des poussières. Le benjoin de Sumatra est classé en cinq catégories.

La production de benjoin d'Indochine est de 40 à 60.000 kilos par an en moyenne ; l'exportation par les ports d'Indochine a atteint 133.000 kilos en 1913.

La production de Sumatra est plus importante ; la moyenne de six années, avant la guerre, pour le benjoin transitant par Singapore, atteint 270.000 kilos.

CONSTANTES	INDOCHINE	SUMATRA
Solubilité dans l'alcool à 96°..........	80 à 97 %	
» » la benzine	70 à 99 %	30 %

CONSTITUANTS		
ETHERS	Benzoates (benzorésinol-résinotannol)	(résines).
ACIDES...............	Ac. benzoïque libre et combiné 20 %	Ac. benzoïque libre 13 à 18 %
VANILLINE...........	1,5 %	Traces
HUILE VOLATILE...	traces.	Traces
RÉSINES..............	80 %.	Cinnamates du sumarésinol et du benzorésinol 70 à 80 %.

ODEUR. — Les deux benjoins ont des odeurs balsamiques

analogues, celui d'Indochine est plus vanillé et plus agréable. Odeur douce et très tenace.

Emplois. — Le benjoin d'Indochine est plus particulièrement employé en parfumerie, celui de Sumatra en savonnerie et en droguerie.

D'une façon générale les qualités les plus ordinaires et les déchets sont consommés en Extrême-Orient où ils servent à fabriquer les josssticks, bâtons parfumés que l'on brûle dans les pagodes et devant les autels domestiques.

Les belles sortes servent en parfumerie, dans les eaux de toilettes et les extraits, sous forme de teintures. On emploie le benjoin en savonnerie, dans la fabrication des poudres. Il sert également à donner du lustre à certains bonbons au chocolat.

Les qualités ordinaires entrent dans la composition de l'encens, que l'on brûle dans les cérémonies religieuses, ainsi que dans celle des papiers d'Arménie.

On l'emploie enfin en droguerie pharmaceutique. C'est un bon antiseptique.

BERGAMOTE   BERGAMOT .O

BOTANIQUE. — *Citrus Aurantium (Bergamia)*. Famille des Aurantiacées. — C'est un arbre de **3 à 5** mètres.

HABITAT. — Calabre (Italie), sur les rives du Détroit de Messine, de Scilla à Gérace.

INDUSTRIE. — L'essence est obtenue à froid par expression de la partie externe de la peau du fruit, au moyen d'une machine rustique commandée à la main. On emploie depuis peu des appareils plus perfectionnés, dits machines sfumatrices, qui réduisent la main d'œuvre.

Le rendement est de **300 à 600** grammes d'essence pour **1.000** fruits.

La production augmente régulièrement. De **60.000** kilos environ en **1900** elle atteint aujourd'hui **180.000** kilos.

CONSTANTES. —

P S	0,882 à 0,886
P R	$+ 8°$ à $+ 25°$
I R	1,4640 à 1,4675
I A	1 à 3
I S	100 à 125
I Ac	140 à 160
Ethers %	30 à 45
Résidu fixe à 100°	5 à 6 %
Couleur.	Colorée en vert par de la chlorophyle.

CONSTITUANTS. — *Terpènes :* Pinène - Limonène - Camphène - Bornylène - Bisabolène.

Alcools : Linalol - Alc. dihydro-cuminique - Nérol - Terpinéol. *Alcools totaux,* 40 à 50 %.

Ethers : Acétate de linalyle (30 à 45 %).

Oxydes : Bergaptène (5 à 6 %).

ODEUR. — Fraiche, éthérée et puissante. Fugace.

EMPLOIS. — Parfumerie. Effet de début dans les extraits et les eaux de toilette.

Confiserie. Savonnerie fine (saponifiée par un excès d'alcali).

Fig. 29.— " Expression " de l'essence bergamote à la machine. Calabre.

CITRON.

Fig. 30. — " Expression " des " agrumes " par le procédé à " l'écuelle ". Sicile.

BIGARADE (Orange Amère)   BITTER ORANGE O.

BOTANIQUE. — *Citrus bigaradia*, famille des rutacées.

HABITAT. — Arbre de 5 à 6 mètres de haut, originaire d'Asie. Cultivé pour l'essence en Sicile, en Provence et au Paraguay, où il est retourné à l'état sauvage.

INDUSTRIE. — L'essence de bigarade ou d'orange amère, est obtenue par expression de la peau des fruits en Sicile. Le fruit est coupé en deux (procédé à la « spugna »), ou en quatre (procédé à la « scorzetta »). La peau séparée du fruit est frottée contre une éponge qui absorbe l'essence. Dans le premier procédé l'écorce est inutilisée, dans le deuxième où elle est moins malaxée, elle est salée et utilisée ensuite. Les procédés sont sensiblement les mêmes pour les diverses agrumes. La pulpe sert à faire du citrate de chaux dont on tire ensuite l'acide citrique.

Un arbre à 20 ou 25 ans produit de 600 à 1000 oranges. La récolte a lieu en hiver. Il faut environ 1000 fruits pour un kilo d'essence.

CONSTANTES. — P S   0,848 à 0,856
P R $+ 90°$ à $+ 99°$
I R   1,4720 à 1,4748
Sol.   Alcool 96° — 0,7 à 5
          » 90° — 5 à 10
Résidu non volatil. — 2,5 à 4,5%.

Les dix premiers pour cents d'un fractionnement, doivent être d'un pouvoir rotatoire plus élevé d'un degré environ que celui de l'essence elle-même.

CONSTITUANTS. — *Terpènes* : Limonène *d* (90 %).
Alcools : Linalol *d* - Terpinéol *d* - Terpinéol *l*. - Alcool nonylique.
Aldéhydes : Citral - Citronellal - Ald. décylique.
Ethers : Anthranylate de méthyle - Ethers capryliques.

ODEUR. — Orange, fraiche et amère. fugace.

EMPLOIS. — Eaux de toilette et extraits en parfumerie. Effet de tête. - Liqueurs.

BOIS DE ROSE   ROSE WOOD O.

BOTANIQUE. — *Licari Kanali*. Famille des Lauracées (?). Arbre de 25 à 40 mètres de haut.

HABITAT. — Guyane française.

INDUSTRIE. — Les arbres sont disséminés dans la forêt guyanaise. Ils sont abattus, débités et transportés par les rivières, jusqu'aux usines de distillation à Cayenne. Quelques installations se sont établies dans la forêt.

Les buches sont réduites en copeaux dans des déchiqueteuses. La distillation, à feu nu ou à la vapeur, dure deux heures et donne un rendement de 1 % environ.

La consommation du bois de rose se développe rapidement ; elle était en moyenne de 2.000 kilos par an de 1890 à 1900 ; elle passe à 5.350 dans la décade suivante et atteint maintenant 100.000 kilos.

CONSTANTES.		*Solubilité*	
P S	0,874 à 0,880	Alcool à 70°	— 1,5 à 2
P R	— 15° à — 12°	» à 65°	— 2,3 à 2,5
I R	1,4600 à 1,4635	» à 60°	— 3,5 à 4,5
I A	0 à 1,5		
I S	3 à 7		
I Ac	160 à 170		

CONSTITUANTS. — *Terpènes* : Dipentène.
Alcools : Linalol (90 %) - Terpinéol *d* (5 %) - Géraniol (2,4 %) - Nérol (1,2 %).
Oxydes : Eucalyptol.
Aldéhydes : Furfurol. Ald. isovalérique (?).
Cétones : Méthyl-hepténone (traces).

ODEUR. — Doux et frais, genre muguet — ne sent pas la rose — peu tenace.

EMPLOIS. — Parfumerie, dans la tête et le corps de l'extrait, s'associe bien avec le jasmin et la fleur d'oranger.
Matière première pour le linalol.
Savonnerie fine.

CAJEPUT

CAJUPUT O.

BOTANIQUE. — *Melaleuca minor*, de la famille des Myrtacées.

HABITAT. — Diverses variétés de cet arbuste croissent dans l'Archipel asiatique et la péninsule indochinoise.

INDUSTRIE. — L'essence est obtenue par la distillation de la plante. La plus grande partie de l'essence provient des petites Moluques, en particulier de Banda et transite par Macassar. — En Indochine (Annam-Cochinchine) on distille le Melaleuca leucadendron L, qui donne une essence de cajeput analogue à la précédente. On a étudié les essences d'une dizaine d'autres melaleucas.

		Melaleuca	
CONSTANTES. —		*à larges feuilles*	*à feuilles étroites*
	P S	1,0019	0,9056
		— 3° 44'	— 0° 22'
	I R	1,5250	1,4794
	I A	0,4	0,7
	I S	7,6	11,8
	I Ac	15,2	84,8

CONSTITUANTS. — *Terpènes :* Pinène l. (?).

Alcools : Terpinéol.

Aldéhydes : Butyrique - Valérique-Benzoïque.

Oxydes : Cinéol (65 % d. le M. à feuilles étroites).

Phénols : Iso-eugénol (78 % dans le M. à feuilles larges).

Ethers : Acétate de terpényle.

ODEUR. — L'odeur caractéristique est celle du constituant principal ; cinéol (eucalyptol) ou iso-eugénol.

EMPLOIS. — Le M. à feuilles étroites est employé en droguerie pharmaceutique (rhumatismes, crampes d'estomac, moustiques).

CALAMUS CALAMUS O.

BOTANIQUE. — *Acorus calamus* (N.-O. Aroidées).

HABITAT. — Originaire d'Asie, ce roseau se rencontre le long des rives des cours d'eau d'Europe.

INDUSTRIE. — On distille le rhizome frais qui donne environ 1 % d'essence. Le rhizome sec en rend de 1,5 à 3,5 %.

CONSTANTES. —

			Solubilité
P S	0,958 à 0,970		dans l'alcool
P R	$+ 9°$ à $+ 35°$		à 90°
I R	1,500 à 1,508		1.
1 A	0° à 3°		
I S	5 à 20		
I Ac	30 à 55		

CONSTITUANTS. — *Terpènes* : Pinène α. Camphène.
S-Terpènes : Calamène.
Alcools : Alcool tertiaire ($C^{15}H^{24}O$). Alcool sesquiterpénique ($C^{15}H^{24}O$).
Aldéhydes : Ald. asarylique.
Cétones : Calaméone. Camphre.
Ohénols : Eugènol.
Acides : heptylique n - palmitique.

ODEUR. — Aromatique et agréable.

EMPLOIS. -- Les rhizomes en poudre sont employés dans les sachets.
L'essence donne de bons résultats en parfumerie.

CAMOMILLE

CHAMOMILE O.

BOTANIQUE. — *Anthemis nobilis,* famille des Composées.

HABITAT. — Plante cultivée dans le sud et l'ouest de l'Europe : Belgique, France, Grande-Bretagne, Allemagne (où l'on distille également une essence de camomille de la *Matricaria chamomilla*).

INDUSTRIE. — On distille les fleurs séchées depuis peu. Le rendement en essence est de 1 % des fleurs sèches.

CONSTANTES. —
P S   0,905   à 0,920
P R   — 3° à + 3°
I R   1,4420 à 1,4585
I A   1,5 à 15
I S   220 à 320

CONSTITUANTS. —. *Terpènes.*

Alcools : Anthémol ($C^{10}H^{16}OH$) traces.

Ethers : Isobutyrate d'isobutyle - Angelates d'isobutyle, d'iso-amyle, d'hexyle - Tiglates d'amyle, d'hexyle - Ethers d'anthémol.

ODEUR. — Sui généris. Dure et peu agréable au début, avec un fond fruité.

EMPLOIS. — Pharmacie.

CANNELLE DE CHINE   CASSIA O.

Botanique. — *Cinnamomum cassia*, famille des lauracées.

Habitat. — Le cannelier de Chine est un arbuste originaire probablement de Cochinchine, qui est cultivé le long du cours inférieur du Si-Kiang et de ses affluents. Les principaux districts sont : Young et Ta-hou dans le Kouang-Si, Lo-Ting, To-King et Louk-Po, dans le Kouang-Toung.

Industrie. — La distillation s'effectue dans le cours de l'été. On traite les petites branches ainsi que les feuilles, que l'on charge dans un alambic semblable à celui de la badiane. On met un picul (60 kilos) de matière végétale avec 150 litres d'eau et l'on distille deux heures et demi. Le rendement en essence varie de 0,7 à 1 % suivant la proportion de feuilles. Celles-ci donnent un rendement de 0,5 à 0,6 pour cent kilos ; tandis que les branchettes rendent de 0,300 à 0,330 et l'écorce 1,2 à 1,5 %.

On distille généralement 30 parties de branches pour 70 de feuilles. L'essence de feuilles est la plus appréciée en chine.

On ne distille ni l'écorce ni les fleurs, qui font l'objet d'un commerce spécial et ont une valeur trop grande.

Les rendements donnés ci-dessus ont été communiqués par les distillateurs chinois et doivent être trop faibles.

Un essai de distillation par une maison européenne a donné comme rendement et propriétés :

	Rendement %	Poids spécifiqne	Aldéhydes %
Ecorce	1,5	1,035	88,9
Bourgeons	1,550	1,026	80,4
Branchettes	1,64	1,046	92
Feuilles (avec jeunes rameaux)	0,77	1,055	93

L'essence est logée dans des bidons en plomb de 7 k.500 chacun, qui sont groupés par quatre dans une caisse.

Il règne quelque incertitude sur le chiffre de la production d'essence de cannelle dans le sud de la Chine. On estime qu'elle doit être de 100.000 à 150.000 kilos par an, dont la moitié environ transite par Hong-Kong.

CONSTANTES.		*Solubilité*	
P S	1,055 à 1,072	Alcool 70° —	2
P R	— 1° à + 6°	» 65° —	3 à 5
I R	1,600 à 1,606	» 60° —	10 à 20
I A	6 à 16		

Aldéhyde cinnamique. — 85 % au moins.

CONSTITUANTS. — *Terpènes.*

Aldéhydes : Ald. cinnamique (85 à 93 %) - Ald. ortho-méthyl-coumarique - Ald. salicylique - Benzaldéhyde - Ald. Méthyl-salicylique.

Lactones : Coumarine.

Ethers : Acétade de cinnamyle - Acétate de phényl-propyle.

Acides : Acide cinnamique, benzoïque, salicylique

ODEUR — Caractéristique de l'Aldéhyde cinnamique chaude et épicée, mais moins fade.

EMPLOIS. — Savonnerie.

CANNELLE DE CEYLAN   CINNAMON O:

Botanique. — *Cinnamomum zeylanicum* (lauracées).

Habitat.— Le cannelier est une arbre qui peut atteindre 9 à 10 mètres de haut à l'état sauvage. Il existe sous forme de nombreuses variétés, à Ceylan, aux Indes, en Indochine, à Java, aux Seychelles, aux Mascareignes, à Madagascar, à la Jamaïque, aux Guyanes et au Brésil.

Industrie. — Dans certaines régions on emploie l'arbre sauvage. Les meilleurs produits sont obtenus à Ceylan, d'arbres cultivés. Ces cultures ne dépassent généralement pas l'altitude de 150 à 200 mètres, quoique à l'état sauvage on rencontre le cannelier jusqu'à 900 et 1200 mètres. La sixième année de la plantation les arbres sont coupés au ras du sol, de façon à former une souche d'où partent des rameaux. On ne coupe ceux-ci qu'après un an et demi à deux ans, en Mai-Juin ou en Novembre-Décembre, après les pluies. On renouvelle la coupe tous les deux ans environ.

L'exploitation principale est l'écorce, qui après séchage est vendue en rouleaux sous le nom de « quills ». Les déchets, débris, que l'on appelle « chips » sont seuls employés pour la distillations, les « quills » étant réservés à l'alimentation et à la droguerie.

Un hectare en plein rapport donne environ 170 kilos d'écorce.

A Ceylan on fait macérer les chips dans l'eau salée avant d'en extraire l'essence. En Europe, on distille dans des alambics à vapeur.

Le rendement en essence est de 0,5 à 1 %.

On distille également les feuilles, dont l'essence contient de l'eugénol au lieu d'aldéhyde cinnamique et sert à falsifier l'essence d'écorce.

		Ecorces	*Feuilles*
	P S	1,020 à 1,040	1,043 à 1,066
Constantes. —	P R	— 1° à 0°	— 0°10' à 2°35'
	I R	1,585 à 1,591	1,530 à 1,540
	Sol.	Alc. 70° — 2	— 2 à 3

»	65°	—	4	
»	60°	—	12	
Aldéhydes %	65 à 75			0 à 3
Phénols %	4 à 10			70 à 95

Un procédé facile pour reconnaître un mélange des deux essences consiste à dissoudre une goutte de l'essence à examiner dans cinq gouttes d'alcool et à ajouter un peu de chlorure de fer en solution. Il se produira une légère coloration verte avec l'essence pure tandis que l'essence falsifiée provoquera une teinte bleu-foncé.

CONSTITUANTS	ÉCORCES	FEUILLES
Terpènes...........	Pinène - Cymène - Phellandrène - Caryophyllène.......................	Terpènes.
Alcools	Linalol.................................	Linalol.
Aldéhydes	Cinnamique (65 à 75 %) - Nonylique - Benzylique - Cuminique - Hydrocinnamique - Furfurol...	Cinnamique (1 à 3 %). Benzylique.
Ethers..............	Acétate de cinnamyle - Acétate de phényl-propyle - Isobutyrate de linalyle	
Cétones	Méthyl-amyl-cétone...................	
Phénols	Eugénol (4 à 10 %)	Eugénol (70 à 95 %). Safrol.
Acides		Acide benzoïque.
ODEUR	Fine et chaude d'Aldéhyde cinnamique, n'a pas la fadeur et la grossièreté de l'Essence de Chine	Girofle, chaud et épicé.
EMPLOIS	Parfumeries - Dentifrices - Confiserie - Alimentation - Bon antiseptique.	Savonnerie.

CARDAMOME CARDAMOM O.

BOTANIQUE. — *Elettaria Cardamomum.* (zingiberacées).

HABITAT. — Il existe de nombreuses variétés, Mysore, Mangalore, Malabar, etc. Ce sont des plantes rhizomateuses, cultivées aux Indes et à Ceylan dans les endroits humides. Elles sont sauvages en Indochine, où on les exploite toutefois.

INDUSTRIE. — On utilise les graines qui sont surtout employées comme épices ; on obtient une essence de leur distillation. Les rendements pour les graines de Ceylan, varient entre 3 et 8 %.
Exportations de Ceylan, 250 à 400 tonnes de graines.

CONSTANTES.			*Solubilité*
P S	0,923 à 0,945		
P R	+ 24º à + 48º		Alcool à 70º 2 à 5
I R	1,4620 à 1,4675		
I A	1 à 4		
I S	90 à 150		

CONSTITUANTS. — *Terpènes :* Terpinène (?) Limonène (?). Sabinène.
Alcools : Terpinéol d. α (25 à 45 %).
Oxydes : Cinéol.
Ethers : Acétate de terpényle.

ODEUR. — Fraîche et puissante, épicée, originale. Note térébenthinée au début.

EMPLOIS. — Parfumerie. Alimentation.

CARVI   CARAWAY O.

Botanique. — *Carum carni* (ombellifères).

Habitat. — Plante cultivée dans les régions basses du nord et du centre de l'Europe, Angleterre, Hollande, Allemagne. On l'obtient aussi au Maroc.

Industrie. — L'essence s'obtient de la distillation des graines. Celles de Hollande donnent le meilleur produit. Le rendement, suivant l'origine de la matière première, varie entre 3 et 7 %.

Constantes.

		Solubilité
P.S	0,910 à 0,918	Alcool 85° — 0,5
P R	+ 70° à + 83°	» 80° — 5
I R	1,4840 à 1,4890	» 75° — 15
I A	jusqu'à 1	
I S	15 à 25	*Carvone*
I Ac	50 à 60	50 à 60 %

Constituants. — *Terpènes :* Limonène *d*.
Cétones : Carvone (50 à 60 %).

Odeur. — Chaude et puissante.

Emplois. — Alimentation. Liqueurs. Savonnerie.

CASSIE CASSIE O.

Botanique. — *Acacia farnesiana. Acacia cavenia* (légumineuses).

Habitat. — Le premier est connu en Provence sous le nom de cassier ancien ou Farnèse, le deuxième sous celui de cassier romain. Le cassier se rencontre dans les régions tempérées et chaudes du monde entier : Provence, Afrique du Nord, Syrie, Egypte, Antilles, Indes, Océanie, Philippines, Amérique du Sud, etc...

Industrie. — On traite les fleurs dans le Midi de la France, par épuisement à chaud au moyen de corps gras, pour faire des pommades, ou à froid par dissolvants volatils. La purification du parfum concret d'extraction donne une essence.

Le rendement en parfum absolu liquide par extraction est de 1 à 2 pour mille.

A Grasse et à Cannes on traite de 40 à 50.000 kilos de fleurs par an.

Constantes de l'essence d'entraînement à la vapeur d'eau

P C	18°
P S	1,040 à 1,058
P R	— 1° à 0°
I R	1,5133 à 1,5150
I A	25 à 42
I S	114 à 230

Constituants. — *Alcools :* Farnésol. Geraniol. Linalol. Alc. benzylique.

Ethers : Salicylate de méthyle.

Aldehydes : Décylique. Cuminique. Anisique.

Cétone : Cétone à odeur de violette.

Odeur. — Puissante, chaude et tenace, de la famille de l'iris et de la violette.

Emplois. — Parfumerie ; parfums au réséda, à la violette, à l'iris.

CÈDRE   CEDAR WOOD.

BOTANIQUE. — *Juniperus Virginiana* (conifères).

HABITAT. — Le cèdre de Virginie est un arbre de 20 mètres qui pousse dans le sud-est des Etats-Unis.

INDUSTRIE. — Le bois est employé à la fabrication des crayons et des boîtes de cigares. On distille les sciures provenant du travail du bois. avec un rendement en essence de 2,5 à 5 %. La distillation des feuilles donne aussi une essence avec un rendement de 0,2 %.

CONSTANTES	BOIS	FEUILLES
PS.....................	0,940 à 0,960	0,883 à 0,900
PR	−45° à −25°	+55° à +52°
IR.....................	1.500 à 1.510	
IA	0 à 2	
IS	2 à 10	8 à 14
IAc	20 à 50	35 à 45
Solub.	Alcool 96° - 0,5 à 20 » 90° - 15 à 20 Quelquefois avec trouble.	Sol. à 90° Insoluble dans 10 p. à 80°.
CONSTITUANTS		
Terpènes...............	Cédrène	Pinène α - Cadinéne - Limonène.
Alcools	Cédrol - Pseudo-cédrol - Cédrénol.	Bornéol.
Ethers..................		de Bornyle (Valérianate, etc...
ODEUR	Caractéristique des crayons et boîtes à cigares. Tenace.......................	Puissante, un peu aigrelette et vireuse, légèrement camphrée, aigue comme le romarin. Puis tourne à l'éther de bornyle. Savonnerie.
EMPLOIS	Parfumerie, en petite dose comme fond et fixatif. Savonnerie. En poudre dans les parfums à brûler.	

CELERI   CELERY O.

BOTANIQUE. — *Apium graveolens* (ombellifères).

HABITAT. — Le céleri est une plante cultivée comme légume, dans les régions tempérées. Elle est traitée pour son huile essentielle en France et en Allemagne.

INDUSTRIE. — La distillation des feuilles et des graines donne des essences différentes. On distille également le céleri sauvage, qui croit en Provence et est connu sous le nom d'Ache des marais.

Les graines donnent un rendement de 3 % d'essecne, la plante de 1 % environ.

CONSTANTES	CÉLERI		ACHE DES MARAIS
	Graines	Feuilles	
PS	0.860 à 0.895	0.848 à 0.880	0.871
PR.................	+60° à +82°	+41° à +60°	+58° 30'
IR	1.478 à 1.486	1.478 à 1.481	1.4771
IA.................			1,8
IS.................		25 à 50	41,5
IAc.................		30 à 60	
Solub...............		Alcool 90° - 10	Alcool 90 - 6

CÉLERI DES GRAINES.

CONSTITUANTS. — *Terpènes :* Limonène *d* (Constituant principal).

S-Terpènes : Sélinène.

Lactones : Sédanolide.

Phénols : Guaïacol.

Acides : Palmitique. Sédanonique. Sédanolique.

ODEUR. — Fraiche, suigénéris, herbacée; peu tenace.

EMPLOIS. — Alimentation. Parfumerie, odeur de tête.

CHAMPACA

BOTANIQUE. — *Michelia Champaca* (Champaca jaune) *Michelia Longifolia* (Champaca blanc). Famille des magnoliacées.

HABITAT. — Cet arbre pousse aux Indes, à Java, aux Philippines, à la Réunion, îles de la Sonde, etc... Il est originaire des Indes.

INDUSTRIE. — On distille ou on traite par l'extraction, les fleurs des deux variétés de Champaca. La distillation donne un rendement de 0,140 à 0,160 %.

CONSTANTES.	*M. Champaca*	*M. Longifolia*
P S	0,904 à 0,910 à 30°	0,883 à 0,897
P R		— 12° 50'
I R	1,4640 à 1,4688	1,4470 à 30°
I S	124 à 146	180
I A	199	

CONSTITUANTS. — *Terpènes.*
Alcools : Alc. benzylique. Linalol. Géraniol.
Cétones : Une cétone non caractérisée, dont la phényl-hydrazone fond à 161°.

$$R - CH = CH - CO$$

Phénols : Iso-eugénol. Méthyl-eugénol.
Ethers : Anthranylate de méthyle. Ether de l'acide méthyl-éthyl-acétique.
Acides : Ac. benzoïque.
Corps cristallisé : $C^{16}H^{20}O^5$, dont le point de fusion est 165-166°.

ODEUR. — La fleur a une odeur suave, chaude, complexe, de l'ordre de celle de l'Ylang. L'essence ne la rappelle que de loin.

EMPLOIS. Parfumerie. —

CITRON   LEMON O.

BOTANIQUE. — *Citrus limonum*, de la famille des rutacées.

HABITAT. — Petit arbre de 3 à 6 mètres, originaire des Indes, cultivé dans le bassin méditerranéen, Australie, Floride, Californie, Antilles, etc...

INDUSTRIE. — L'essence de citron, n'est fabriquée qu'en Sicile et en Calabre. Elle est obtenue de l'écorce du fruit, par expression, au moyen de l'éponge et à la main, procédé décrit à Bigarade.

Il faut environ 1.200 citrons pour produire un kilo d'essence. La récolte a lieu en hiver.

Messine est le centre de production le plus important. En moyenne les exportations d'Italie varient entre 800.000 et 1.000.000 kilos.

CONSTANTES. — P S   0,854   à 0,862
              P R   + 54° à + 57°
              I R   1,4745 à 1,4760
              Solubil. dans l'alcool à 96° 0,3 à 2
              Résidu fixe à 100°   2 à 6 %
              Citral   4 à 6 %

CONSTITUANTS. — *Terpènes* : Pinène *l*. Camphène. Phellandrène. Terpinène γ. Cadinène. Bisabolène. *Limonène d* (90 %). Octylène.
  Alcools : Terpinéol.
  Aldéhydes : Octylique.-nonylique-Citronellal.-Citral.
  Cétones : Méthylhepténone.
  Lactones : Citraptène.
  Ethers : Acétate de linalyle, de géranyle.-Anthranylate de méthyle.

ODEUR. — De citron, frais, volatile.

EMPLOIS. — Parfumerie, extraits, eaux de toilettes. — Alimentation, confiserie.

CITRONELLE DE CEYLAN CEYLON CITRONELLA O.

BOTANIQUE. — *Cymbopogon Nardus,* famille des graminées.

HABITAT. — Il existe plusieurs variétés de cette herbe, que l'on cultive aux Indes et à Ceylan. La citronelle « lana-batu » est plus particulièrement cultivée aux Indes ; la variété «Maha-pangiri» à Java.

INDUSTRIE. — L'herbe peut être distillée toute l'année, mais c'est particulièrement dans les deux périodes de juillet-août et de décembre-janvier, que la récolte est effectuée. La distillation est faite par les hindous dans des appareils métalliques, chauffés à la vapeur ; il existe cependant encore des appareils primitifs à feu nu. Les plantations durent environ 18 ans, sans renouvellement des plants. La production est au maximum la troisième année et atteint environ 18.000 lbs d'herbe à l'acre pour l'année et 70 lbs d'essence. Ces chiffres correspondent à une production de 20.000 kilos d'herbe à l'hectare, et de 80 kilos d'essence.

Le rendement en essence pour cent kilos d'herbe est de 0 k. 400 environ.

Les exportations de citronelle des Indes ont atteint 500.000 kilos en 1895 et se sont depuis tenues au dessus de ce chiffre, aux environs de 600 à 700.000 kilos. En 1900, on a compté 650.000 kilos. Elle se maintient actuellement entre ce dernier chiffre et 900.000 kilos.

CONSTANTES. — P S 0,900 à 0,920
P R — 20° à — 5°
I R 1,4785 à 1,4900
Produits acétylables (en géraniol) 55 à 60 %

Solubilité Alcool 85° — 0,5
» 80° — 1 trouble avec un excès.

Pour doser séparément les Alcools et les Aldéhydes, on emploie la méthode de Dupont et Labaume.

Constituants. — *Terpènes :* Camphène. Limonène *l.* Dipentène. Terpènes totaux 10 à 15 %.

S-Terpènes : Deux sesqui-terpènes.

Alcools : Géraniol (35 à 45 %). Nérol. Bornéol (1 à 2 %). Alc. iso-amylique. Terpinéol α. Farnésol.

Aldéhydes : Citronellal (15 à 20 %). Ald. iso-valérique.

Cétones : Méthylhepténone. Thuyone (?).

Ethers : Acétates. Valérianates.

Phénols : Méthyl-eugénol (7 à 8 %).

Odeur. — Fade de citronellal, quelque peu écœurante qui couvre une odeur de géraniol.

Emplois. — Savonnerie ordinaire.

CITRONELLE DE JAVA   JAVA CITRONELLA O.

BOTANIQUE. — *Cymbopogon Nardus,* herbe de la famille des graminées. Variété Maha-pangiri.

HABITAT. — Originaire des Indes. Sa culture s'est surtout développée à Java.

INDUSTRIE. — Dans de bons terrains, avec un régime de pluies abondantes, la citronelle peut être récoltée et distillée toute l'année ; pratiquement on fait quatre coupes par an. La production d'herbe est de 4 à 5 tonnes par acre, dans ces conditions, soit 10 à 12 tonnes à l'hectare.

Les plantations se font par marcottages et non par graines ; elles durent plusieurs années ; le rendement en essence va en croissant pendant 4 ou 5 ans puis diminue. L'essence se trouve principalement dans les feuilles.

Le procédé de traitement est la distillation à la vapeur d'eau. On fait sécher les feuilles avant de les distiller, ce qui doit entraîner de la fermentation.

Le rendement en essence varie de 0,5 à 1,2 %, calculé sur l'herbe fraîche.

Une soixantaine d'usines traitent la citronelle à Java ; les exportations sont environ de 400.000 kilos par an. Elles étaient descendues à 278.000 kilos en 1921, en remonter à 1.118.000 kilos en 1926 (Production estimée 1.400.000 k.)

CONSTANTES. — P S   0,882   à 0,900
              P R   — 3° à 0°
              I R   1,4640 à 1,4725
              Produits acytélables (en geraniol) 80 à 95 %
              Solubilité   Alcool à 85° — 0,5
                           »   80° — 1   trouble avec un excès.

Pour doser séparément les alcools et les aldéhydes, employer la méthode de Dupont et Labaume.

CONSTITUANTS. — *Terpènes.*
Alcools : Géraniol (35 à 45 %). Citronellol.
Aldéhydes : Citronellal (35 à 50 %). Citral (0,2 %).

Phénols : Méthyl-eugénol (1 %). Chavicol (?). Eugénol.
Oxydes : Dicitronelloxyde.
Acides : Ac. citronellique.

ODEUR. — Citronnée, plus agréable que celle de la citronelle de Ceylan.

EMPLOIS. — Savonnerie. Fabrication du Géraniol, du citronellol, de leurs éthers, de l'hydroxy-citronellal.

COPAHU   COPAIBA O.

BOTANIQUE. — Plusieurs arbres de la famille des Légumineuses fournissent le baume dont est extraite l'essence de Copahu ; ce sont :

Copaisera officinalis (Cartagena, Maracaibo). *C. Guya nensis* (Guyane française). *C. Coriacea* (Bahia). *C. Multijuga* (Para). *C. Candsdorffii* (Maranham), etc...

HABITAT. — Amérique tropicale (côtes du Golfe du Mexique). Bassin de l'Amazone.

INDUSTRIE. — On obtient le baume en pratiquant des cavités, à la hache, dans le tronc des arbres. La résine se rassemble dans la cuvette que l'on a formé au bas de la cavité. On perfore quelquefois le tronc avec une mèche et l'on muni ces trous d'un bec en fer blanc par lequel s'écoule le baume.

Les propriétés des baumes varient avec leur origine ; on connait principalement sur le marché ceux de Para et de Maracaïbo.

Le rendement des arbres en baume est variable, il peut cependant atteindre de 25 à 30 kilos par an.

Le baume est entraîné à la vapeur d'eau et fournit l'essence avec un rendement qui atteint jusqu'à 85 % pour le Para et est de 40 à 60 % pour le Maracaïbo, les deux sortes le plus fréquemment distillées. Les rendements des divers baumes sont :

Maracaïbo 38 à 55 %
Para   35 » 78 »
Maranham 35 » 55 »
Cartagena 40 » 60 »
Bahia   40 » 60 »
Angostura 45 » 55 »
Maturin   40 » 55 »
Surinam   40 » 72 »

CONSTANTES	PS	PR	IR
Maracaïbo.........	0.898 à 0.906	–13° à –4°	1.4955 à 1.4980
Para...............	0.886 à 0.910	–33° à –4°	1.4930 à 1.5020
Maranham	0.896 à 0.905	–22° à –4°	1.4958 à 1.4980
Bahia..............	0.885 à 0.910	–28° à –8°	1.4940 à 1.4980
Cartagena	0.894 à 0.910	–23° à –4°	1.4938 à 1.4980
Maturin...........	0.899 à 0.904	–10° à 0°	1.4970 à 1.5008
Surinam	0.903 à 0.910	–12° à –7°	1.4978 à 1.5015
Angostura.........	0.905 à 0.916	–10° à –2°	1.4990 à 1.5020

Copaïfera Officinale

I A   0,5 à 1
I S   3   à 5
I Ac 15 à 20

Sol. Alcool 90° ; Louche avec 20 parties.

CONSTITUANTS. — *S.Terpènes :* Caryophyllène α
                    » β (2 à 5 %)
           Cadinène l

ODEUR. — Odeur de bois, sourde, sans caractère accusé.

EMPLOIS. — Pharmacie. Savonnerie.

CORIANDRE   CORIANDER O.

BOTANIQUE. — *Coriander sativum* (ombellifère).

HABITAT. — Cette plante, originaire du Levant et du Sud de l'Europe est cultivée en France, Italie, Moravie, Maroc, Russie, Thuringe, etc...

INDUSTRIE. — La distillation de la plante et des fruits donne de l'essence. Seule l'essence de fruits est employée, celle de la plante possède une odeur désagréable.

Le rendement, suivant l'origine, est compris entre 0,3 et 0,8 %.

La production annuelle a atteint 450 tonnes, ce qui correspond à 2.500 kilos d'essence environ. Une partie de la production est utilisée en infusions.

CONSTANTES. — P S   0,870   à 0,885
                  P R $+ 7°$ à $+ 14°$
                  I R   1,4635 à 1,4760
                  I A   1 à 5
                  I S   3 à 22
                  Sol   Alcool 70°   — 3

CONSTITUANTS. — *Terpènes :* Pinène α. Pinène β. Dipentène. Cymène. Terpinène. Phellandrène. Terpinolène.
Alcools : Linalol *d* (65 à 70 %). Géraniol. Bornéol.
Aldehydes : Ald. décylique.
Ethers : Acétates.

ODEUR. — Odeur douce, un peu orange.

EMPLOIS. — Dentifrices. Liqueurs (sous forme d'essence ou d'infusion).

COSTUS   COSTUS ROOT O.

BOTANIQUE. — *Aplotaxis lappa,* plante de la famille des composées.

HABITAT. — Originaires des Indes, dans l'Himalaya, à des altitudes de 2000 à 4000 mètres.

INDUSTRIE. — On traite les rhizomes par distillation ; après les avoir séchés et broyés.

CONSTANTES. — P S   0,940 à 0,995
P R $+ 13°$ à $+ 25°$
I R
I A   8 à 25
I S   55 à 115
I Ac   105 à 162

CONSTITUANTS. — *Terpènes :* Camphène   0,4 %
Phellandrène 0,4
Aplotaxène $(C^{17}H^{28})$ 20
S-Terpène : Costène α. Costène β   12
Alcools : Alcool terpénique   2
Costol (sesquiterpénique) $(C^{15}H^{24}O)$ 7
Lactones : Costus lactone $(C^{15}H^{20}O^2)$ 11
Costus di-hydro-lactone $(C^{15}H^{22}O^2)$ 15
Acides : Acide costique $(C^{15}H^{22}O^2)$ 14

ODEUR. — Au début le costus dégage une odeur peu agréable de bouc ; il reste ensuite une odeur ayant de l'analogie avec l'iris. Assez tenace.

EMPLOIS. — Parfumerie.

CUMIN CUMIN O.

BOTANIQUE. — *Cuminum Cyminum*, plante de la famille des ombellifères.

HABITAT. — Originaire de la Haute-Egypte ; cultivée à Malte, en Sicile, au Maroc, en Syrie, Arabie, Chine et aux Indes.

INDUSTRIE. — On distille la graine, avec un rendement de 2,5 à 4 %.

CONSTANTES. — P S   0,900   à 0,930
PR $+ 3°$ à $+ 8°$
I R   1,4940 à 1,5070
Solub. Alcool 80°   3 à 10
Aldéhydes %   25 à 35

CONSTITUANTS. — *Terpènes :* Pinène $\alpha d.$ — $p.$ Cymène. Dipentène. Pinène β. Phellandrène β.
Alcools : Alc. cuminique. Terpinéol α
Aldéhydes : Ald. Cuminique (25 à 35 %).
Ald. cuminique hydrogénée.

ODEUR. — Puissante, herbacée et piquante. Fruitée. Caractéristique.

EMPLOIS. — Alimentation (liqueurs Kummel).

CYPRÈS   CYPRESS O.

Botanique. — *Cupressus sempervirens*, arbre de la famille des conifères. Le *C. lusitanica* donne une essence analogue.

Habitat. — Bassin méditerranéen (sud de l'Europe).

Industrie. — On distille les feuilles à la vapeur d'eau. Le rendement varie de 0,5 à 1,2 %.

Constantes. —
```
P S   0,870   à   0,876
P R   + 12°   à   + 25°
I R   1,4710  à   1,4760
I A      0,7  à   2
I S        5  à   15
I Ac      25  à   40
Sol   Alcool 90°   — 3,5
         »    85°   — 10
         »    80°   — 18
```

Constituants. — *Terpène :* Pinène α d. Camphène d. Sylvestrène d. Cadinène.
Un sesquiterpène.
Alcools : Cédrol. Terpinéol 4. Sabinol.
Alcool $C^{10}H^{18}O$, à odeur de rose.
Alcool sesquiterpénique (PE 136-138° s 5 $\frac{m}{m}$).
Cétones : Cétone analogue à la thuyone.
Ethers : Ethers de terpényle.
Camphre de cyprès.

Odeur. — Térébenthinée et vireuse. Peu agréable.

Emplois. — Pharmacie (Remède contre la coqueluche).

ESTRAGON   ESTRAGON O.

BOTANIQUE. — *Artemisia dracunculus*, plante de la famille des Composées.

HABITAT. — France, Italie, Allemagne.

INDUSTRIE. — On distille la plante entière avec un rendement de **0,2** à **0,5** %.

CONSTANTES. —
P S   0,930 à 0,935
P R $+ 3°$ à $+ 5°$
I R   1,502 à 1,514
I A   0 à 0,3
I S   4 à 6
I Ac   20 à 25
Sol. Alcool 90° — 1
  »   85° — 3,2
  »   80° — 6,5

CONSTITUANTS. — *Terpènes :* Phellandrène. Ocimène (?). *Ethers :* Méthyl-chavicol (estragol) 60 à 70 %.

ODEUR. — Perçante, herbacée et caractéristique.

EMPLOIS. — Parfumerie (à l'état de trace pour l'effet de tête). — Alimentation (vinaigre, sauces).

EUCALYPTUS   EUCALYPTUS O.

BOTANIQUE. — On a décrit **132** essences d'eucaplytus, famille des Myrtacées, originaires d'Australie. On ne connait dans le commerce et l'on n'emploie que quelques-unes obtenues des espèces suivantes : *E. Australiana ; E. Polybractea ; E. Smithii.* Elles ont remplacée les essences des *E. Globulus , E. Dumosa, E. Oleosa,* etc...

HABITAT. — Australie. Le *E. Globulus* se trouve en France et en Algérie, où il s'est acclimaté.

INDUSTRIE. — On distille les feuilles à la vapeur d'eau.

CONSTANTES. — Voir le tableau.

CONSTITUANTS. —   »   »

ODEUR. — Puissante, souvent camphrée et suigéneris.

EMPLOIS. — Savonnerie. L'eucalyptol et les premières portions de la distillation sont employées en pharmacie.
Les dernières portions servent à la séparation des minerais par flotation.

CONSTANTES	AUSTRALIANA	GLOBULUS	POLYBRACTEA	SMITHII
PS..........	0.9157	0.910 à 0.930	0.9143 à 0.930	0.910 à 0.920
PR	+2,8°	0° à +12°	−2° à 0°	−7° à +9°
IR..........	1.4644 à 20°	1.460 à 1.470(20°)	1.4592à1.4736(16°)	1.457 à 1.467
IA	—	0.5 à 1	—	—
IS..........	—	8 à 10	—	1.3 à 5,6
IAc..........	—	40 à 45	—	—
Sol Alcool 70°.......	—	2,8 à 5	—	1.1 à 2.1
Eucalyptol %...	70 à 79	50 à 70	90	67 à 85
Rend. % de feuilles	1,6 à 2	1 à 1,5	1.35	3 à 4
CONSTITUANTS				
Terpènes..		Pinéne α d. Terp. non caractér. Sesquiterpène.	Pinène.	Pinène. 1 sesquiterpène.
Alcools ...	Quelques alcools libres.	Ethylique - Isoamylique. Globulol. Eudesmol.		eudesmol d.
Aldéhydes.		Valérique. Butyrique. Caproïque.	Aromadendral.	Traces.
Cétones.....	Piperitone.			
Oxydes.....	Eucalyptol.	Eucalyptol.	Eucalyptol.	Eucalyptol.
Ethers......	Qu. éthers.	du pinocarvéol.		Butyrate de butyle (?)
Phénols ...	Tasmanol.			un phénol. une parafine (PF 64°.)

FENOUIL

FENNEL O.

BOTANIQUE. — *Fœniculum (vulgare-officinalis)*. Plante de la famille des ombellifères.

HABITAT. — Bassin méditerranéen, Perse, Indes, Japon.

INDUSTRIE. — La distillation de la plante donne le fenouil amer, celles des graines le fenouil doux.
Le rendement varie de 4 à 6 % pour les graines.

CONSTANTES	FENOUIL DOUX	FENOUIL AMER
PC.	+3° à +10°	—10°
PS	0.965 à 0.975	0.900 à 0.920
PR	+6° à +24°	+30° à +40°
IR.	1.5280 à 1.5380	—
Sol.	Alcool 90° 1 » 85° 3° à 5 » 80° 5 à 8	1

CONSTITUANTS		
Terpènes	Pinène *d* - Dipentène - Camphène - Phellandrène α.	Pinène - Dipentène Cymène Phellandrène.
Cétones	Fénone (10 à 15 %).	Fénone *d* Cétone anisique.
Ethers	Anéthol (50 à 60 %). Méthyl-chavicol.	Anéthol. Méthyl-chavicol.
ODEUR	Anisée fraîche.	Herbacée, légèrement anisée.
EMPLOIS	Alimentation.	Savonnerie.

GAYAC   GUAICUM O.

BOTANIQUE. — *Bulnesia Sarmienti,* arbre de la famille des Zygophyllacées. *Palo santo* en espagnol.

HABITAT. — Argentine. Paraguay.

INDUSTRIE. — On déchiquète et on distille le bois. Le rendement est de 4 à 8 %. L'essence est solide et blanche.

CONSTANTES. — P F — 42° à 50°
                   P S 0,965 à 0,975 à 30°
                   P R — 8° à — 3°
                   I R 1,5030 à 1,5050 à 30°
                   I A 0 à 2
                   I S 0 à 5
                   I Ac 100 à 150
                   Sol. Alcool 70° — 3 à 5

CONSTITUANTS. — *Alcools :* Guaiol, (forte proportion).

ODEUR. — Très faible et fine. Analogue au thé, tenace.

EMPLOIS. — Parfumerie. Fixatif. A servi à falsifier l'essence de rose.

GENIÈVRE (baies)

JUNIPER O.

BOTANIQUE. — *Juniperus communis*, arbre de la famille des conifères. Hauteur, 3 mètres.

HABITAT. — Répandu en Europe, particulièrement sur les bords de la Méditerranées. Asie, Amérique du Nord.

INDUSTRIE. — La distillation pyrogénée du bois donne l'huile de cade employée dans l'art vétérinaire. La distillation des baies à la vapeur d'eau produit une essence avec un rendement de 1 à 1,5 %.

CONSTANTES. — P S   0,865   à 0,890
P R   — 20° à 0°
I R   1,4750 à 1,4880
I A   1 à 4
I S   2 à 8
I Ac   15 à 25
Sol. Alcool 90° — 8 à 10

L'essence perd de sa solubilité en vieillissant.

CONSTITUANTS.
Terpènes : Pinène α. Camphène ⎧ Portion la plus
S-Terpènes : Cadinène. ⎨ importante
Alcools : Terpinéol.
        Alcool non caractérisé.
        Camphre du Genièvre.

ODEUR. — Suigeneris, de bois, sans finesse.

EMPLOIS. — Liqueurs (Gin).

GÉRANIUM   GERANIUM O.

BOTANIQUE. — *Pelargonium odoratissimum, P. capitatum, P. graveolens, P. radula, P. roseum* et autres variétés. Ces plantes appartiennent à la famille des géraniacées.

HABITAT. — Originaires du Cap les géraniums sont cultivés pour l'essence dans les régions suivantes : le,, *P. odoratissimum,* en Provence, Corse, Algérie, Espagne. Le *P. capitatum,* à la Réunion.

INDUSTRIE. — Le géranium est une plante annuelle, que l'on distille à la fin de l'été en Provence et en Corse. Dans les régions plus chaudes, la plante est persistante et donne lieu à plusieurs coupes, jusqu'à trois, échelonnées du printemps à l'automne. Les plantations se font au moyen de boutures.

La production à l'hectare, en herbe fraiche, va de 25 à 50 tonnes, suivant le terrain, les engrais, les soins culturaux et les conditions atmosphériques.

Le rendement de la plante en essence est de un pour mille environ.

La production moyenne annuelle en ces diverses essences est de :

Géranium de Provence ....   3.000 kilos
   »   d'Espagne   500   »
   »   d'Algérie ....   40 à 60.000 »
   »   Bourbon (La Réunion). 50 à 80.000 »

CONSTANTES	PROVENCE	ALGÉRIE	BOURBON LA RÉUNION
PS	0.897 à 0.899	0,891 à 0,900	0,890 à 0,896
PR....................	−10° à −8°	−11°30' à −7°30'	−11° à −9°
IR		1.4650 à 1.4720	1.4620 à 1.4677
IA....................	2 à 3	2 à 6	3 à 10
IS....................	52 à 60	50 à 67	65 à 80
IAc....................	220 à 226	210 à 225	210 à 224
Sol. Alcool 70°.....	1,7 à 2	1,9 à 2,4	2 à 2,7
» 65°.....	3	3 à 3,5	4 à 5
Alcools %·			
Totaux	72 à 75	68 à 76	68 à 74
Libres	50 à 55	50 à 55	50 à 55
Combinés	14 à 18	14 à 18	17 à 22

CONSTITUANTS. — *Terpènes* : Pinène αl. - Phellandrène β
Alcools : Geraniol - Citronellol - Rhodinol - Linalol - Bornéol - Terpinéol - Alc. amylique - Alcool phényl-ethylique.

PROPORTIONS

	PROVENCE	ALGÉRIE	BOURBON
Geraniol	45	45	10 à 20
Citronellol	55	55	90 à 80

Ethers : Acétiques, butyriques, valériques, caproïques, tigliques des alcools précédents, 17 à 26 %.
Aldehydes : Citral (traces).
Cétones : Menthone.
Acides : des éthers précédents.

ODEUR. — Herbacée et rosée. Le géranium de Provence plus fin, avec une odeur de racine caractéristique, l'Algérien plus terreux. Le Bourbon a une odeur de menthone au début, puis un caractère très rosé dû à la prédominance du citronellol et du rhodinol.

EMPLOIS. — Savonnerie, Tabacs, etc. Le géranium Bourbon sert à préparer le rhodinol employé dans les parfums à la rose.

GINGEMBRE   GINGER O.

Botanique. — *Zingiber officinalis*, plante de la famille des Zingibéracées.

Habitat. — Asie tropicale, Afrique, Antilles.

Industrie. — On distille les rhizomes avec un rendement de 2 à 3 %.

Constantes. —
$$\begin{array}{lll}
P\,S & 0{,}875 & \text{à } 0{,}885 \\
P\,R & -50° & \text{à } -25° \\
I\,R & 1{,}4885 & \text{à } 1{,}4950 \\
I\,A & 0 & \text{à } 2 \\
I\,S & 1 & \text{à } 15 \\
I\,Ac & 30 & \text{à } 45
\end{array}$$

Constituants. — *Terpènes :* Camphène *d* - Phellandrène β. (portion la plus importante).

S-Terpènes : Zingibérène.

Alcools : Bornéol - Géraniol (traces) - Linalol - Zingibérol.

Aldehydes : Citral - Ald. nonylique - Ald. décylique.

Cétones : Méthylhepténone.

Oxydes : Eucalyptol.

Ethers : Acétates et Caprylates.

Phénols : Chavicol (?).

Odeur. — Chaude, épicée.

Emplois. — Alimentation.

GINGERGRASS

BOTANIQUE. — *Cymbopogon Martini* (Var. Sofia). Herbe de la famille des graminées.

HABITAT. — Partie chaude des Indes.

INDUSTRIE. — On distille la plante sèche, qui donne environ 0,40 % d'essence.

CONSTANTES. — P S   0,900   à 0,955
P R   — 30° à + 50°
I R   1,4780 à 1,4950
I A   2 à 6
I S   8 à 40
I Ac   120 à 200
Sol. Alcool 70° 3

CONSTITUANTS. — *Terpènes* : Dipentène - Phellandrène α*d* - Limonène *d.*

Alcools : Géraniol (40 à 48 %) - Alc. perillique.

Aldehydes : Ald. $C^{10}H^{16}O$.

Cétones : Carvone.

Ethers : 8 à 10 %.

ODEURS. — Puissante et peu agréable. Quelque ressemblance avec le géranium.

EMPLOIS. — Savonnerie ordinaire.

GIROFLE   CLOVES O.

BOTANIQUE. — *Cariophyllus aromaticus.* (arbrisseau de la famille des myrtacées).

HABITAT. — Zanzibar, Pemba, Madagascar, La Réunion, Moluques, Seychelles, Malacca, Sumatra.

INDUSTRIE. — On distille le bouton sec et la griffe qui tient ce bouton (clou et griffe).

Les clous donnent un rendement de 15 à 20 %, les griffes de 5 à 6 %.

Les exportations de clous de Zanzibar varient de 7.000 à 10.000 tonnes. Les Straits Settlements ont produit 300 tonnes, La Réunion 300 à 400. La production se développe à Madagascar, qui a exporté en 1921, 7.159 kilos d'essence et 636 tonnes de clous.

Les feuilles donnent 2 à 5 % d'essence, contenant 75 à 93 % d'eugénol.

CONSTANTES. — P S   1,050 à 1,062
                         P R   — 0°40' à — 0°23'
                         I R   1,529 à 1,535
                         Sol   Alcool 70° — 1   à 1,5
                         »   65° — 1,5 à 2
                         »   60° —   2,5
                Eugénol %   85 à 94°

CONSTITUANTS. — *Terpènes :* Caryophyllènes α et β.

Alcools : Alc. méthylique — Méthyl-Amyl-Carbinol — Méthyl-Heptyl-carbinol — Alc. benzylique.

Aldehydes : Furfurol - Diméthyl-furfurol - Vanilline - Aldeh. valérique.

Cetones : Méthyl-amyl-cétone — Méthyl-heptyl-cétone.

Ethers : Benzoate de méthyle.

Acides : Salicylique.

Caryophylline, $C^{10}H^{16}O^4$.

ODEUR. — Epicée, chaude, puissante.

EMPLOIS. — Parfumerie, Savonnerie. Matière première pour l'eugénol, l'iso-eugénol et la vanilline - Essences d'œillet, de giroflée.

HÉLICHRYSE

Botanique. — *Helichrysum angustifolium.* (plante de la famille des Composées).

Habitat. — Rivages méditerranéens, Provence.

Industrie. — L'hélichryse vient à l'état sauvage en Provence. Elle y est également cultivée pour la confection de couronnes mortuaires; son nom courant est Immortelle ou herbe de Saint-Jean.

La distillation de la plante n'a rien donné, tandis que l'extraction par dissolvant volatil a permis d'obtenir un parfum cireux très odorant, avec un rendement de 0,08 %.

Constantes. —
P S   0,892   à 0,920
P R   — 9° 40'à + 4°25'
I R   1,4745 à 1,4849
I A   0 à 15
I S   39 à 134
I Ac

Constituants.

Odeur. — Puissante et caractéristique de l'immortelle. Chaude, sèche, très tenace.

Emplois. — Parfumerie, Savonnerie. Dans les compositions l'helichryse couvre aisément les autres éléments odorants.

HYSOPE   HYSSOP O.

BOTANIQUE. — *Hyssopus officinalis*, (de la famille des Labiées).

HABITAT. — C'est une plante indigène du Bassin méditerranéen et de l'Asie centrale.

INDUSTRIE. — Sa distillation donne de 0,3 à 1 % d'essence.

CONSTANTES. — P S   0,920   à 0,930
              P R   — 1° à + 1°
              I R   1,4730 à 1,4860
              I A   0,8 à 1,5
              I S   8 à 10
              I Ac   70 à 80
              Sol. Alcool 80° — 1
                   »   70° — 2
                   »   65° — 8,5

CONSTITUANTS. — *Terpènes :* Pinène β.
Alcools : Linalol.
Cétones : $C^{10}H^{16}O$, variété active de la pino-camphone.
Oxydes : Eucalyptol.

ODEUR. — Herbacée, fraîche.

EMPLOIS. — Parfumerie, Alimentation, Pharmacie.

IRIS   ORRIS ROOT O.

BOTANIQUE. — *Iris florentina, I. pallida, I. germanica,*
(plante de la famille des Iridées).

HABITAT. — Toscane (Italie), les trois espèces s'y rencontrent. — Maroc et Indes (*I. germanica*). — L'*I. florentina* se trouve également sur les côtes de la mer Noire,
en Sibérie et probablement au Japon.

INDUSTRIE. — On ne traite pour le parfum que les iris
d'Italie, du Maroc et des Indes. C'est le rhizome, qui après
dessication, est épuisé soit par distillation, soit par extraction aux dissolvants volatils. La poudre d'iris est employée
telle que dans les sachets ; elle sert également à faire des
teintures alcooliques par traitement à l'Alcool.

La distillation donne une essence concrète avec un rendement de 4 à 5 pour mille. Si l'on débarasse l'essence con-
crête de l'acide myristique, on obtient une essence liquide
avec un rendement de 0,400 à 0,700 pour mille.

La production de racine d'iris en Italie, le principal
centre de production, est en moyenne de 1.250.000 kilos.
Les racines sont arrachées après deux ou trois années et
le rendement à l'hectare est de 3.000 à 4.500 kilos de
rhizomes secs et nettoyés.

CONSTANTES. —		Ess. concrète	Ess. liquide
	P F	44° à 50°	
	P S		0,930 à 0,940
	P R		+ 14° à + 30°
	I R		1,4950
	I A	210 à 220	1 à 8
	I S	212 à 230	20 à 40
	Sol	Alcool 80°	1 à 1,5

CONSTITUANTS. — *Terpènes :* Un terpène non identifié
(P S : 0,861) - Naphtalène.

Aldehydes : Furfurol - Ald. nonylique - Ald. décylique -
Ald. oléique (?).

Cétones : Irone (5 à 10 % dans l'essence concrète) - Cétone $C^{10}H^{18}O$.

Acides : Dans le beurre d'iris : Ac. myristique (85 %) - Ac. oléique.

Ethers : Myristate de méthyle - Oléate de méthyle.

ODEUR. — Fine et agréable de violette -Assez tenace.

EMPLOIS. — Parfums à la violette. Savonnerie fine.

JASMIN

BOTANIQUE. — *Jasminum grandiflorum*, (plante grimpante de la famille des Oléacées).

HABITAT. — Il existe une centaine de variétés de jasmins, originaires d'Asie (Arabie, Indes, Chine). Peu d'espèces se rencontrent en Afrique, il en existe une en Amérique.

Dans la région de Cannes et de Grasse, en Provence, on cultive le *Grandiflorum*, ou jasmin d'Espagne, à fleurs blanches, que l'on greffe sur des pieds de jasmins sauvages à fleurs composées blanches, beaucoup moins odorantes. (*J. officinale*).

INDUSTRIE. — Le jasmin est traité par enfleurage sur un corps gras fixe, ou par extraction au moyen d'un dissolvant volatil. Le résultat du premier procédé est la pommade au jasmin dont l'épuisement donne une « essence d'enfleurage ». L'extraction fournit un parfum concret que l'on débarasse des cires insolubles pour obtenir une « essence absolue ». La distillation à la vapeur d'eau des fleurs ayant servi à l'enfleurage produit une troisième sorte d'essence.

Les rendements en essence sont de 0,070 % pour l'extraction et de 0,150 à 0,250 % pour l'enfleurage.

La production de jasmin à Grasse varie de 1.000.000 à à 1.500.000 kilos. La récolte a lieu de juillet à octobre.

CONSTANTES	ESSENCE		
	d'enfleurage	à la vapeur	absolue par extraction
PS	1.006 à 1.015	0,9246	0,914 à 0,920
PR...................	+2°30' à +3°30'	+1° 40'	+0° 30'
IR			
IS...................	250 à 270	155	85 à 120

Constituants de l'essence d'enfleurage.

Alcools :	A. benzylique	6
	Linalol	15,5
Ethers :	Acétate de benzyle	65
	Acétate de linalyle	7,5
	Anthranylate de méthyle	,5
Cétones :	Jasmone	3
Produits azotés :	Indol	2,5
		100

Odeur. — Une des odeurs de fleurs les plus plaisantes, fraiche, fleurie, moyennement tenace.

Emplois. — C'est un des produits aux fleurs les plus employés en parfumerie. Sa finesse et sa douceur permettent de l'associer à la plupart des odeurs qu'il complète et améliore.

LABDANUM   LADANUM O.

Botanique. — *Cystus ladaniferus* - *C. creticus,* (de la famille des Cistinées).

Habitat. — Le premier se trouve en Espagne (Léon) et en Provence, le deuxieme en Crète.

Industrie. — Les feuilles de la plante exsudent une résine qui est recueillie pendant les chaleurs. On l'emploie en infusion dans l'alcool sous forme de teinture. La distillation de la résine donne une essence, avec un rendement de 0,7 à 2 %.

Le traitement des cystes par extraction donne un produit très supérieur.

Ess. par distillation

Constantes. — P S   0,928   à 1,011
                P R
                I R   1,5100 à 1,5140

Constituants. — *Terpènes.*
Alcools : Guaiol (?).
Cétones : Acétophénone - Cétone $C^9H^{16}O$.
Phénols.
Ethers.

Odeur. — Balsamique, fleurie, ambrée, agréable, très tenace. La qualité de Crète est plus fine, plus ambrée et moins colorée que celles d'Espagne et de Provence.

Emplois. — Parfumerie (Chypre) - Savonnerie.

LAURIER CERISE CHERRY-LAUREL O.

Botanique. — *Prunus lauro-cerasus,* (arbrisseau de la famille des Rosacées).

Habitat. — Originaire de Perse, il s'est répandu dans le bassin méditerranéen.

Industrie. — Dans le midi de la France on en distille les feuilles, après une macération dans l'eau qui dédouble un glucoside, la prulaurasine, sous l'action de l'émulsine, en aldéhyde benzoïque et acide cyanhydrique. On recueille l'eau et l'essence, dont le rendement est de 0,5 % environ.

Constantes. — P S   1,045 à 1,065
             P R   0°
             I R   1,540 à 1,544
             Sol. Alcool 70° — 1   à·1,5
                  »   65° — 1,5 à 2
                  »   60° —   2,5

L'eau de distillation, pour être officinale, doit contenir 0 gr. 500 d'ac. cyanhydrique par litre.

Constituants. — *Alcools :* Alc. benzylique (?).
Aldehydes : Benzaldéhyde   (70 à 80 %).
Acides : Ac. cyanhydrique   (2 à 10 %).
Comp. nitrés : Phénoxy-acétonitrile.

Odeur. — Amande amère, avec une note spéciale qui permet de la reconnaître.

Emplois. — Pharmacie. On emploie plus particulièrement l'eau distillée.
On doit la manipuler avec précaution car elle est un violent poison.

LAVANDE LAVENDER O.

BOTANIQUE. — *Lavendula vera,* (plante de la famille des Labiées).

HABITAT. — Alpes Provençales et Dauphinoises, quelques régions des Cévennes.
Cultivée à Mitcham (Grande-Bretagne).

INDUSTRIE. — On a commencé depuis quelques années à faire des cultures de lavande, ce qui a permis d'obtenir des essences à très haute teneur en éthers. On distille la plante en août, septembre, avec un rendement de 0,5 % en essence.

A l'état sauvage la lavande ne donne que de 200 à 300 kilos de fleurs à l'hectare. Cultivée et fumée convenablement, on récolte de 2.500 à 3.500 kilos pour la même surface.

Le rendement est amélioré également et atteint 0,7 à 0,8 %, ce qui correspond à une production d'essence de 25 à 30 kilos à l'hectare.

CONSTANTES. —

    P S   0,880 à 0,900
    P R   — 8° à — 4°
    I R   1,460 à 1,466
    I A   0,5 à 0,8
    I S   80 à 128
    I Ac   160 à 170
    Sol. Alcool 75° — 1,5 à 2
            »   70° — 2,4 à 3
            »   65° — 4,7 à 9

CONSTITUANTS. — *Terpènes :* Limonène - Pinène $\alpha\, l$ - Caryophyllène.

Alcools : Alc. Amylique - Géraniol - Linalol l - Bornéol d - Cinéol.

Ethers : Acétate de linalyle - Propionate (?), butyrate, Valérianate, Caproate de linalyle - 25 à 55 % d'éthers.

Aldehydes : Furfurol - Ald. valérique (?).

Cétones-Lactones : Ethyl-amyl-cétone - Coumarine.

Fig. 31. — Champs de lavande cultivée dans les Alpes. (Lautier Fils).

ODEUR. — Ethérée, fraîche et agreste. Moyennement tenace.

EMPLOIS. —Parfumerie, eaux de toilette, certains extraits (bruyère etc.)

Savonnerie.

Fig. 32. — Distillation de la lavande dans les Alpes françaises.

LÉMONGRASS

Botanique. — *Cymbopogon flexuosus, C. citratus* (herbes de la famille des graminées).

Habitat. — Indes, plus particulièrement Ceylan d'où elle est originaire. On trouve cette herbe, sauvage ou cultivée, à Madagascar, Mayotte, Seychelles, Java, Indochine, Straits Settlements, Mexique, Brésil, Guyane française, Guinée.

Industrie. — On plante le *lemongrass* dans des tranchées parallèles et on commence à le faucher la première année. On fait généralement trois coupes par an.

Dans une culture soignée et irriguée la production atteint 40 tonnes d'herbes dans l'année par hectare. En montagne elle est de 25 tonnes.

On distille l'herbe après l'avoir fait sécher et fermenter, mais la valeur de cette méthode est discutable. Dans certaines régions on distille l'herbe fraîche avec d'excellents résultats.

Le rendement en essence est de 2 à 5,5 % du poids des feuilles fraîches, et 8 à 8,5, de celui des feuilles sèches.

Constantes. — P S   0,895   à 0,910
P R   — 5° à + 1°30'
I R   1,4825 à 1,4885
Sol. Alcool 75° — 1)
»   70° — 2) pour une essence
fraîchement distillée. L'essence du *C. flexuosus* est plus soluble. La solubilité diminue avec l'âge par suite de la polymérisation du citral. Cette polymérisation est rapide.
Citral % : 68 à 85 % (par le bisulfite).

Constituants. — *Terpènes :* Limonène - Dipentène.
Alcools : Géraniol - Linalol.
Aldehydes : Citral (68 à 95 %) - Citronellal - Un isomère du citral - Ald. décylique.
Cétones : Méthyl-hepténone (10 %).

Odeur. — Verveinée et citronnée. Fraîche et peu tenace.

Emplois. — Parfumerie, eaux de toilettes. Fabrication du citral et des ionones.

LINALOE   LINALOE O.

BOTANIQUE. — Cette essence est produite par deux arbres de la famille des Burséracées : le *Bursera delpechiana* et le *Bursera Alaexylon*.

HABITAT. — Mexique (Oaxaca, Puebla, Morelos, Guerrero, Colima. Michoacan).

INDUSTRIE. — Les arbres poussent à l'état sauvage dans les forêts du sud du Mexique. Avant de les abattre, les Indiens entaillent le tronc de coups de machete, ce qui provoque une plus grande formation d'essence.

Le bois est déchiqueté en copeaux et distillé à la vapeur d'eau dans des appareils primitifs en tôle galvanisée avec un chapeau en cuivre. Le rendement est de 2 à 3 %. Des bois distillés en Europe ont donné jusqu'à 7 à 9 %.

L'état de Puebla produisait environ 5.000 kilos par an. En 1913 l'exportation totale a atteint 41.000 kilos ; la production a beaucoup baissé depuis, surtout à cause des troubles révolutionnaires.

On distille également les baies après les avoir fait fermenter, cette essence est mélangée à celle du bois.

CONSTANTES.				*Solubilité*	
P S	0,875	à 0,898		Alcool 70° —	3
P R	— 15°	à — 3°		» 60° —	4 à 5
I R	1,4590	à 1,4655			
I A	0	à 6			
I S	5	à 75			
I Ac					

CONSTITUANTS. — *Terpènes :* Octylène   Nonylène - Terp. analogue au Myrcène   Sesquiterpène (3 %).

Alcools : Linalol (90 %) - Méthyl-hepténol - Terpinéol *d* - Géraniol (2 %).

Cétones : Méthylhepténone (0,1 %).

Oxydes : Monoxyde de linalol.

ODEUR. — Analogue à celle du bois de rose, moins fine et moins fraîche. Odeur dure et vireuse au début, puis linalol.

EMPLOIS. — Savonnerie, Parfumerie. Préparation du linalol et de ses éthers.

MACIS-MUSCADE   MACE O - NUTMEG O.

BOTANIQUE. — *Myristica fragrans* (arbre de 10 à 20 mètres de la famille des Myristicacées).

HABITAT. — Iles Moluques.

INDUSTRIE. — L'essence de Macis est obtenue par la distillation de la tunique du fruit, avec un rendement de 4 à 10 %.
L'essence de muscade provient du fruit lui-même, par le même procédé ; le rendement est le même, 4 à 10 %.

	Muscade	Macis
CONSTANTES. — P S	0,865 à 0,925	0,890 à 0,932
P R	+ 9° à + 30°	
I R	1,4780 à 1,4895	
I A	1 à 2	
I S	3 à 5	
I Ac	20 à 30	
Sol. Alc. 90° — 3		2 à 3
» 85° — 8,5		
Résidu à 100° moins de 2 o/o		

Les deux essences sont presques identiques.

CONSTITUANTS. *Terpènes.* Pinène α. Pinène β. Camphène. Dipentène (8 %) Cymène. (Terpènes 88 %).
Alcools : Terpinéol - Linalol - Géraniol - Bornéol - Terpinéol 4 - (Alcools 6 %).
Aldehydes : Une aldeh. à odeur de citral.
Phénols : Safrol - Eugénol - Iso-eugénol - Myristicine (4 %) - (Phénols 4, 8 %).
Acides : formique - acétique - butyrique - caprylique.
Ces acides sont sous forme d'éthers.
Un acide monocarboxylique, non volatil.
$$C^{12}H^{17}—COOH$$

ODEUR. — Suigeneris, épicée, brûlante. Ténacité moyenne.
Le macis en vieillissant prend une odeur térébenthinée.

EMPLOIS. — Alimentation, Parfumerie et Savonnerie.

MANDARINE   TANGERINE O.

Botanique. — *Citrus madurensis,* (arbre de 3 à 4 mètres, de la famille des Rutacées).

Habitat. — Italie, Malte, Açores, Bassin méditerranéen.

Industrie. — On prépare l'essence en Sicile, par l'expression du zeste frais.

Constantes. — P S   0,854   à 0,858
                    P R   + 65° à + 75°
                    I R   1,4748 à 1,4778
                    Sol. Alcool 96° —   1
                          » »   90° — 5 à 10
                    Résidu non volatil 2 à 4 %
                    Couleur fluorescente bleue.

Constituants. — *Terpènes :Limonène* d (constituant principal) - Dipentène.
Aldehydes : Ald. décylique - Citral - Citronellal.
Ethers : Anthranylate et Méthyl-anthranylate de méthyle

Odeur. — Caractéristique du fruit, fraîche et peu tenace.

Emplois. — Parfumerie, Bouquet de tête d'extraits, Eaux de toilette, Confiserie.

MARJOLAINE   SWEET MARJORAM O.

Botanique. — *Origanum majorana*, (plante de la famille des Labiées).

Habitat. — Provence, Espagne.

Industrie. — La distillation de la plante donne un rendement de 0,3 à 0,5 %.

Constantes. —
P S   0,900   à 0,930
P R   + 13°   à + 20°
I R   1,4726 à 1,4775
I A   0   à 1
I S   10   à 20
I Ac 60   à 80
Sol. Alcool 75° — 1,5 à 2
  »   70° —   2

Constituants. — *Terpènes :* Terpinène (40 %).

Alcools : Terpinéol *d* - Terpinéol 4 - Bornéol (traces).
Ethers.
Cétones : Camphre (traces).

Odeur. — Camphrée et rustique.

Emplois. — Savonnerie.

MÉLISSE   MELISSA O.

Botanique. — *Melissa officinalis* (plante de la famille des labiées).

Habitat. — Littoral méditerranéen, Ouest Asiatique.

Industrie. — On distille la plante entière. Le rendement est faible : 0,014 % avant la floraison, 0,104 % pendant la floraison.
Pour faciliter l'entrainement de l'essence on distille souvent la plante avec de l'essence de citron.

Constantes. — P S   0,894 à 0,924
                 P R   0° à + 0°30'

Constituants. — *Alcools :* Géraniol (20 %); Linalol, (12 %) - Citronellol (6 %).
Aldehydes : Citronellal.

Odeur. — Douce et fraîche. Mélange de citron et de citronelle.

Emplois. — Liquoristerie, Eaux de Mélisse.

MENTHE FRANÇAISE   FRENCH PIPPERMINT O.

BOTANIQUE. — *Mentha piperata*, plante de la famille des Labiées. Deux variétés : *Pallescens*, (menthe blanche) et *Rubescens*, (menthe noire).

HABITAT. — Cultivée en Provence et au Piémont.

INDUSTRIE. — La menthe est une plante annuelle, que l'on cultive dans des terrains irrigués. On la récolte en septembre. L'hectare produit de 20 à 30 tonnes environ d'herbe fraîche.

La distillation à la vapeur d'eau donne un rendement en essence de 0,1 à 0,3 %.

CONSTANTES	MENTHE FRANÇAISE	MENTHE PALLESCENS	MENTHE RUBESCENS
PS	0.910 à 0.930	0.9184 à 0.9191	0.912 à 0.918
PR..................	−18° à −5°	−11° à −8°	−17° à −13°
IR	1.4610 à 1.4690		
IA..................		0,8 à 1	1 à 1,2
IS..................		30 à 40	17 à 20
IAc..................		160 à 170	180 à 186
Sol. Alc. 75°	2		
» » 70°	3,5 à 4,5		
Menthol.			
Total %	45 à 65	50 à 55	58 à 60
Libre %	35 à 45	40 à 45	52 à 55
Combiné %	7 à 20		
Menthone	7 à 10	7 à 8	16 à 17
Ethers %		10 à 15	6 à 7

CONSTITUANTS. — *Terpènes :* Pinène - Phellandrène - Limonène - Cadinène.

Alcools : Menthol.

Aldéhydes : Ald. acétique - Iso-valérique.

Cétones : Menthone.

Oxydes : Eucalyptol.

Ethers : Acetate d'Amyle - de Menthyle - Iso-valérianate de menthyle.

ODEUR. — Caractéristique de menthe, plus fine et plus agréable au goût que les menthes américaines et japonaises.

EMPLOIS. — Dentifrices, Liqueurs, Pastilles.

MENTHE ANGLAISE   ENGLISH PIPPERMINT O¹

BOTANIQUE. — *Mentha piperata officinalis*, (famille des labiées). Il existe deux variétés, la blanche et la noire. Ces menthes sont différentes des menthes françaises.

HABITAT. — Angleterre (Mitcham, Sussex, Kent, etc.).

INDUSTRIE. — On distille la plante verte et fraîche, avec un rendement qui varie de 0,5 à 1 %. La variété noire rend davantage que la blanche.

CONSTANTES	ESSENCE ANGLAISE	ESSENCE NOIRE	ESSENCE BLANCHE
PS....................	0.900 à 0.912	0.936	0.9058
PR....................	−32° à −23°	−23° 30'	−33°
IR	1.460 à 1.464	—	—
Sol. Alcool 70°....	3 à 4	—	—
Mentol :			
Libre %	50 à 60	59,4	51,9
Combiné %....	3 à 14	3,7	13,6
Total %..........	60 à 70	—	—
Mentone %.....	8 à 12	11,3	9,2

CONTISTUANTS. — *Terpènes :* Pinène - Limonène - Phel·landrène.
S-Terpènes : Cadinène.
Alcools : Menthol.
Cétones : Menthone.
Ethers : Acétate et Iso-valérianate de Menthyle.

ODEUR. — Très puissante odeur de menthe, assez fine ; goût excellent et frais.

EMPLOIS. — Dentifrices, Pastilles, Liqueurs.

MENTHE JAPONAISE — JAPANESE PIPPERMINT O.

BOTANIQUE. — *Mentha arvensis*, (4 variétés, famille des labiées).

HABITAT. — Japon. On en a fait quelques cultures en Angleterre.

INDUSTRIE. — Suivant la région on fait de une à trois coupes par an. La production atteint jusqu'à 15 et 20 tonnes de feuilles sèches à l'hectare. La distillation des feuilles séchées donne un rendement de 1 à 1,8 %.

Par refroidissement de l'essence on sépare une partie du menthol qui est épuré par essorage et cristallisation. Dans le commerce on ne trouve que l'huile démentholisée..

La production annuelle est environ de 120 à 150.000 kilos.

CONSTANTES	ESSENCE COMPLÈTE	ESSENCE DÉMENTHOLISÉE
PF	16° à 28°	—
PS	0.900 à 0.912	0.894 à 0.906
PR	−42° à −26°	−36° à −24°
IR	1.4600 à 1.4635	1.459 à 1.465
IA	0,5 à 2,5	0,5 à 3
Sol. Alcool 70°	3 à 5	5 quelquefois avec louche.
Ethers %	3 à 8	4 à 17
Menthol total %	70 à 90	45 à 55

CONSTITUANTS. — *Terpènes* : Limonène *l*.

Alcools : Menthol (70 à 90 %) dans l'essence complète Néo-menthol *d* - Ethyl-amyl-carbinol.

Cétones : Iso-menthone - Menthénone.

Ethers : Du menthol.

ODEUR. — De menthe, avec une odeur désagréable d'huile de poisson au début.

MENTHE AMÉRICAINE   AMERICAN PIPPERMINT O.

BOTANIQUE. — *Mentha piperata,* (plante de la famille des labiées. Variétés).

HABITAT. — Europe, Etats-Unis.

INDUSTRIE. — La menthe est cultivée dans plusieurs états des Etats-Unis, et entr'autres ceux de New-York, d'Indiana et de Michigan.

La récolte par hectare atteint 30.000 kilos. L'herbe fraîche est distillée à la floraison et donne un rendement de 0,3 %.

La production moyenne d'essence de menthe aux Etats-Unis est de 100 à 120.000 kilos, soit environ les 2/5 de la production mondiale d'essence de menthe.

CONSTANTES. — P S   0,900 à 0,915
P R   — 35° à — 18°
I R   1,460   à 1,464
Sol. Alcool 90° — 0,5
»   75° — 1
Menthol % total   50 à 60
»   » libre   40 à 45
»   » combiné 8 à 14
Menthone %   9 à 19
Action du froid :   congèle

CONSTITUANTS. — *Terpènes :* Pinène α - Limonène *l* - Cadinène - Phellandrène.

Alcools : Menthol (50 à 60 %).
Aldéhydes : Acétique - Iso-valérique.
Cétones : Menthone (9 à 19 %).
Oxydes : Eucalyptol.
Lactones : Lactone $C^{10}H^{16}O^2$ (PF 23z).
Ethers : Acétate et iso-valérianate de menthyle - Ether de menthol $C^{10}H^{19}$—$C^8H^{11}O^2$.
Acides : Acétique - Iso-valérique.

ODEUR. — De menthe, moins fine que celle de la menthe française, mais supérieure à celle de la menthe du Japon.

EMPLOIS. — Dentifrices, Alimentation, Liquoristerie, Pastilles.

MENTHE POULIOT   PENNYROYAL O.

BOTANIQUE. — Sous le nom de pouliot on connait la *Mentha pulegium*, en Europe, avec diverses variétés (*decumbens, erecta, eriantha, tomentosa, tomentella, thymifolia, micrantha*), et l'*Hedeoma pulegoides*, dans l'Amérique du Nord. Ces plantes appartiennent à la famille des labiées.

HABITAT. — En Europe, (France, Espagne, Russie). — En Afrique, (Algérie). — En Amérique, Etats-Unis, (North-Carolina, Ohio, Tennessee).

INDUSTRIE. — La distillation donne une rendement de 0,5 à 1 %. La plante n'est pas cultivée. Elle vient spontanément dans les plaines humides.

CONSTANTES	POULIOT D'EUROPE ET ALGÉRIE	PENNYROYAL D'AMÉRIQUE
PS......................	0.930 à 0.955	0.925 à 0.940
PR	$+15°$ à $+25°$	$+18°$ à $+35°$
IR......................	1,4810 à 1.4865	
Sol. Alcool 70°......	1,8 à 2	2
» » 65°	2,5	
» » 60°	5 à 8	
Pulegone %	80 % au moins	30 %
CONSTITUANTS		
Terpènes...............	Limonène *l* - Dipentène.	Pinéne *l* - Limonène *l.* - Dipentène.
Alcools	Menthol.	Alcool sesquiterpénique (2%)
Cétones.................	Pulégone (80 à 90 %). Menthone.	Pulégone (30 %). Menthone *l* et Iso-menthone *d* (50 %). Méthyl-cyclo-hexanone (8 %).
Ethers...............		Ethers des acides formique acétique, octylique, décyque, salicylique.
ODEUR.................	Pulégone grossière.	Pulégone et menthone.
EMPLOIS	Savonnerie ordinaire.	Savonnerie ordinaire.

MOUSSE DE CHÈNE   OAK MOSS O.

BOTANIQUE. — Divers lichens de la famille des Ramalinacées sont connus commercialement sous le nom de mousses de chêne, ce sont : l'*Evernia prunastri*, l'*E. purpuracea*, l'*E. devaricata*, etc. Dans la famille des Usnéacées, l'*Usnea barbata* et ses variétés sont également exploitées.

HABITAT. — Sud de l'Europe, (France, Espagne, Italie).

INDUSTRIE. — La mousse pulvérisée entre dans la confection des sachets. Epuisée par l'alcool elle donne des teintures. Le procédé le plus industriel consiste à l'épuiser par un dissolvant volatil ; le rendement en concret soluble atteint 5 à 8 pour mille.

L'épuration du parfum cireux donne une essence très fortement colorée en vert, ainsi que le concret. Il est possible de décolorer ce produit, mais au détriment de la puissance et de la qualité du parfum.

CONSTANTES.

CONSTITUANTS. — *Ethers :* Everniate d'éthyle (P F. 73°5' — 74°).

ODEUR. — Odeur très puissante et tenace de sous-bois. D'un grand intérêt pour le parfumeur.

EMPLOIS. — Parfumerie (Chypre). Savonnerie fine.

MYRRHE   MYRRH O.

BOTANIQUE. — Deux plantes de la famille des Burséra-cées fournissent les deux résines de myrrhe du Commerce :

Myrrhe herabol	*Myrrhe bisabol*
Commiphora myrra	C. Crythroca

HABITAT. — Arabie, Somaliland — Somaliland, Indes.

INDUSTRIE. — Les indigènes enlèvent la résine qui se forme le long du tronc et particulièrement dans les fentes de l'écorce.

On emploie la résine mélangée à l'encens ou au benjoin. La distillation donne une essence avec un rendement de 3 à 10 % pour l'hérabol, 7 à 8 pour le bisabol.

CONSTANTES DES ESSENCES DISTILLÉES	MYRRHE HERABOL	MYRRHE BISABOL
PS	0.985 à 1,045	0.870 à 0.905
PR	−90° à −30°	−14° 20'
IR	1.5180 à 1.5280	1.4890 à 1.4940
IA	1 à 8	0 à 3
IS	15 à 45	7 à 20
IAc	30 à 70	40 à 55
Sol. Alcool 90°	10	1 à 10
CONSTITUANTS		
Terp.	Pinène - Dipentène - Limo-nène - Un terpène non identifié.	Bisabolène.
S.-Terp.	Cadinène - Hérabolène.	
Aldéh.	Cuminique - Cinnamique.	
Phénols	M-Crésol - Eugénol (?).	
Ethers.	Composé benzoylé.	
Acides.	Formique - Acétique - Pal-mitique - Myrrholique $C_{16}H_{21}O_3$ - COOH (P. F. 236°).	
ODEUR	Balsamique, analogue à l'encens.	Balsamique ,un peu téré-benthinée.
EMPLOIS	Parfumerie - Savonnerie. Cérémonies cultuelles, avec l'encens le benjoin.	Parfumerie. Vendu sous le nom d'opopo-nax.

MYRTE   MYRTLE O.

BOTANIQUE. — *Myrtus communis*, (arbuste de la famille des Myrtacées).

HABITAT. — Provence, Corse, Italie, Espagne, Algérie.

INDUSTRIE. — On distille les feuilles et les rameaux. Le rendement est de 0,2 à 0,3 %.

CONSTANTES. — P S   0,890   à 0,915
                P R   + 12° à + 20°
                I R   1,4625 à 1,4685
                I A   1 à 2
                I S   40 à 50
                I Ac   70° à 90
                Sol. Alcool 85° — 0,5 à 0,7
                       »   80$ —   5

L'essence espagnole est plus lourde :
                P S   0,913   à 0,925

CONSTITUANTS. — *Terpènes :* Pinène $\alpha\, d$ - Camphène - Dipentène.

Alcools : Myrténol - Géraniol - Nérol.

Cétones : Camphre de Myrte. ($C^{10}H^{16}O$).

Ethers : Acétate de myrtényle.

ODEUR. — Résineuse, fleurie, camphrée et agreste. C'est avec celle de l'Immortelle l'odeur caractéristique du maquis de Corse.

EMPLOIS. — Parfumerie, eaux de toilettes, Savonnerie.

NÉROLI BIGARADE NEROLI BIG. O.

BOTANIQUE. — *Citrus bigaradia,* (arbre de 4 à 5 mètres, de la famille des Rutacées).

HABITAT. — Provence, Italie, Espagne, Algérie, Paraguay.

INDUSTRIE. — En Provence et en Italie on distille les fleurs, en recueillant l'essence et l'eau parfumée. L'on obtient 0,1 % d'essence (néroli).

La distillation des feuilles donne l'essence de petit grain ; l'expression des fruits fournit l'essence d'orange bigarade.

CONSTANTES	ESSENCES FRANÇAISES		
	ESSENCE insoluble dans l'eau	ESSENCE soluble dans l'eau (*obtenue par extraction des eaux parfumées*)	ESSENCE complète, soluble et insoluble
PS	0.872 à 0.880	0.910 à 0.945	0.889
PS	+2° à +6°	–3°20' à –1°5'	–4°6' à 0°
IR	1.467 à 1.474	1.480 à 1.500	1.477
IA....................	1.5 à 1.7	0.7 à 1.05	0.7 à 1
IS....................	30 à 55	60	70 à 95
IAc....................	120 à 150	164 à 175	163 à 179
Sol. Alcool 90°.	0.2		
» » 85°.	0,5		
	(dépôt av. exc. alc.		
» » 80°.	1 à 1,6	1	1
	(dép. av. exc. alc.		
Alcools primaires libres.............	12 à 20 %	35 à 40 %	30 à 35 %
Anthranylate de Méthyle.........	0,5 à 1,5 %	10 à 16 %	3 à 4 %
CONSTITUANTS			
Terènes	Pinène α *l* - Camphène *l* - Limonène - Dipentène - Paraffines - Terpènes totaux 35 %.		
Alcools.............	Phényl-éthylique - Linalol *l* (30 %) - Nérol - Terpinéol *d* (2 %) - Nérolidol - Géraniol.		
Aldéhydes	Décylique.		
Cétones	Une cétone analogue à la jasmone.		
Ethers	Acétate de linalyle (10 à 18 %) - Anthranylate de Méthyle (0,5 à 1,5 %) - Benzoates, palmitates, phényl-acétates (traces) - Acétates des divers alcools.		
Composés nitrés ..	Indol - Phényl-acéto-nitrile.		
ODEUR	Sui géréris, puissante, différente de celle de l'oranger qu'elle rappelle cependant. Tenace.		
EMPLOIS............	Parfumerie - Eaux de Cologne, de toilette - Extraits composés.		

Fig. 33. — Cueillette de la fleur d'Oranger.

ORANGE PORTUGAL   SWEET ORANGE O.

BOTANIQUE. — *Citrus aurantium sinensis* (arbre de la famille des rutacées).

HABITAT. — Italie (Sicile, Calabre), Espagne (Valence), Algérie, Provence, Jamaïque.

INDUSTRIE. — Le fruit mûr de l'oranger doux est exploité pour l'essence dans le sud de l'Italie. On effectue l'expression des zestes frais, à la main ou à la machine.

CONSTANTES. — P S   0,848 à 0,852
               P R $+ 95°$ à $+ 99°$
               I R 1,4728 à 1,4745
               Sol. Alcool 96° 0,5 à 5
                     »   90° 20
               Résidu à 100° 1,5 à 4 %

CONSTITUANTS. — *Terpènes : Limonène d* (90 %).
Alcools : Linalol - Terpinéol *l* - Terpinéol *d* - Alcool onylique.
Aldehydes : *Aldehyde décylique* (1,4 à 2,5 %).
Ethers : Anthranylate de méthyle - Caprylates.

ODEUR. — Fraîche d'orange douce ; goût agréable. Peu tenace.

EMPLOIS. — Parfumerie, têtes d'extraits et d'eaux de toilette. Alimentation, Confiserie, Liquoristerie.

Fig. 34. — Distillation de la fleur d'oranger. (Roure Bertrand Fils, à Grasse).

PALMAROSA

BOTANIQUE. — *Cymbopogon Martini* (Var. Motia). (Herbe de la famille des Graminées).

HABITAT. — Région chaude des Indes.

INDUSTRIE. — La distillation donne une essence avec un rendement de 0,15 à 1 % de la plante séchée.

CONSTANTES. — P S   0,886   à 0,899
               P R   — 3° à + 5"
               I R   1,4720 à 1,4780
               I A   0 à   3
               I S   12 à 50
               I Ac   234 à 270
               Sol. Alcool 60° — 3 à 3,5

CONSTITUANTS. — *Terpènes :* Dipentène.
Alcools : Géraniol (78 à 96 %) - Farnésol.
Cétones : Méthyl-hepténone (traces).
Ethers : Acétate et Caproate de geranyle.

ODEUR. — De géranium, assez rosé et doux, quelque peu résineux parfois.

EMPLOIS. — Savonnerie. — Préparation de Géraniol .— Falsification de l'essence de rose.

PATCHOULI

BOTANIQUE. — *Pogostemon Patchouli* (plante de la famille des Labiées). *P. Heyneanus* à Java,

HABITAT. — Pénang (Siam), Java, Indes, La Réunion.

INDUSTRIE. — On distille les feuilles fraîches ou sèches. On fait sécher les feuilles pour les exporter. La distillation des feuilles fraîches donne 1,5 % d'essence. Celle des feuilles sèches 2 à 4 %. En séchant, les feuilles subissent une fermentation qui modifie la nature de l'essence.

CONSTANTES	PATCHOULI DE JAVA	PATCHOULI DE PÉNANG	
		Distillé sur place	Des feuilles sèches exportées
PS	0.920 à 0.940	0.955 à 0.980	0.970 à 1.010
PS	+4° à +33°	–44° à –62°	–70° à –50°
IR	1.500 à 1.506	1.506 à 1.513	1.506 à 1.513
IA............	1 à 5	0 à 1	1 à 2
IS............	6 à 20	1.5 à 8	3 à 8.5
IAc............	—	—	17 à 47
Sol. Alcool 90°.	6 à 10	3 à 10	0,5
» » 85°.	—	—	1 à 15
» » 80°.	—	—	7 à 20
Couleur............	Brun rouge	Jaune - Vert	Brun rouge

CONSTITUANTS	PATCHOULI DE PÉNANG
S.-Terpènes........	Deux s-Terp. (PE. 264° - PS 0,9335) (PE. 273° - PS. 0,930).
Alcools............	Alcool terpénique à odeur de rose. Camphre de Patchouli.
Aldéhydes	Benzaldéhyde (traces) - Aléhyde cinnamique (traces).
Cétones	Cétone à odeur de Carvi (traces).
Phénols............	Eugénol (traces).
ODEUR	Sui-generis, douce, puissante et tenace - Odeur de bois, avec quelquefois un relent de moisi.
EMPLOIS............	Parfumerie et Savonnerie - Elément du corps et de la finale de la composition.

PETIT GRAIN BIGARADE

BOTANIQUE. — *Citrus bigaradia* (arbre de la famille des Rutacées).

HABITAT. — Provence, Espagne, Paraguay.

INDUSTRIE. — La distillation des feuilles vertes de l'oranger amer donne l'essence de petit grain avec un rendement de 1,5 %. En France on recueille l'eau, en même temps que l'essence, c'est l'eau de brout. Les orangers sont cultivés en Europe, ils forment des forêts sauvages au Paraguay, où ils ont été introduits par les missions de Jésuites.

CONSTANTES	ESSENCE FRANÇAISE	ESENCE DU PARAGUAY
PS....................	0.888 à 0.895	0.885 à 0.900
PR....................	−6° à −3°	−3° à +11°
IR....................	—	1.459 à 1.466
IA....................	0,8 à 1.5	1 à 3
IS....................	150 à 165	105 à 166
IAc....................	180 à 200	—
Sol. Alcool 80°......	1	1 à 2
» » 75°......	1,5 à 2	—
» » 70°......	2,8 à 3	3 à 5
Ethers %	52 à 60	37 à 60

CONSTITUANTS	
Terpènes................	Pinène β *l* - Limonène - Dipentène - Camphène *l*.
S.-Terpènes............	Un S.-terpène.
Alcools................	Linalol *l* - Géraniol - Terpinéol α *d*.
Ethers................	Acétate de linalyle et de géranyle. Anthranylate de Méthyle.
Aldéhydes.............	Furfurol.

ODEUR..................	Fraîche de feuilles d'orangers - Peu tenace.
EMPLOIS	Parfumerie - Extraits, Eaux de Cologne, Eaux de Toilette - Effets de tête. Savonnerie.

PETIT GRAIN

	CITRONNIER (*Lemon*)	PORTUGAL (*Sweet orange*)	MANDARINIER (*Tangerin*)	LIMETTE (*Lime*)
BOTANIQUE ..	Citrus lemonum (F. Rutacées)	C. Aurantium (Rutacées)	C. Madurensis (Rutacées)	C. Limetta (Rutacées)
HABITAT	Sicile. Provence.	Sicile-Espagne. Provence.	Sicile.	Sicile.
INDUSTRIE ...	Distillation des feuilles fraîches - Rendement 1 à 2 %.			
CONSTANTES				
PS	0.875 à 0.880	0.898	0.990 à 1.064	0.875 à 0.818
PR..............	+12° à +30°	−4° 20'	+2° à +8°	+35° à +40°
IR				
IS	43	160	150 à 200	23 à 28
IAc	130	203		
Sol. Alcool....	85° à 1	70° à 3,5	90° à 1	
Ethers %......	12 à 15°	56	50 à 70	8 à 10
CONS- TITUANTS				
Terpènes	Limonène.			
Alcools.........	Géraniol Linalol.			
Aldéhydes	Citral.			
Ethers	Acétates.		Anthranylate de Méthyle (65 %)	

ODEUR.......... Fraîche, rappelant celle des fruits correspondants. Le petit grain mandarinier sent l'oranger (Anthranylate de Méthyle).

EMPLOIS....... Parfumerie - Têtes d'Extraits et d'Eaux de Toilette.

ROMARIN

ROSEMARY O.

BOTANIQUE. — *Rosmarinus officinalis*, (plante de la famille des Labiées).

HABITAT. — Rivages méditerranéens, Sud de l'Europe, (Provence, Italie, Corse, Dalmatie, Espagne), Tunisie.

INDUSTRIE. — On distille la plante, autant que possible à la floraison, généralement pendant l'été. Le rendement en essence est de 1 %.

CONSTANTES. —

P S	0,900	à	0,920
P R	+ 5°	à	+ 10°
I R	1,466	à	1,470
I A	0,5	à	2
I S	3	à	14
I Ac	35	à	40
Sol. Alcool 90°	0,5		
» 85°	0,5	à	1
» 80°	2	à	10
Ethers %	1,5	à	5
Alcools totaux%	10	à	12

CONSTITUANTS. — *Terpènes :* Pinène - Camphène - Dipentène.
Alcools : Bornéol.
Oxydes : Eucalyptol.
Cétones : Camphre.
Ethers : du Bornéol.

ODEUR. — Camphrée avec une note aigue, agreste. Puissante et assez tenace.

EMPLOIS. — Les essences fines de Provence sont employées en Parfumerie (eaux de Cologne, de toilette), et en Savonnerie fine.
Les qualités ordinaires en Savonnerie courante.

ROSE

Botanique. — La *Rosa centifolia* est cultivée en France ; la *Rosa damascena* en Bulgarie et en Anatolie, (famille des rosacées).

Habitat. — La Rose à parfum, probablement originaire de Perse, où elle fut d'abord cultivée pour son parfum, fut répandue par les Arabes dans les diverses régions qu'ils occupèrent. On la trouve sur tout le pourtour du Bassin

Fig. 35. — Roses de Mai. — (Usine Lautier Fils, Grasse).

méditerranéen, mais elle n'est industriellement cultivée qu'en Provence, en Bulgarie et en Anatolie. De petites plantations existent encore en Espagne, et on produit dans le sud du Maroc une certaine quantité de roses sèches.

Industrie. — Les fleurs de rose, dont la récolte est en mai-juin, sont traitées par distillation et par extraction (pommade et dissolvant volatil).

En Bulgarie et en Anatolie, on produit surtout de l'essence par distillation ; le rendement est environ de 0,03 %.

A Grasse, la fleur est également distillée, mais on recueille l'eau parfumée en même temps que l'essence. La plus grande partie des roses est épuisée par dissolvant volatil. On fait encore quelque peu de pommade.

La production d'essence de rose après avoir atteint un maximum de 6.000 kilos, a décliné depuis la guerre. L'Anatolie était arrivée en 1914 à fabriquer 2.000 kilos d'une essence excellente.

Fig. 36. — Cueillette de la Rose de Mai à Grasse.

ESSENCES DE ROSE DISTILLÉES.

CONSTANTES	ESSENCE DE FRANCE	ESSENCE DE BULGARIE
Essence complète		
PC (congélation)	25° à 28°	19° à 21°
Stéaroptène %	30 à 35	18 à 23
Eléoptène		
PC	-12°	-10°
PS	0.879 à 0.886	0.886 à 0.888
PR	-3° à -2°	-3° à -1°
IR	—	—
IA	3	1 à 2
IS	14	10 à 12
IAc	—	—
Sol. Alcool 70°	2	1,5
Alcools totaux % ...	75 à 90	84 à 88
Géraniol » ...	55 à 75	44 à 50
Citronellol » ...	20 à 23	30 à 40
Stéaroptène		
PF	32°	32°

CONSTITUANTS	
Alcools	*Géraniol - Citronellol* - Rhodinol - Nérol - Farnésol - Linalol - Alcool phényl-éthylique.
Phénols	Eugénol.
Aldéhydes	Citral - Aldéhyde nonylique.
Ethers ... des Alcools.	
S.-Terpènes	Deux stéaroptènes (PF = 22° et 41°).
ODEUR	Analogue à celle de la fleur, mais avec un caractère nettement distinctif, dû aux modifications occasionnées par la distillation. Puissante chaude, tenace; l'essence d'Orient a parfois une odeur alcoolique au début. Le parfum d'extraction reproduit plus exactement l'odeur de la fleur.
EMPLOIS	Parfumerie ; il est peu de composition dans lesquelles n'entre pas la rose. Confiserie - Tabacs.

ESSENCE DE ROSE, COMPLÈTES.

	FRANCE		BULGARIE	ANATOLIE	ESPAGNE	SAXE	ROSE DE L'HAY
	sans cohobage	avec cohobage					
Point de congélation	+25°.9	+25°,5	+19° à +22°	+24° à +25°	+25° à +29°	+30°	+13° à +18°,6
Stéaroptène %	58,88	32°,2	15 à 20			40	
PS....................		0.879	0.849 à 0.858	0.850	0.825 à 0.845	0.836	0.865 à 0.870 (30°)
PR		-3°	-4° à 1° 30'	-3° 30'	-3° à -1°	-0°52'	-1°26' à -3° 20'
IR....................			1.458 à 1.465	1.4605	1.452 à 1.456	—	1.4616 à 1.4648
IA	2,24		0,1 à 0,3		3 à 5	0	1.8
IS....................	14,70		0.7 à 1.2		9 à 12	10,4	5,6 à 6,3
Alcools : Totaux %	32	88,5	68 à 78		45	54	91 à 91,8
Géraniol %	16.90	66.1				40,66	91 à 91,8
Citronellol %	15.10	22,4	28 à 34			13,34	0

RUE

BOTANIQUE. — *Ruta Graveolens* (France) - *Ruta Montana* et *Ruta Bracteosa* (Algérie). (plante de la famille des Rutacées).

HABITAT :— Bassin méditerranéen : France, Algérie, Espagne.

INDUSTRIE. — On distille la plante entière avec un rendement de 0,1 % environ.

CONSTANTES	FRANCE	ALGÉRIE	
	Rue Graveolens	*Rue Montana*	*Rue Bracteosa*
PC..................	+8° à +10°	+7° à +10°	Au-dessous de —5°
PS	0.840 à 0.850	0.830 à 0.838	0.837 à 0.845
PR..................	0° à +3°	0° à +1°	—5° à –1°
IR	1.430 à 1.435	1.430 à 1.432	1.430
Sol. Alcool 70°....	2 à 3	3	3
» » 65°....	5 à 7		
» » 60°....	10 à 20		

CONSTITUANTS	
Terpènes............	Pinène *l* - Limonène.
Alcools..............	Correspondant aux cétones.
Oxydes	Eucalyptol - Bergaptène.
Cétones..............	Méthyl-heptyl-cétone (R. Graveolens - R. Montana). - Méthyl-nonyl-cétone (R. Bracteosa). La teneur en cétone est de 90 %.
Ethers	Méthyl-anthranylate de méthyle - Salicylate de Méthyle.
Acides...............	Acides caprylique, salicylique, valérique.
ODEUR.............	Dure et vireuse, peu agréable des cétones.
EMPLOIS............	Pharmacie (abortif). Matière première des deux cétones et de leurs dérivés, alcools, éthers, etc...

SABINE   SAVIN O.

BOTANIQUE. — *Juniperus sabina, Juniperus phœnicea Juniperus thurifera* (famille des conifères).

HABITAT. — Le premier se trouve au Tyrol, les deux autres en Provence.

INDUSTRIE. — On distille les ramures, avec un rendement de 5 % environ.

Juniperus Sabina

CONSTANTES. — P S   0,910   à 0,930
P R   + 40°   à + 65°
I R   1,4720 à 1,4800
I A   0   à   2
I S   110   à 130
I Ac   125   à 150
Sol. Alcool 90° —   5 à 10
»   85° — 10 à 15
»   80° —   20

CONSTITUANTS. — *Terpènes :* Pinène (traces) - Terpinène - Sabinène.

S-Terpènes : Cadinène.

Alcools : Méthylique - Sabinol (10 %) - Géraniol - Citronellol - Alc. dihydro-cuminique.

Aldehydes : Ald. décylique norm. - Furfurol - Aldehyde-cétone, bouillant de 220° à 250°.

Ethers : Acétate de Sabinyle - Ethers de Sabinyle d'un acide dibasique (P E = 255° — $C^{20}H^{36}O^5$) et d'un acide solide (P F = 181° — $C^{14}H^{16}O^8$). Proportions 40 %.

Acides (oxy) : Di-acétyle.

ODEUR. — Ethérée, puissante, fruitée, peu agréable.

EMPLOIS. — Pharmacie (abortif), Liquoristerie.

SANTAL   SANDALWOOD O.

BOTANIQUE. — *Santalum album*, (arbre de la famille des Santalacées).

HABITAT. — Indes (Mysore). On rencontre des santals appartenant à des espèces différentes dans les îles de l'Océanie

⊦ INDUSTRIE. — On réduit en copeaux ou en sciure le bois du tronc, des branches ou des racines et on distille à la vapeur d'eau. L'essence est longue à entraîner. Le rendement est de 3 à 5 %.

CONSTANTES. — P S   0,973   à 0,980
              P R — 16° à — 20°
              I R   1,5045 à 1,5095
              I A   0,2 à   2
              I S   6 à 15
              I Ac 194   à 205
              Sol. Alcool 70° —   3 à   5
                    » 65° —   8 à 10
              Santalol %   90 à 95

CONSTITUANTS. — *Terpènes :* Santalènes α et β - Nortricycloeksantalène - Santène.

Alcools : Santenone (alcool) - Térésantalol - *Santalols* α et β (90 à 95 %).

Aldéhydes : Isovalérique - Nortricycloeksantalal - Santalal

Cétones : Santénone - Santalone - Cétone ($C^{11}H^7O$).

Acides : Térésantalique - Santalique.

ODEUR. — De bois, aromatique, puissante et tenace.

EMPLOIS. — Parfumerie, corps et finale de certains extraits.), Pharmacie, Savonnerie.

SANTALS DE DIVERSES PROVENANCES

HABITAT ET DÉSIGNATION	NOUVELLES-HÉBRIDES	NOUVELLE-CALÉDONIE	FIGI	TAHITI	AUSTRALIE OCCIDENTALE	AUSTRALIE MÉRIDIONALE	INDES OCCIDENTALES	EST AFRICAIN
BOTANIQUE...	Santalum album (?).	Santalum Austro-calédonicum.	Santalum Yasi.	S. Freycinetianum.	Fusanus spicatus.	S. preissianum	Amyris balsamifera.	Osyris tenuifolia.
CONSTANTES								
PS	0.9675	0.964 à 0.978	0.9768	0.9748	0.963 à 0.965	1.02	0.953 à 0.966	0.947 à 0.963
PR..........	$-1°\,2'$	$-21°$ à $+6°$	$-25°,5$	$-8°\,29'$	$+5°$ à $+8°$	$+$	$+8°$ à $+30$	$-61°$ à $-40°$
IR	1.5089	1.5062		1.5084				1,5219
IA..........	1.8	0 à 6		2				1,7
IS..........	3,6	3 à 5,4		5,1	1,15 à 1,66			8 à 17
IAc								
CONSTITUANTS								
Alcools.........	Santalol.	Santalol.		Santalol.			Amyrol.	Santalol.
Santalols % .. (Alcools)	92,4	90 à 96		94,4	65 à 75		30 à 50	30

SASSAFRAS   SASSAFRAS O.

Botanique. — *Sassafras officinale* (arbre de la famille des lauracées).

Habitat. — Amérique du Nord (du Canada à la Floride).

Industrie. — On distille le bois après l'avoir déchiqueté. Le rendement atteint 1 % pour le bois des racines et 5 à 9 % pour l'écorce des racines.

Constantes. — P S   1,070 à 1,080
P R   + 1°30' à + 4°
I R   1,528 à 1,531
I A   0
I S   1 à 2
Sol. Alcool 90° — 0,5
     »   85° — 2
     »   80° — 6

Constituants. — *Terpènes :* Pinène - Phellandrène .... 10 %
S-Terpènes : Cadinène .... 2,5 »
Cétones : Camphre *d* .... 7 »
Phénols : Eugénol .... 0,5 »
Ethers phénoliques : Safrol .... 80 »

Odeur. — Puissante, phénolée, de bois. Pas agréable.

Emplois. — Savonnerie bon marché, supplantée par le safrol de l'essence de camphre du Japon.
Le safrol sert de matière première pour l'héliotropine.

SAUGE   SAGE O.

BOTANIQUE. — *Salvia officinalis*, (plante de la famille des labiées).

HABITAT. — Littoral méditerranéen (France, Espagne).

INDUSTRIE. — On distille la plante entière. Le rendement en essence est de 1,5 à 3 %.

CONSTANTES. —
P S   0,910   à 0,930
P R   + 1° à + 7°
I R   1,4575 à 1,4700
I A   0,5 à 1
I S   25 à 35
I Ac   60 à 75
Sol. Alcool 80° — 1 à 1,5
   »   75° — 15 à 20

CONSTITUANTS. — *Terpènes :* Pinène - Salvène.
Alcools : Bornéol.
Oxydes : Eucalyptol.
Cétones : Camphre *d* - Thuyone.
Ethers.

ODEUR. — Camphrée, herbacée, terreuse, ayant de l'analogie avec celle des aspics d'Espagne.

EMPLOIS. — Savonnerie ordinaire.

SAUGE SCLARÉE

BOTANIQUE. — *Salvia sclarea*, (plante de la famille des labiées).

HABITAT. — Provence, Italie du Nord.

INDUSTRIE. — L'essence est obtenue par distillation de la plante cultivée.

CONSTANTES. —

$$
\begin{array}{lll}
\text{P S} & 0,895 & \text{à } 0,930 \\
\text{P R} & -63° & \text{à } -10° \\
\text{I R} & 1,4640 & \text{à } 1,4750 \\
\text{I A} & & \\
\text{I S} & 110 & \text{à } 206 \\
\text{I Ac} & & \\
\text{Sol.} & \text{Alcool } 90° & -2
\end{array}
$$

CONSTITUANTS. — *Terpènes :* Pinène.
Alcools : Eucalyptol - Linalol.
Ethers : 38 à 73 %.

ODEUR. — Particulièrement originale et intéressante ; fine, légère, vineuse (de muscat), puis ambrée ; goût fruité. Ténacité moyenne.

EMPLOIS. — Parfumerie et Savonnerie fine. Améliore les parfums aux fleurs. — Liquoristerie, (vermouth).

SPEARMINT

Botanique. — *Mentha viridis* (diverses variétés, plante de la famille des labiées).

Habitat. — Etats-Unis.

Industrie. — On distille la plante entière.

Constantes. — P S   0,920 à 0,940
P R   — 53° à — 35°
I R   1,480 à 1,489
I A   0 à 2
I S
Sol. Alcool 80°   1 à 1,5
Ethers %   18 à 36
Carvone %   35 à 66

Constituants. — *Terpènes :* Limonène *l* - Phellandrène.
Cétones : Carvone (35 à 66 %).
Ethers : Acétate de dihydro-carvéol - Acétates, buty-rates, caproates, caprylates.

Odeur. — Menthe et menthone, grossière et rustique.

Emplois. — Gomme à chiquer (E.U) - Savonnerie.

SERPOLET   WILD THYME O.

BOTANIQUE. — *Thymus serpillum L* (plante de la famille des labiées).

HABITAT. — Europe méridionale.

INDUSTRIE. — On distille la plante entière ; le rendement est de 0,1 à 0,5 %.

CONSTANTES. — P S   0,930
                P R   — 2^c à — 1^c
                I R
                Sol. Alcool 80^c 1
                        »   75°   5
                        »   70°   10
                Phénols %   50 à 55

CONSTITUANTS. — *Terpènes :* Cymène.
Phénols : Thymol - Carvacrol - (50 à 55 %).

ODEUR. — De thym, plus fine et moins acre.

EMPLOIS. — Eaux de toilette, Savonnerie.

SHIU   SHIU O.

BOTANIQUE. — Le *Shiu sho*, n'est pas botaniquement déterminé. Il semble appartenir à la famille des lauracées.

HABITAT. — C'est un arbre qui pousse à Formose, avec les camphriers.

INDUSTRIE. — La distillation du bois donne de l'essence.

CONSTANTES. — P S   0,870 à 0,895
                P R   — 16° à — 1°
                I R
                I A   0   à 1
                I S   0,5 à 30

CONSTITUANTS. — *Terpènes :* Pinène - Dipentène.
Alcools : Linalol (65 à 90 %).
Aldehydes : Formaldéhyde.
Cétones : Camphre.
Phénols : Eugénol - Safrol.
Oxydes : Eucalyptol.

ODEUR. — Analogue à celle du linaloé. - Camphrée.

EMPLOIS. — Matière première pour linalol.

SNAKE ROOT

BOTANIQUE. — *Asarum canadense,* (plante de la famille des Aristoloches).

HABITAT. — Nord des Etats-Unis.

INDUSTRIE. — On recueille les rhizomes, que l'on distille après les avoir broyés. Le rendement en essences est de 3 à 5 %.

CONSTANTES. —
P S	0,9516 à 0,9520
P R	— 10°42' à — 2°50'
I R	1,4851 à 1,4886
I A	3,1 à 3,7
I S	86 à 117
I Ac	126 à 137

CONSTITUANTS. — *Terpènes :* Pinène α.
Alcools : Linalol - Bornéol - Terpinéol *l* - Géraniol.
Phénols : Méthyl-eugénol - Phénol $C^9H^{12}O^2$.
Lactone : $C^{14}H^{20}O^2$.
Acides : Acétique - Palmitique - Ac. gras.

ODEUR. — Douceâtre et un peu vireuse. Puissante et tenace.

EMPLOIS.— Savonnerie.

STYRAX   STORAX O.

BOTANIQUE. — *Liquidambar orientale,* (arbre de la
famille des Hamamélidacées).

HABITAT. — Anatolie (sud-ouest).

INDUSTRIE. — L'écorce est enlevée en même temps que
du bois, suivant des génératrices du tronc. Il exsude une
résine que l'on sépare des parties ligneuses en faisant bouillir
le tout dans un chaudron. L'essence est obtenue par la distillation de la résine.

CONSTANTES de l'essence.

P S   0,950   à 1,050
P R   — 35° à + 1°
I R   1,5395 à 1,5653
I A   1 à   26
I S   jusqu'à 130
I Ac
Sol.

CONSTITUANTS. — *Terpènes :* Styrolène (Phényl-éthylène)
Alcools : Benzylique - Phénylpropylique - Cinnamique.
Ethers : Cinnamates d'éthyle, de benzyle, de phényl-
propyle, de cinnamyle.
Aldehydes : Vanilline (traces).
Styro-camphène $C^{10}H^{16}O$ ou $C^{10}H^{18}O$.

ODEUR. — Dure et avec un relent de benzine au début.
puis balsamique. Tenace.

EMPLOIS. — Parfumerie et surtout savonnerie.

TANAISIE   TANSY O.

BOTANIQUE. — *Tanacetum vulgare*, (plante de la famille des Composées).

HABITAT. — Angleterre, France, Allemagne, Etats-Unis.

INDUSTRIE. — La distillation de la plante donne 0,1 à 0,3 % d'essence.

CONSTANTES. — P S   0,925 à 0,930
              P R $+ 30°$ à $+ 60°$
              I R   1,457 à 1,470
              I A   0,5 à 1
              I S   10 à 15
              I Ac   30 à 50
              Sol. Alcool 75°   1 à 1,5
                   »   70°   2 à 3
                   »   56°   10 à 20

CONSTITUANTS. — *Terpènes* : Pinène - Camphène.
Alcools : Bornéol - Thuyol.
Cétones : Thuyone - Camphre *l*.

ODEUR. — Herbacée et chaude, quelque analogie avec l'absinthe ; forte et pénétrante.

EMPLOIS. — Pharmacie, Liquoristerie.

THYM   THYME O.

BOTANIQUE. — *Thymus vulgaris*, (plante de la famille des Labiées), *Th. Algeriensis, Th. Zygis.*

HABITAT. — Le *Th. vulgaris* pousse en France et en Espagne ; les deux autres en Algérie et en Espagne (terrains calcaires).

INDUSTRIE. — On distille la plante entière avec un rendement de 0,5 à 1 %.

		Th. vulgaris	*Th. d'Espagne*
CONSTANTES. —	P S	0,900 à 0,935	0,928 à 0,958
	P R	$-5°$ à $+5°$	$-4°$ à $+2°$
	I R	1,480 à 1,495	1,502 à 1,511
	Sol. Alc. 80°	1 à 2	
	» 75°	2 à 10	
	» 70°	3 à 15	3
	Phénols %	20 à 40	50 à 75

CONSTITUANTS. — *Terpènes :* Pinène $\alpha\,l$ - Cymène.
Alcools : Bornéol - Linalol
Cétones : Menthone (traces).
Phénols : Thymol - Carvacrol - Le thym de France contient surtout du thymol, celui d'Espagne du carvacrol.

ODEUR. — Agreste, chaude et puissante. Ténacité moyenne.

EMPLOIS. — Savonnerie.

TUBÉREUSE TUBEROSE O.

Botanique. — *Polianthes tuberosa*, (plante à bulbe, de la famille des Amaryllidacées).

Habitat. — Originaire du Mexique, cultivée dans la région de Grasse-Cannes (France).

Industrie. — On traite la fleur par enfleurage sur chassis, ou par extraction au moyen de dissolvants volatils.

Les parfums concrets obtenus, donnent une essence par épuisements successifs et distillation dans le vide. Le rendement est très faible.

Constantes de l'essence distillée du Concret d'extraction.

P S 1,007 à 1,043
P R — 3°45' à — 2°30'
I R
I A 22 à 32,7
I S 224 à 243

Constituants. — *Alcools :* benzylique.
Cétones : Tubérone $C^{13}H^{20}O$.
Ethers : Benzoate de méthyle - de Benzyle - Salicylate de méthyle (pommade) - Anthranylate de méthyle (1,13 %).

Odeur. — Chaude et puissante, très fleurie. Caractère lys.

Emplois. — Parfumerie.

Fig. 37. — Champ de Tubéreuses

VANILLE

VANILLA BEAN

BOTANIQUE. — *Vanilla planifolia*, et autres variétés, (lianes de la famille des Orchidacées).

HABITAT. — Originaire du Mexique. Cultivée dans les régions tropicales, Mexique, Antilles, La Réunion, Madagascar, Tahiti.

INDUSTRIE. — La gousse de vanille est mise à sécher et employée telle que dans l'alimentation. On en fait des infusions alcooliques en parfumerie ou l'on en extrait les principes odorants par les dissolvants volatils.
CONSTANTES.

CONSTITUANTS. — Vanille de Tahiti.
Alcools : Anisique.
Aldehydes : Anisique - Vanilline (jusqu'à 2 % du poids de la gousse).
Acides : Anisique.

ODEUR. — Vanillée, plus complexe et plus agréable que celle de la vanilline. Les qualités Réunion et Mexique sont supérieures à celles de Tahiti.

EMPLOIS. — Alimentation, Parfumerie (fixatif et base).

VERVEINE   VERBENA O.

Botanique. — *Lippia citriodora,* (plante de la famille des Verbénacées).

Habitat. — Sud de la France, Espagne.

Industrie. — Distillation des feuilles. Rendement en essence 0,200 %.

Constantes. — P S   0,900 à 0,920
             P R   — 17° à — 8°
             I R

Constituants. — *Alcools libres*   13,8 à 16,5 %
                   » *combinés*   2,5 à 2,8
Aldehydes : Citral (30 à 35 %).
Ethers : 3,2 à 3,5 %.

Odeur. — Très fine et très fraîche, citronnée, herbacée légèrement, très supérieure à celle du lemongrass et du citral.

Emplois. — Eaux de toilette (verveine), Parfumerie. Donne beaucoup de fraîcheur aux extraits.

VÉTIVER

Botanique. — *Vetiveria zizanioides*, (herbe de la famille des Graminées).

Habitat. — Indes, Ceylan, Malaisie, Iles de l'Océan Indien, Antilles, Brésil, Nouvelle-Calédonie, etc.

Industrie. — Les feuilles ne sont pas odorantes. On fait sécher les racines, que l'on distille après les avoir hachées. Le rendement en essence est de 0,5 à 1 %.

Constantes.	Ess. distil. en France	Ess. de la Réunion
P S	1,020 à 1,095	0,982 à 1,030
P R	+ 26° à + 30°	+ 10° à + 38°
I R	1,520 à 1,523	1,515 à 1,528
I A	20 à 40	4 à 20
I S	21 à 42	5 à 20
I Ac	130 à 150	103 à 150
Sol. Alcool 80°	0,5 à 1	1 à 3
» 75°	4	

Constituants. — *Terpènes :* 2 Vétivènes (bi et tri-cyclique).
Alcools : 2 Vétivénols (bi et tri-cyclique).
Alc. méthylique.
Aldehydes : Furfurol.
Acides : Ac. vétivénique - benzoïque sous forme d'éthers de vétivénols - Diacétyle (?).

Odeur. — Fraîche et agréable, rappelant la violette. Odeur de bois. Tenace, surtout l'essence lourde.

Emplois. — Parfumerie, extraits, poudres, crèmes, etc. Savonnerie fine.

Fig. 38. — Cueillette de la Violette, sous les Oliviers.

WINTERGREEN

BOTANIQUE	Gaulthéria procumbens, plante de la famille des Eri- cacées.	Betula lenta arbre de la famille des Bétulacées (*Sweet birch*).
HABITAT	Amérique du Nord.	Amérique du Nord.
INDUSTRIE	Distillation de la plante. Rendement en essence 0,8 à 1 %.	Macération de l'écorce qui contient un glucoside, la gaulthérine, dont la décom- position donne du salicylate de méthyle.on distille pour recueillir l'essence avec un rendement de 0,6 %.
PS	1.180 à 1.188	$=$ id.
PR	$-1°$ à $-0°25'$	$0°$
IR	1,535	$=$ id.
IS		$-$ id.
Sol. Alcool 70	5 à 6	$-$ id.
P. Ebull	218° à 221°	$-$ id.
CONSTITUANTS		
Terpènes	Paraffine, probabl. le tria contane $C^{80}H^{62}$.	$-$ id. $C^{39}H^{62}$.
Alcools	Alc. secondaire $C^8H^{12}O$.	
Aldéhydes	Une aldéhyde ou cétone.	
Ethers	Un éther $C^{14}H^{24}O^2$.	$-$ id.
	Salicylate de Méthyle 99 %	$-$ id. 99,8 %
ODEUR	Douceâtre et fruitée, quelque peu écœurante.	
EMPLOIS	Gomme à chiquer (E U). Dentifrice - Savonnerie. Remplacée par le Salicylate de Méthyle artificiel	

YLANG

BOTANIQUE. — *Cananga odorata,* (arbre de la famille des Anonacées).

HABITAT. — Java, Philippines, Indochine, La Réunion, Madagascar.

INDUSTRIE. — On traite les fleurs par distillation à la vapeur d'eau, en fractionnant les portions d'essence. Le rendement est environ de 0,5 % d'essence fine et autant d'essence de seconde qualité. Le rendement total atteint quelquefois 2,5 % à la Réunion. L'essence distillée à Java avec moins de soins est appelée Cananga.

CONSTANTES	YLANG DE MANILLE	YLANG DE LA RÉUNION ET DE MADAGASCAR	YLANG DE 2ᵉ QUALITÉ DE MANILLE	CANANGA DE JAVA
PS..............	0.910 à 0.967	0.930 à 0.967	0.896 à 0.942	0,906 à 0.956
PR..............	$-60°$ à $-27°$	$-65°$ à $-34°$	$-87°$ à $-27°$	$-52°$ à $-15°$
IR..............	1.475 à 1.500	1.500 à 1.520	1.478 à 1.508	1.490 à 1.505
IA..............		1 à 2		
IS..............	90 à 155	96 à 160	42 à 94	10 à 60
IAc		160 à 180		45 à 100
Sol. Alc. 96°..		0,5		
» » 90°..	0.5 à 2			
Alc. totaux....	40 à 45 %	40 à 57 %		
» libres......	7 à 15 %	7 à 13 %		

CONSTITUANTS. — *Terpènes* : Pinène.

S-Terpènes : Cadinène.

Alcools : Linalol (40 à 57 %) - Geraniol - Alc. benzylique - Nérol - Farnésol.

Ethers : Acétate de benzyle - Acétate de linalyle - Benzoates de méthyle, de benzyle, de linalyle - Salicylate de méthyle - Anthranylate de méthyle.

Phénols : Para-crésol - Eugénol - Iso-eugénol.

Ethers phénoliques : Ether méthylique du para-crésol. Méthyl-eugénol - Safrol ou iso-safrol.

Acides : Acides des éthers - Acide formique.

ODEUR. — Exquise et fleurie, légère, fraîche et puissante avec un fond nourri et chaud. Ne peut se comparer qu'au jasmin comme caractère. Les essences inférieures et le canaga sont plus ordinaires.

EMPLOIS. — Parfumerie et Savonnerie fine. Les essences inférieures et le cananga en parfumerie ordinaire et savonnerie.

Fig. 39. — Fabrication des extraits aux fleurs (Roure Bertrand et Fils, Grasse).

CHAPITRE VII

PRINCIPES GÉNÉRAUX
DE LA COMPOSITION DES PARFUMS

Codifier l'art du parfumeur semble devoir être aussi illusoire que de donner une recette pour faire un bon tableau. L'application de règles précises ne suffit pas à donner un chef-d'œuvre.

Toutefois l'observation de quelques principes simples, l'adoption d'une bonne méthode de travail, réduiront au minimum la part du hasard et mettant une certaine ordonnance dans l'improvisation permettront de créer un parfum nouveau, harmonieux, ayant de la tenue et répondant au but proposé.

Qu'est-ce qu'un bon parfum ?

C'est une composition naturelle ou artificielle d'aromes différents, dont l'association plaisante évolue avec le temps sans heurts, sans fausse note, en donnant une impression d'unité, que ne rompt pas la variété des nuances successives.

Un bon parfum est représentatif d'un concept ou d'un sentiment, il a son caractère, sa personnalité. Le bon parfumeur est un imaginatif, qui traduit son inspiration en une langue odorante dont la nature et la chimie lui fournissent les mots.

Le bon parfum est une œuvre artistique qui se déroule dans le temps, comme un morceau de musique, une pièce de théâtre, une poésie, un roman ou un film ; il aura un prélude et une finale, qui encadreront le motif et le feront valoir.

L'opérette en trois actes du bon parfum est un phénomène physique. C'est, très prosaïquement, une distillation à la température et à la pression ambiante, où suivant leur tension de vapeur, les éléments se dégagent, se volatilisent, subissant un véritable fractionnement. Les lois de la physique règlent cette évolution ; c'est une fonction des poids moléculaires et des tensions de vapeur qui exprimera la volatilité du mélange. Le parfumeur doit connaître l'action de ces influences réciproques et savoir qu'un corps très volatil et d'un effet fugace peut être corrigé et rendu plus tenace par son mélange avec un élément de volatilité moindre.

Le problème n'est toutefois pas aussi simple ; tout mélange n'est pas harmonieux ; des odeurs s'accordent entr'elles et donnent une note nouvelle et agréable, d'autres se heurtent et produisent une cacophonie.

Il arrive même que deux parfums forment une association parfaite dans certaines proportions et deviennent un discordant ménage quand on en dépasse les limites. Le cas de l'acétate de benzyle et du linalol est typique à cet égard.

On se rend compte de la complexité des phénomènes quand les éléments constitutifs, au lieu de former de simples systèmes binaires, deviennent plus nombreux, comme c'est le cas général, et de la somme d'expérience qui est nécessaire au parfumeur pour juger à priori des subtances à associer et de leurs proportions relatives.

Mais j'ai supposé jusqu'ici que le compositeur de parfums n'avait à sa disposition que des constituants simples, de propriétés bien définies. Les conditions sont autrement complexes dans la pratique, car la plupart des éléments dont on dispose, essences, parfums synthétiques, sont eux-mêmes de véritables bouquets artistement réalisés par la nature, qui est le roi des parfumeurs, ou quelque expert industriel.

Il faut tenir enfin compte de l'action du support, crème, poudre, cire, huile, alcool ou savon, qui agit comme diluant comme liant, comme fixatif, quelquefois apportant son odeur propre qu'il faut enrober, couvrir ou habiller et aussi une action physique ou chimique, modificatrice souvent active du parfum et de la couleur.

Le parfumeur se trouve en présence d'une équation vraiment difficile à résoudre, d'autant plus que la plupart du temps les données scientifiques lui manquent. Dans quel formulaire trouver les tensions de vapeur des huiles essentielles, et des produits divers dont il dispose, ou simplement des indications relatives à leur ténacité, voire même leurs caractéristiques classiques ? Car il faut tenir compte de tous les éléments ; l'aspect physique du parfum a de plus en plus d'importance et les faits de jaunir, pour une crème ou une poudre, de rancir pour un savon ou de se troubler pour un extrait, sont des vices rédhibitoires.

En n'envisageant que le point de vue de l'odeur, les propriétés organoleptiques des divers produits mis en œuvre devront être connues du parfumeur ; il aura ainsi une idée du rôle dévolu à chacun d'eux et en arrivera à établir une série de classifications plus ou moins approchées et artificielles qui faciliteront son travail.

Il n'est possible dans cet ouvrage que de donner une esquisse de ce qui peut être fait dans cet ordre d'idée.

CLASSEMENT D'APRÈS L'ACTION CHIMIQUE ET L'EMPLOI

Le parfumeur dispose d'une gamme de matières premières, baumes, produits d'origine animale, essences, composés organiques et artificiels, parfums synthétiques, dont le nombre atteint aujourd'hui plusieurs milliers. Des considérations pratiques réduiront cet arsenal à quelques centaines d'éléments. Un peintre ne met jamais sur sa palette toutes les couleurs du commerce.

On devra connaitre l'action de ces produits sur la peau, les muqueuses, les graisses et les divers supports que l'on a à parfumer. Chaque catégorie des spécialités du parfumeur devra posséder sa gamme de parfums ; on ne peut mettre de la vanilline dans le savon où elle est annihilée par la soude, pas plus que de l'héliotropine dans une crème car elle attaque la peau.

L'odeur peut se modifier par suite de changements d'ordre chimique. Les diverses fonctions n'ont pas la même stabilité. Certains hydrocarbures s'acidifient facilement, des éthers se saponifient ; les alcools sont généralement solides et constituent l'ossature résistante d'une composition. Les aldéhydes et les cétones donnent des notes particulièrement originales et incisives mais ont une molécule moins stable et parfois des réactions agressives. Les phénols et les acides sont neutralisés par les bases en perdant souvent leur odeur ; ils ne respectent pas toujours les épidermes délicats sur lesquels on les applique imprudemment, de même que certaines aldéhydes. Les cétones se comportent mieux. Les oxydes, lactones et composés neutres sont généralement solides.

Quelle que soit sa fonction chimique un corps saturé se conservera mieux que si sa molécule renferme des liaisons éthyléniques et acétyléniques.

Les conditions extérieures et les actions de milieu ont une influence sur la bonne conservation du parfum, la lumière, la chaleur et l'humidité facilitent la décomposition; le support peut agir comme catalyseur et provoquer des réactions néfastes, c'est souvent le cas des poudres et des fards. Des fermentations peuvent se produire.

Sur ces bases, en tenant compte des propriétés des diverses matières premières, le parfumeur établira la liste des produits à employer dans chaque cas particulier, extrait alcoolique, dentifrice, poudre, crème, fard, rouge, savon, etc. Tout produit nouveau ne devra être admis qu'après étude préalable de ses réactions et de ses propriétés.

CLASSEMENT PAR TÉNACITÉ

Au point de vue de la composition des odeurs il est utile d'établir un classement basé sur les volatilités relatives. Trois catégories pourront être assez facilement dressées pour les produits simples, de composition et de propriétés bien définies :

Les odeurs légères et fugaces, qui disparaissent après quelques heures, forment la catégorie des *Parfums de tête :* les hespéridées, la verveine, les petit-grains, certains éthers, des cétones, appartiennent à ce groupement.

Les produits dont l'odeur plus consistante, moins volatile, persiste plusieurs jours, forment le groupe des parfums de définies ; on ne doit plus les changer, sous peine de détruire un équilibre instable et d'avoir à refaire une mise au point avec de nouveaux éléments. En écartant toute idée de fraude, que l'on peut éviter en exigeant des produits d'odeur constante, semblables aux échantillons types et répondant aux mêmes caractéristiques, il se trouve parfois de grandes différences entre des essences, des concrets, des absolus et des résinaromes de même nom, mais d'origines différentes, dues à des variations de la matière première ou au procédé. Les mousses de chènes sont à cet égard d'un exemple typique. Il en est de même des ylangs, de l'encens et en général de tous les produits non encore standardisés.

C'est une des raisons pour lesquelles l'octroi d'une formule est souvent un leurre. Le bénéficiaire sera le plus fréquemment dans l'impossibilité de la reproduire, s'il ne reçoit en même temps des indications sur l'origine des constituants; on ne doit l'accepter qu'à titre d'indication, de suggestion, car elle exige une refonte et une mise au point rigoureuse avec les éléments dont on dispose.

Ce court exposé montre les difficultés auxquelles se heurte l'apprenti parfumeur dans l'étude d'une composition.

En outre de dispositions naturelles que l'entraînement seul ne peut donner, le parfumeur devra posséder un bagage de connaissances indispensables, que j'ai essayé de grouper dans cet ouvrage ; il les complètera d'une pratique patiente faite d'expériences soigneusement observées, commentées et notées.

C'est cet ensemble de dons personnels, de science et de pratique qui sont à la base de l'art de composer un parfum et font le Parfumeur.

I. — GÉNÉRALITÉS

A. — Généralités.

I. — *La Thermochimie dans l'Industrie chimique.*

Toutes les réactions, bases des transformations réalisées par l'Industrie chimique, satisfont au principe de l'équivalence. De là la possibilité d'établir, en utilisant toutes les données thermochimiques expérimentales, le bilan calorifique de toute opération industrielle.

Ce premier volume réunira toutes les constances thermiques, qui sont à la base des calculs et contiendra le bilan calorifique des réactions industrielles les plus importantes.

II. — *Les équilibres chimiques dans l'Industrie chimique.*

Les réactions chimiques, qui sont réversibles dans la plupart des cas, satisfont aux lois importantes de l'équilibre.

Ce second volume montrera tous les bénéfices que l'ingénieur peut tirer *a priori* de nos connaissances actuelles en chimie physique.

M. MATIGNON, qui a traité ces questions, à plusieurs reprises, dans son enseignement au Collège de France, est chargé de la rédaction de ces volumes.

Dans ces premiers volumes on aura donc dégagé au profit de l'industrie chimique toutes les conséquences des deux grands principes qui sont à la base de toutes les transformations naturelles : le principe de l'équivalence et le principe de Carnot.

III. — *La géographie économique des matières premières de l'Industrie chimique.*

L'objet de toute industrie chimique est la transformation des matières premières que nous fournit la nature : matière minérale, houille, air, etc., en produits utilisables. Un premier problème qui se pose à l'industriel est la recherche de ces matières premières. Où gisent-elles? Quel est le marché principal de ces substances? Comment ont varié leurs prix depuis un certain nombre d'années?... Etc... Ce volume, qui sera rédigé par **M. HAUSER**, *professeur à la Sorbonne et au Conservatoire des Arts et Métiers*, donnera la réponse à toutes ces questions.

B — Installation et aménagement de l'usine.

Un certain nombre d'opérations se répètent, d'ailleurs avec des variantes, dans les diverses industries chimiques : *chauffage, broyage, concentration, filtration*, etc... L'ingénieur chargé d'installer une usine dans laquelle, par exemple, devra être réalisée une filtration devra d'abord se renseigner sur les différents types de filtres en usage : filtre continu ou discontinu, filtre avec ou sans pression, etc. ; il devra connaitre leur capacité de production, leur rendement énergétique, leurs avantages, leurs inconvénients, etc., pour décider son choix en connaissance de cause, et apporter ainsi, tant au point de vue technique qu'au point de vue économique, la meilleure solution du problème à résoudre.

C'est dans le but de fournir aux ingénieurs les renseignements qui leur sont nécessaires pour l'installation des usines que l'*Encyclopédie de chimie industrielle* contiendra les volumes suivants

IV. — *Le chauffage et la force dans l'Industrie chimique.*

V — *La circulation des matériaux dans l'Industrie chimique.*

VI. — *La décantation et la filtration dans l'Industrie chimique.*

VII. — *Le broyage et la pulvérisation dans l'Industrie chimique.*

VIII. — *La concentration, l'évaporation et la dessiccation.*

IX — *Les mélangeurs, malaxeurs et agitateurs dans l'Industrie chimique*

La rédaction de ces traités originaux d'un puissant intérêt pratique a été confiée à des ingénieurs conseils spécialistes dans l'installation des usines. Nous avons dès maintenant la collaboration assurée de MM. **KALTENBACH**, *ingénieur E. C. P., Conseil technique du Comptoir des grès chimiques français ;* **RENÉ MORITZ**, *ingénieur chimiste ;* **STERNIMANN**, *ancien élève de l'École polytechnique de Zurich*, etc...

X — *Aménagement des Laboratoires annexés aux Usines.*

Toute industrie chimique doit disposer d'un laboratoire pour l'examen des matières premières la surveillance des diverses phases des opérations, la recherche des perfectionnements incessants à apporter dans une affaire : la rédaction de ce volume sera confiée à un ensemble de spécialistes particulièrement qualifiés.

C. — Législation.

XI. — *La législation des brevets et des marques.*

Les brevets et les marques jouent un rôle considérable dans l'industrie. Ils sont pour ainsi dire à la base de l'industrie chimique. Les inventeurs et tous les industriels ont donc un intérêt primordial à connaître d'une façon exacte la législation industrielle qui les concerne. Ce volume est confié à un auteur particulièrement au courant de toutes les questions industrielles et spécialisé dans les affaires de brevets et de marques de fabrique : **M. TAILLEFER**, *ancien élève de l'École Polytechnique, avocat à la Cour d'appel de Paris.*

II. — INDUSTRIES CHIMIQUES MINÉRALES

III. — INDUSTRIES CHIMIQUES ORGANIQUES